KB134757

CATIA V5-3D
실기 · 실무
II

예문사

기초부터
실무활용까지 탄탄하게

CATIA V5는 3D 모델링을 하는 데 가장 중요한 SURFACE(자유곡면) 형상 구현이
다른 프로그램에 비하여 매우 뛰어나 전 세계적으로
자동차, 항공기, 기계 및 관련 분야에서 매우 폭넓게 사용되고 있으며,
제품 설계에서부터 생산에 이르기까지 필요한 부품조립, 도면작성, 가공공정 시뮬레이션, 공학해석 등을
시행하여 보다 효율적으로 업무를 수행할 수 있도록 도와주는 프로그램이다.

이 책은 관련 분야에서의 실무 경험을 바탕으로 하여 3D 모델링 기법을 실무 중심의 예제 형식으로 엮었다.
앞부분에서는 기능을, 뒷부분에서는 그것을 모델링에 활용하는 방법을 익힐 수 있도록
실습 위주의 많은 예제를 수록함으로써,
3D 모델링을 하기 어려웠던 기존의 CATIA 관련 책들과 차별화하였다.
또한 초보자들도 이해하기 쉽도록 작업 과정에 관한 자세한 설명과 함께 사진을 많이 수록하였다.

이 책을 시작으로 하여 더 많은 실무 노하우가 담긴 CATIA 예제집으로 독자들에게 인사드릴 것을 기약하며
출판을 도와주신 예문사 사장님 이하 편집 관계자들과
다솔유캠퍼스 권신혁 소장님께 진심으로 감사의 마음을 전한다.

이영숙

Dasol U-Campus Book

2001

전산응용기계제도 실기
전산응용기계제도기능사 필기
기계설계산업기사 필기

1996

전산응용기계설계제도

2007

KS규격집 기계설계
전산응용기계제도 실기 출제도면집

1998

제도박사 98 개발
기계도면 실기/실습

2008

전산응용기계제도 실기/실무
AutoCAD-2D 활용서

1996

다솔기계설계교육연구소

2002

㈜다솔리더테크
신기술벤처기업 승인

2000

㈜다솔리더테크
설계교육부설연구소 설립

2008

다솔유캠퍼스 통합

2010

자동차정비분야
강의 서비스 시작

2001

다솔유캠퍼스 오픈
국내 최초 기계설계제도
교육 사이트

2012

홈페이지 1차 개편

Since 1996

Dasol U-Campus

다솔유캠퍼스는 기계설계공학의 상향 평준화라는 한결같은 목표를 가지고 1996년 이래 교재 집필과 교육에 매진해 왔습니다.
앞으로도 여러분의 꿈을 실현하는 데 다솔유캠퍼스가 기회가 될 수 있도록 교육자로서 사명감을 가지고 더욱 노력하는 전문교육기업이 되겠습니다.

CATIA-3D 실무 실습도면집
3D 실기 활용서 시리즈(신간)

2018

기계설계 필답형 실기
권사부의 인벤터-3D 실기

2019

박성일마스터의 기계 3역학
홍쌤의 솔리드웍스-3D 실기

2020

일반기계기사 필기단기완성
CATIA V5-3D 실기 · 실무 Ⅱ

2014

NX-3D 실기활용서
인벤터-3D 실기/실무
인벤터-3D 실기활용서
솔리드웍스-3D 실기/실무
솔리드웍스-3D 실기활용서
CATIA-3D 실기/실무

2015

CATIA-3D 실기활용서
기능경기대회 공개과제 도면집

11

산응용제도 실기/실무(신간)
규격집 기계설계
규격집 기계설계 실무(신간)

12

toCAD-2D와 기계설계제도

13

C 출제도면집

2013

홈페이지 2차 개편

2015

홈페이지 3차 개편
단체수강시스템 개발

2016

오프라인
원데이클래스

2017

오프라인
투데이클래스

2020

박성일마스터의
일반기계기사 필기

권사부 인벤터
3D/2D 실기

2018

국내 최초 기술교육전문
동영상 자료실 「채널다솔」 오픈

2018 브랜드선호도 1위

2019

박성일마스터의
기계3역학 강좌 개강

CONTENTS

CHAPTER
02

실습도면

CATIA V5 - 3D 실기·실무

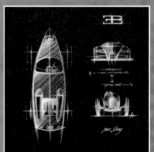

실습도면 따라하기

BRIEF SUMMARY

이 장에서는 여러 가지 실습예제를 제시하여 CATIA V5의 다양한 모델링 기법을 따라 하고 활용함으로써 3D 모델링을 완성할 수 있도록 하였다.

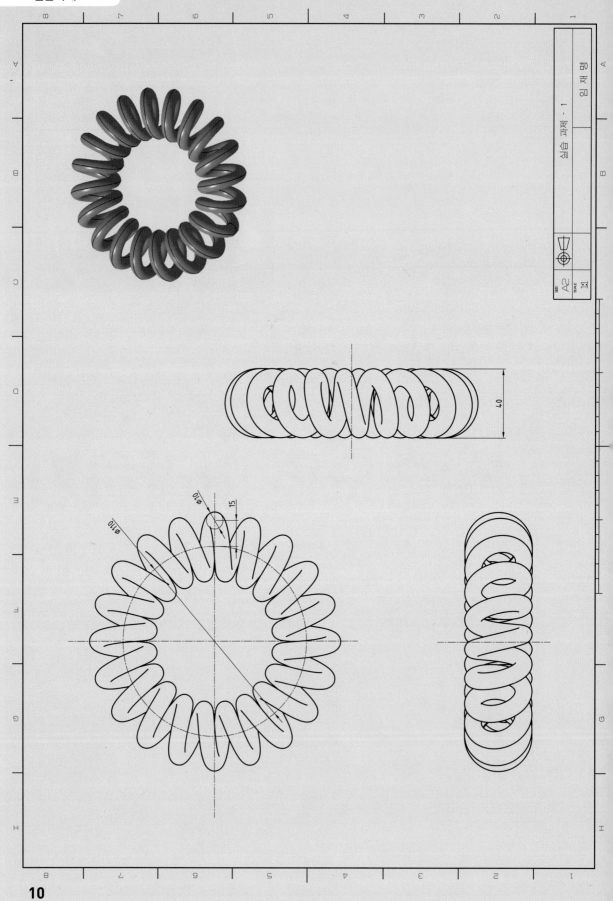

01 실습과제 – 1

01 Start / Mechanical design / Wireframe & Surface design으로 들어가 xy plane에 다음의
원을 스케치한다.

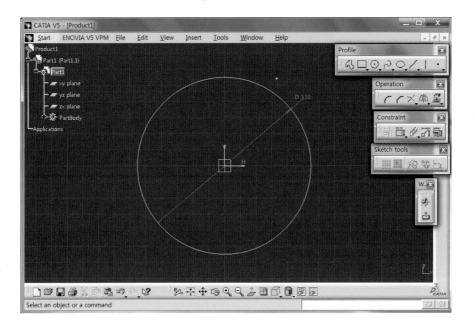

02 〈Extrude〉 기능을 선택하고 위쪽으로 높이 20mm를 생성한다.

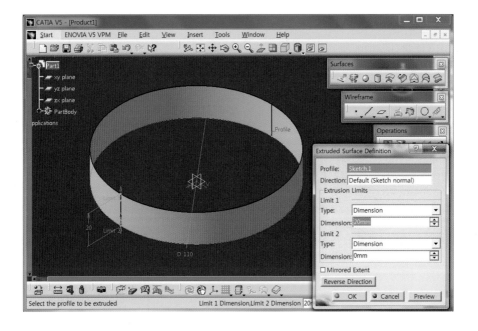

03 xy plane을 스케치 면으로 들어가 〈Construction / Standard Element〉 옵션을 켜고 반지름 110mm인 원 위에 〈Point〉를 생성하고, 다음의 작은 원을 스케치한다.

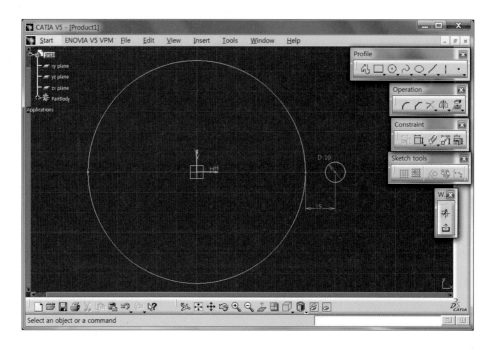

04 〈Sweep〉 기능의 **With reference surface subtype**을 설정하고, 지름 10mm의 원을 단면 프로파일로 선택하고 지름 110mm의 원은 **Guide curve**로 선택한다. **참조 면**으로는 Extrude surface를 지정하고 **Law 탭**을 눌러 **Linear**를 지정한 다음 End value 7200°를 입력한다.

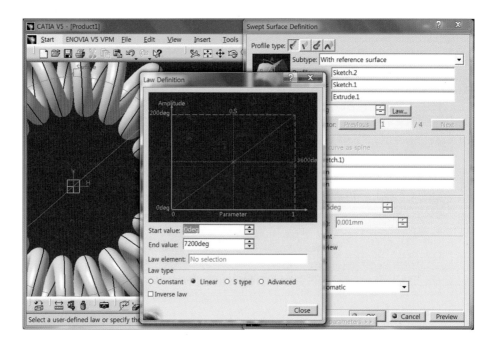

05 Extrude surface와 선들은 ⟨Hide⟩ 한다. 다음은 완성된 모델링 형상이다.

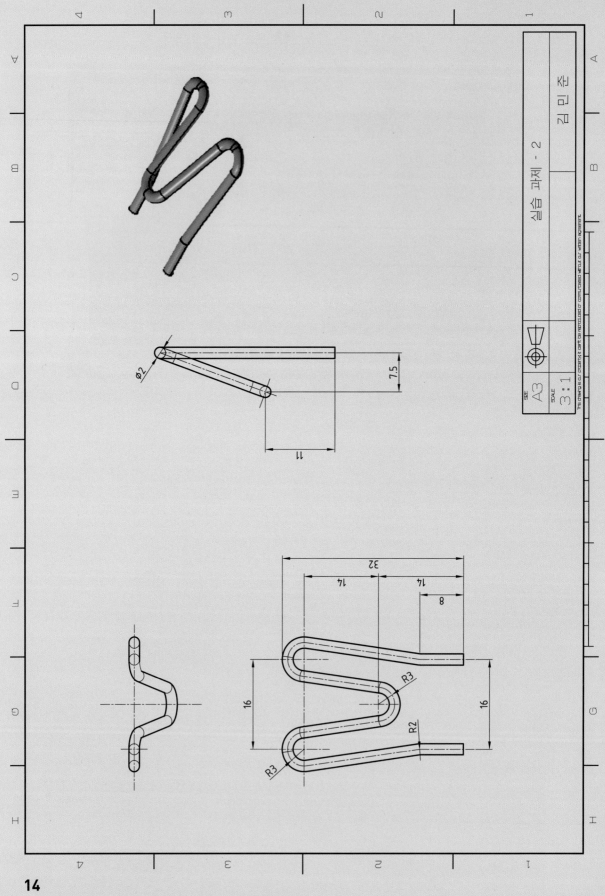

02 실습과제 - 2

01 xy plane에 우측 부분을 스케치하여 치수를 입력한 다음 반대편에 〈Mirror〉시킨다. 반지름 3mm 인 호의 끝점은 점선과 **일치**하여야 한다.

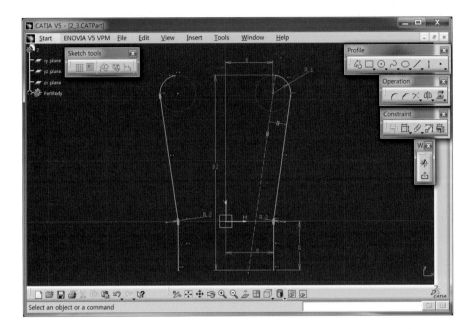

02 yz plane에 직선과 〈Axis〉를 스케치하고, 거리 11mm와 우측 끝점에서 다음과 같이 일치하도록 조건을 생성한다. 양 끝의 길이는 적당히 바깥쪽으로 빼준다.

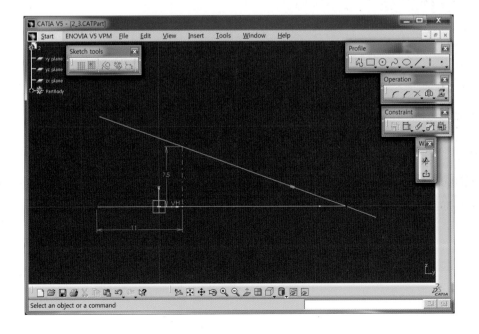

03 Start / Mechanical Design / Wireframe and Surface Design으로 들어가 〈Extrude〉 기능을 선택하여 양방향으로 각각 14mm씩 생성한다. Skctch.1의 투영면으로 사용해야 하므로 전체 폭보다 약간 큰 값을 입력한다.

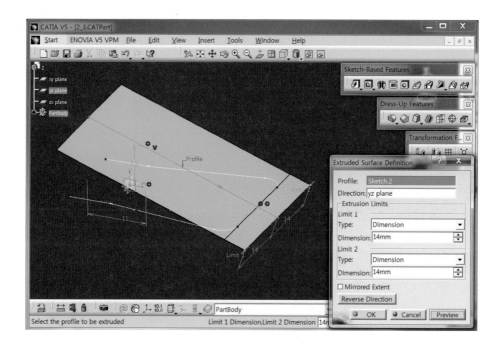

04 생성된 Surface 위에 마우스 우측 버튼을 눌러 〈Hide〉 하고 xy plane에 다음을 스케치한다. Sketch.1의 호 부분과 끝점을 **일치**시키고 **평행 / 대칭조건**을 활용하여 완성한다.

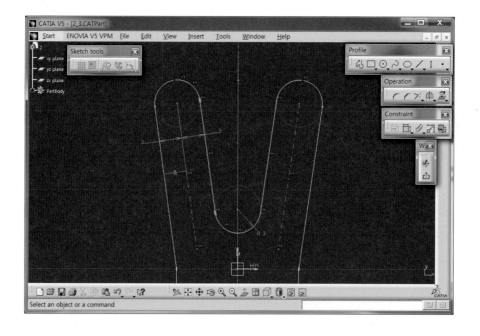

05 Extrude.1을 보이게 하고 〈Projection〉 기능으로 들어가 Along a direction type을 선택하여, **투영되는 커브**로 Sketch.3을 클릭하고 **투영면**으로 Extrude.1을 선택한 다음, xy plane에 수직하게 투영시킨다.

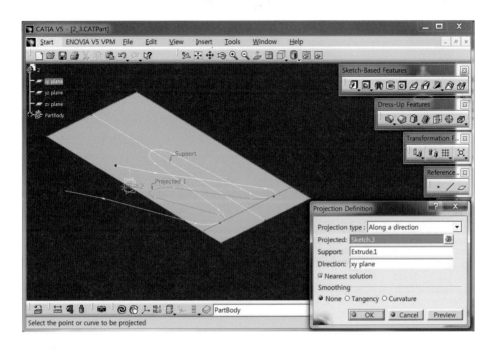

06 〈Join〉 기능을 선택하고 투영된 커브와 Sketch.1 커브를 클릭하여 한 개의 요소로 통합한다.

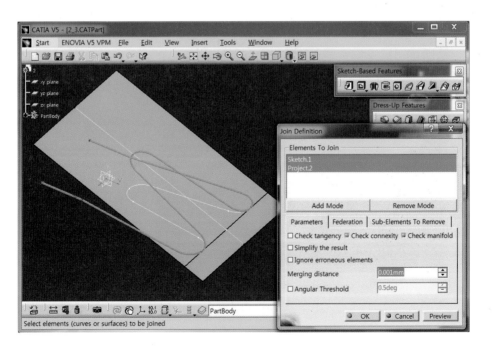

07 yz plane에 지름 2mm인 원을 그리고, 화면을 회전시켜 투영된 커브에 다음과 같이 중심점을 **일치**
시킨다.

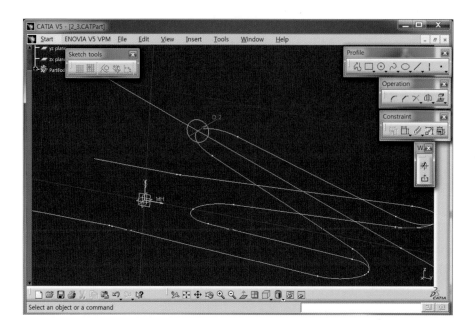

08 〈Rib〉 기능을 선택하여 단면 **Profile**로는 원을 선택하고, **Center curve**로는 통합된 커브를 클릭하
여 **Keep angle**을 설정하여 다음의 형상을 완성한다.

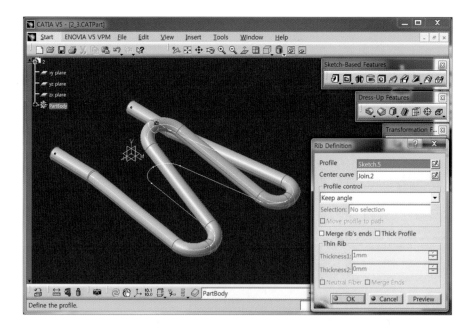

09 흰색 커브들을 숨기기하여 정리한다.

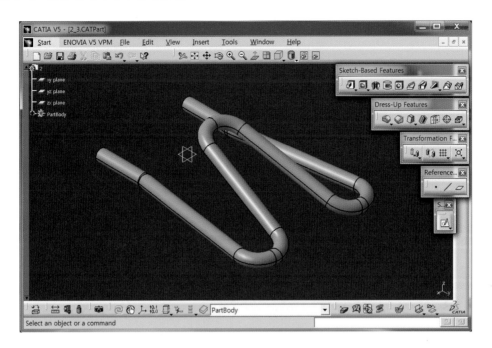

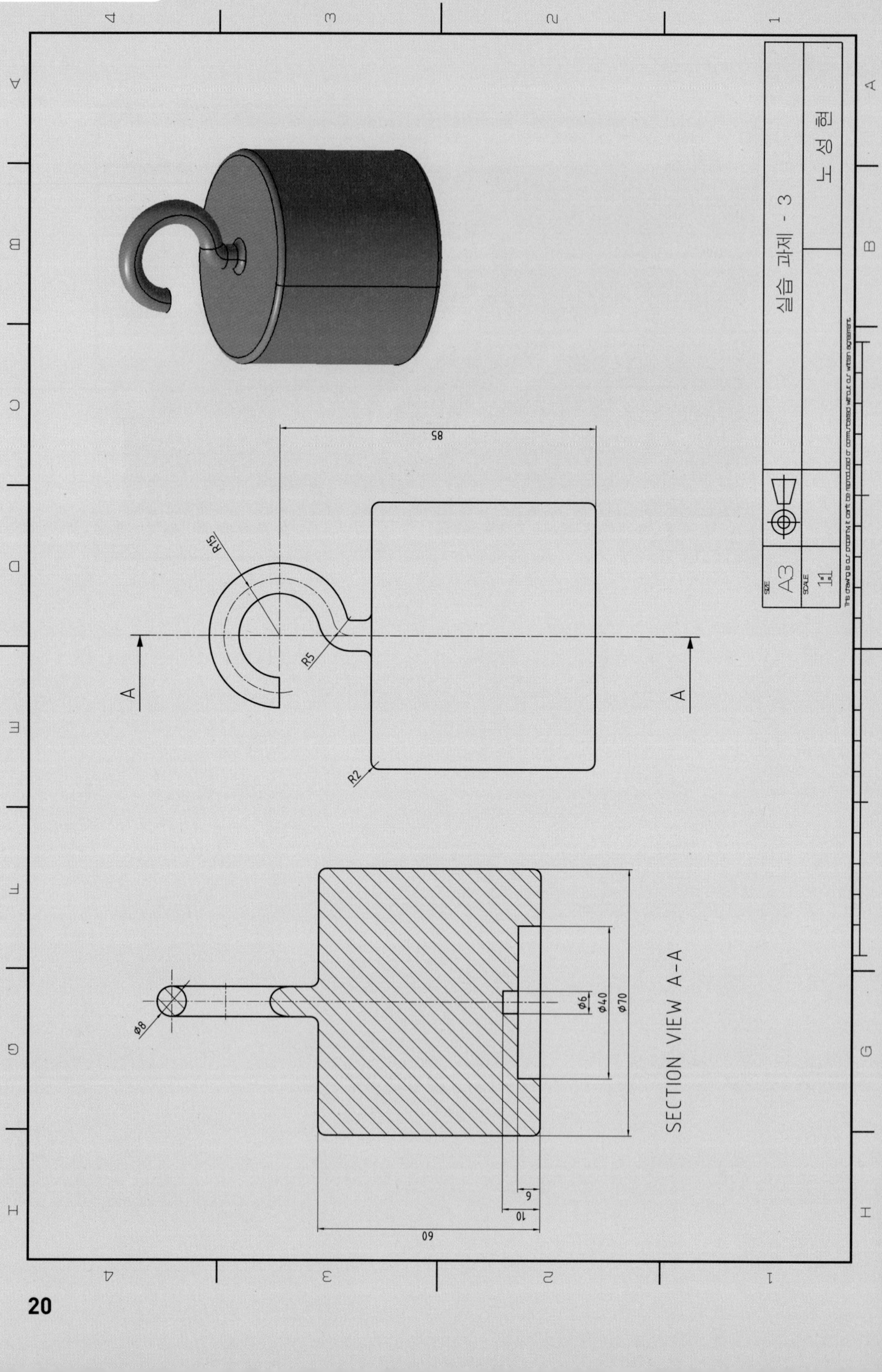

85

R15

R5

A

A

R2

SECTION VIEW A-A

Ø8

Ø6
Ø40
Ø70

6
10

60

SIZE
A3

SCALE
1:1

실습 과제 - 3

노 성 희

03 실습과제 – 3

01 xy plane에 다음의 원을 스케치한다.

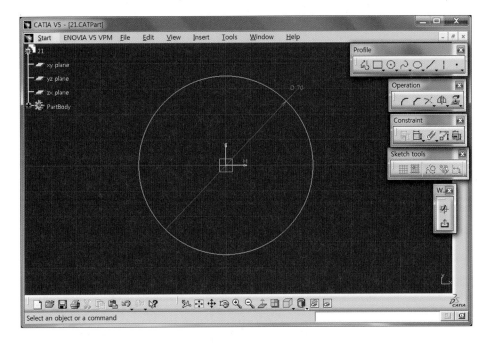

02 〈Pad〉 기능으로 들어가 두께 60mm를 생성한다.

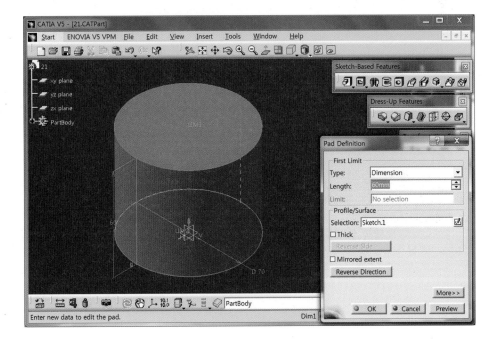

03 yz plane에 다음의 프로파일과 두 개의 축선을 스케치한다.

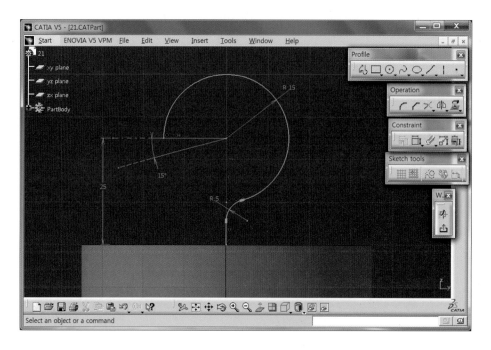

04 원기둥의 윗면에 지름 8mm인 원을 스케치한다.

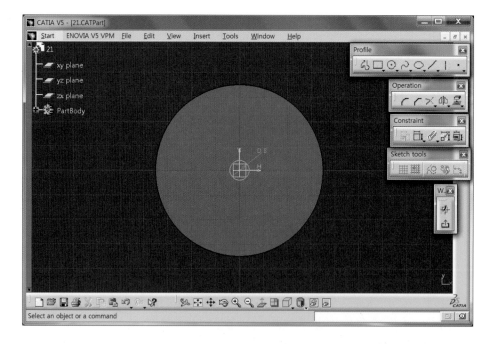

05 〈Rib〉 기능으로 들어가 지름 8mm의 원을 **단면 프로파일**로 선택하고, 반지름 15mm의 커브를
Center curve로 클릭한 다음 당기는 방향을 Keep angle로 설정한다.

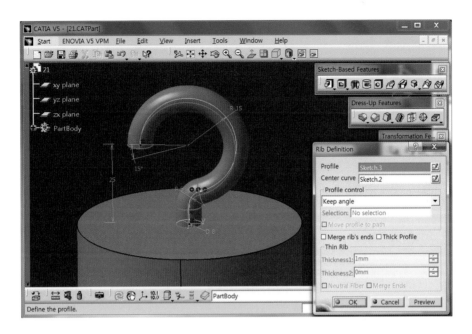

06 〈Edge Fille〉 기능을 선택하고 반지름 2mm를 입력한 다음 세 모서리를 클릭한다.

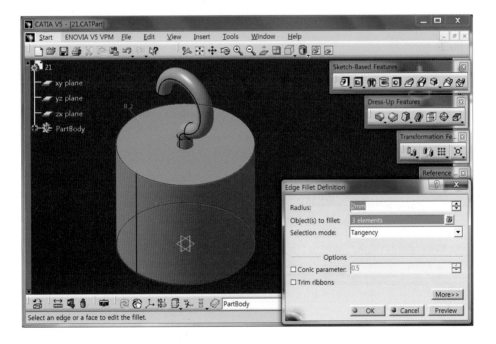

07 zx plane에 다음의 회전축과 회전단면을 스케치한다.

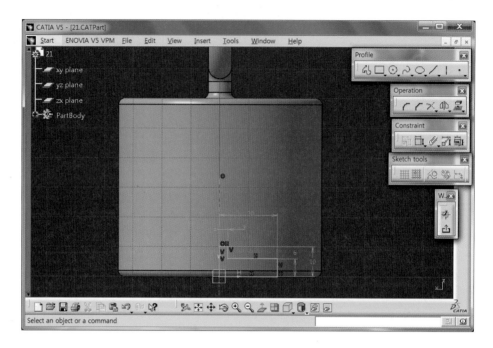

08 〈Groove〉 기능을 선택하고 360° 회전시켜 제거한다.

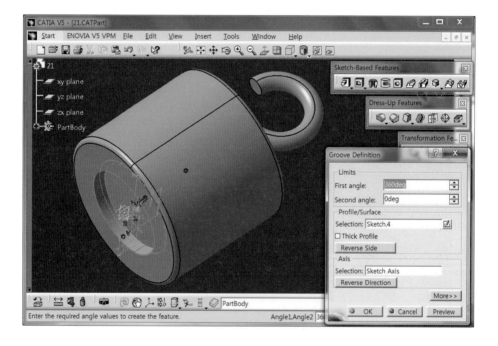

09 다음은 완성된 모델링 형상이다.

THIS DRAWING IS OUR PROPERTY. IT CANT BE REPRODUCED OR COMMUNICATED WITHOUT OUR WRITTEN AGREEMENT.

실습 과제 – 4

이 택 현

SIZE
A3

SCALE
2 : 1

Ø10
R10

2
10

10

20
12

Ø10
R10

10

45

04 실습과제 - 4

01 yz plane에 다음을 스케치한다.

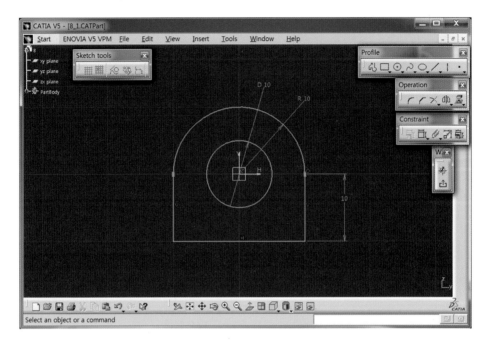

02 〈Pad〉 기능의 Mirrored extent 옵션으로 양방향 10mm씩 생성한다.

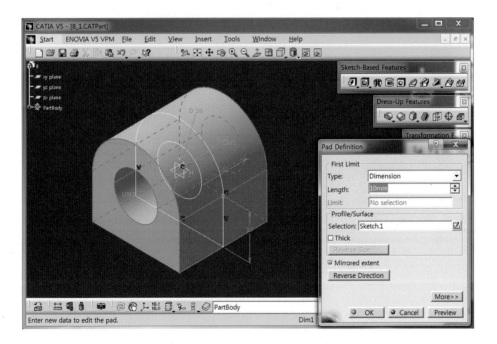

03 우측 면을 스케치 면으로 다음을 스케치한다. 흰색 선 부분은 허공이므로 치수를 주지 않아도 된다.

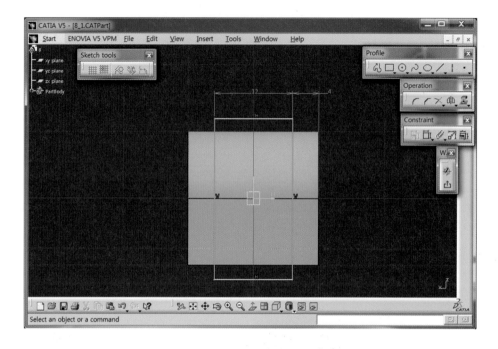

04 〈Pocket〉 기능의 **Up to last Type**으로 다음과 같이 제거한다.

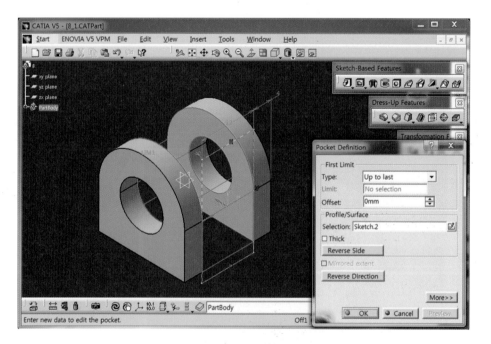

05 zx plane을 스케치 면으로 다음을 스케치한다.

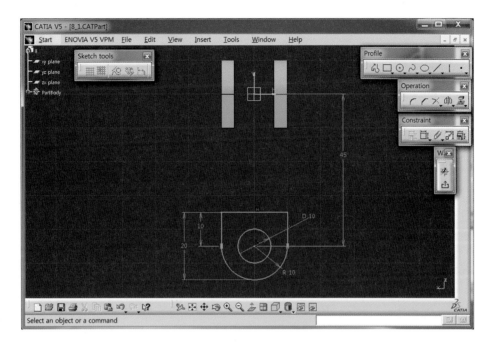

06 〈Pad〉 기능의 Mirrored extent 옵션으로 양방향 5mm씩 생성한다.

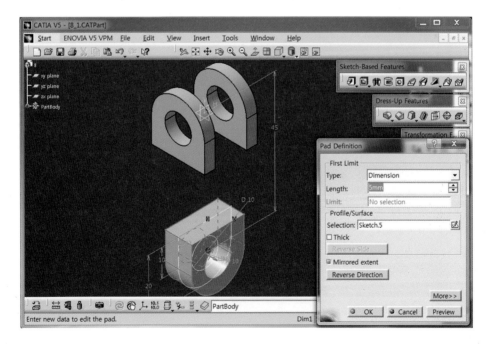

07 정면을 스케치 면으로 하여 다음의 직각사각형을 스케치한다.

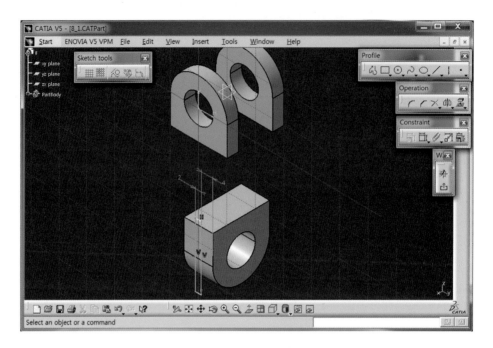

08 〈Pocket〉 기능의 **Up to last Type**으로 다음과 같이 제거한다.

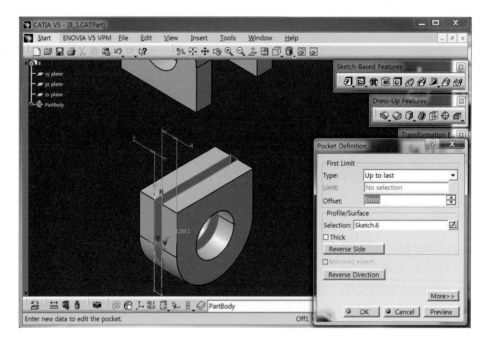

09 〈Multi − Sections Solid〉 기능을 선택하여 **단면 프로파일**로 Solid의 두 면을 지정하고, **닫기점1**과 대응되는 **닫기점2**를 클릭하고, **위치**와 **화살표 방향**을 맞추어 다음과 같이 생성한다.

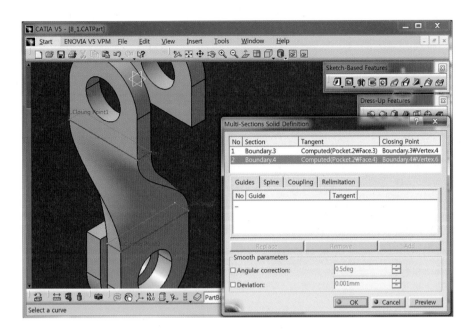

10 같은 방법으로 다음을 완성한다.

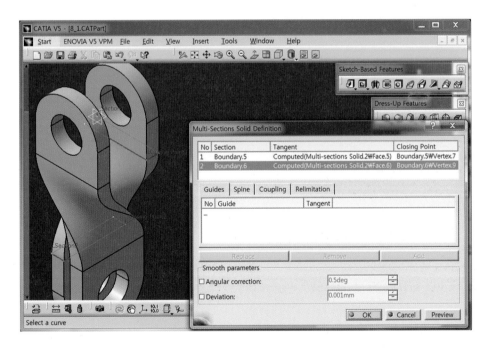

11 다음은 완성된 모델링 형상이다.

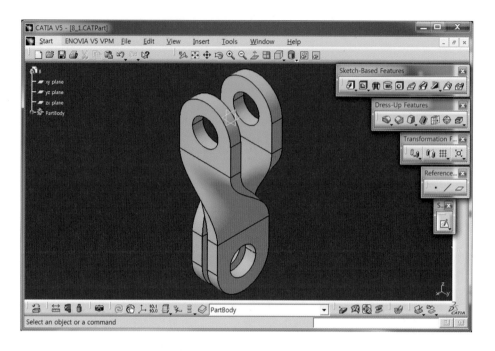

SECTION VIEW A-A

60°
40
13
15
12
8-R6
18

Φ200
Φ140
Φ65
Φ60
Φ30

6
16
8
4-R6

A
A

실습 과제 – 5

김 선 헌

SIZE
A3
SCALE
1:2

THIS DRAWING IS CREATED AND IS THE PROPERTY OF COMPANIES NAME, OR COMPANIES NAME OR, OR WITHIN CONSENT.

05 실습과제 - 5

01 zx plane을 스케치 면으로 하여 다음과 같은 회전축과 회전단면을 스케치한다.

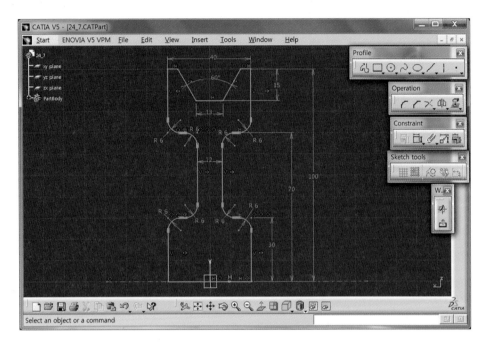

02 〈Shaft〉 기능을 이용하여 360° 회전시켜 생성한다.

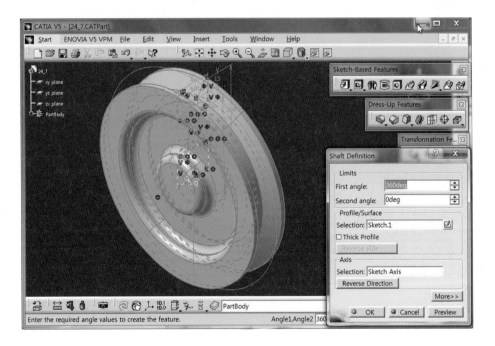

03 주황색 면을 스케치 면으로 하여 다음과 같이 스케치한다.

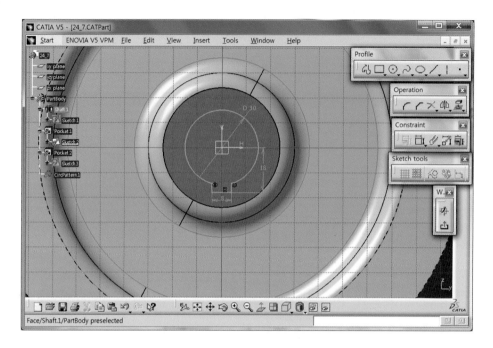

04 〈Pocket〉 기능의 Up to last Type으로 관통시킨다.

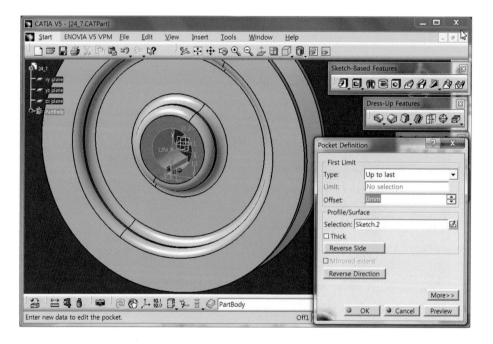

05 밝은 갈색 면에 다음과 같이 점선과 원을 스케치한다.

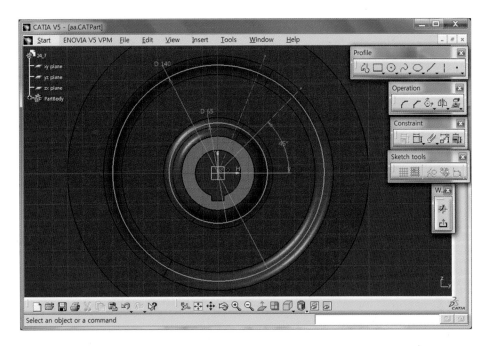

06 두 개의 원을 잇는 선을 스케치한다.

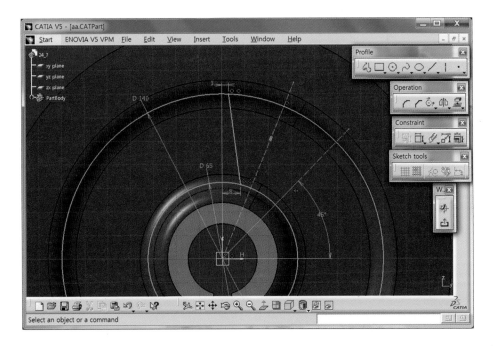

07 〈Quick Trim〉 기능으로 다음과 같이 원을 자른다.

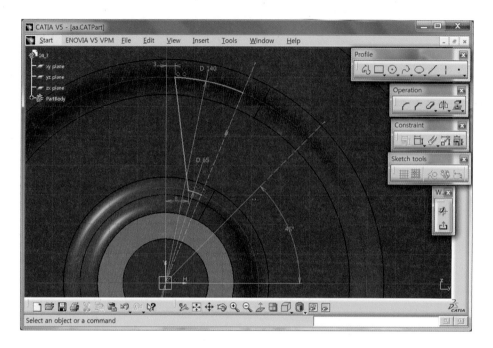

08 세 개의 실선을 선택하고 〈Mirror〉 기능을 클릭한 다음, 대칭선으로 점선을 선택하여 반대편에 대칭시킨다.

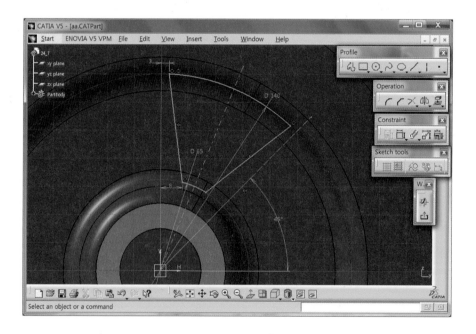

09 ⟨Corner⟩ 기능으로 모서리를 다듬는다.

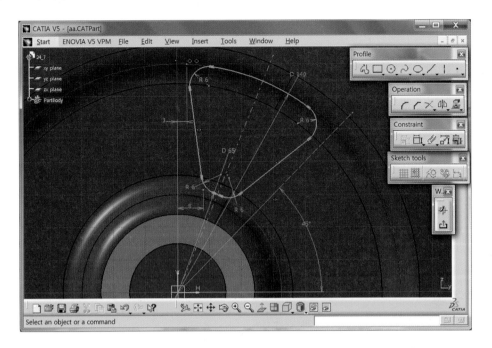

10 ⟨Pocket⟩ 기능의 **Up to last Type**으로 관통시킨다.

11 생성된 Pocket을 선택한 다음 〈Circular Pattern〉 기능으로 들어가 **No selection**을 클릭하고 원판 의 곡면을 클릭한다. **Instance & angular spacing**을 설정하고 45° 간격으로 8개의 원형 패턴을 생성한다.

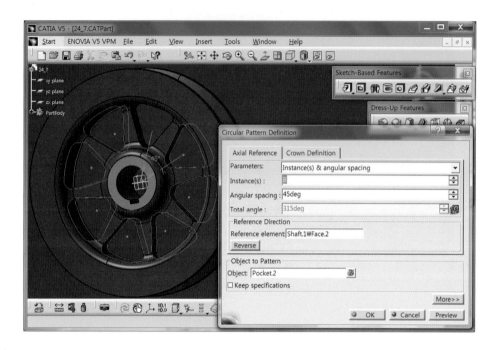

12 다음은 완성된 모델링 형상이다.

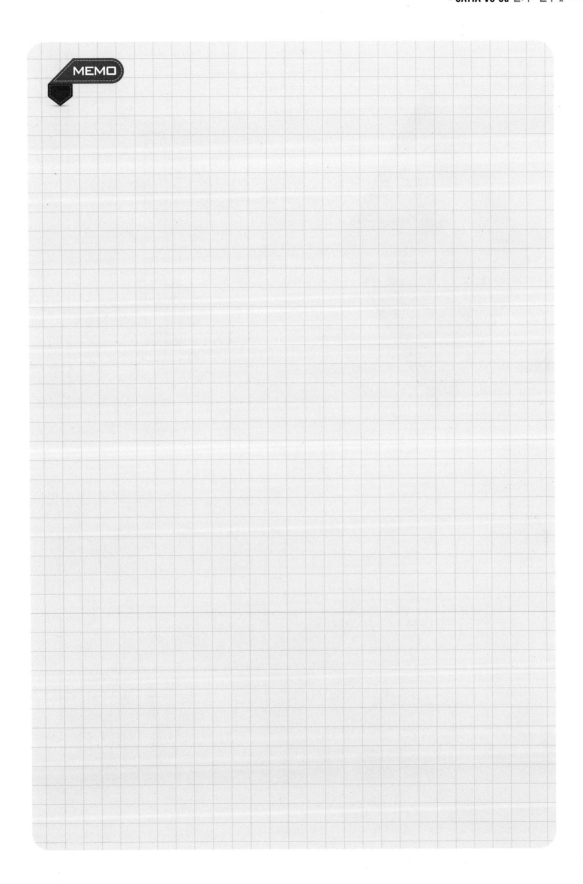

MEMO

A3

실습과제 - 6

이 소 희

SIZE A3

SCALE 1:1

This drawing is our exclusive property. It can't be reproduced or communicated without our written agreement.

120
11
35
35
110

3-R5
R80
R260
R100
10
7
86
61

R20
25
2-100°
R45
12
20
R30
64
30
45
R60
R3
15
20
25
10

R1
R3
180°

06 실습과제 – 6

01 yz plane을 스케치 면으로 하여 다음과 같은 회전축과 회전단면을 스케치한다.

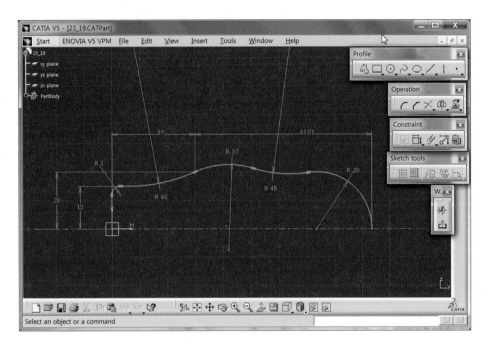

02 〈Shaft〉 기능을 이용하여 180° 회전시켜 생성한다.

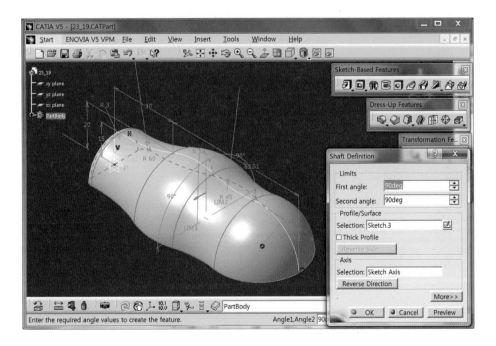

03 yz plane에 수평한 회전축과 타원의 회전단면을 스케치한다.

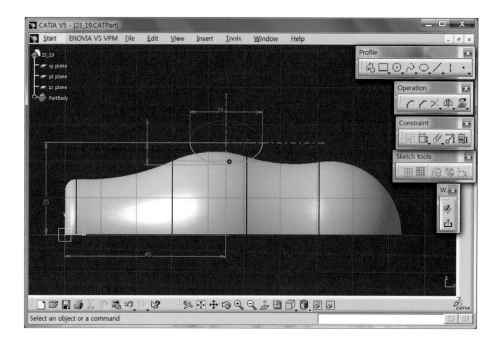

04 〈Groove〉기능을 이용하여 360° 회전시켜 제거한다.

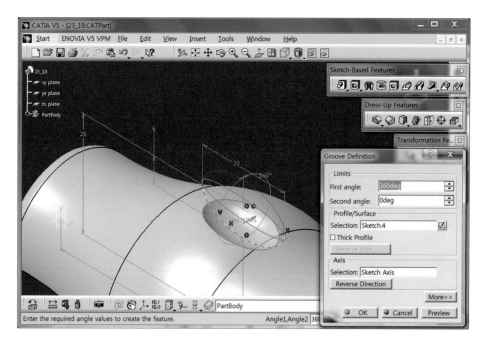

05 xy plane에 다음과 같은 사각형을 스케치한다.

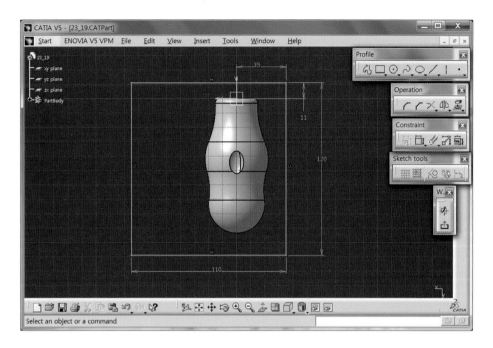

06 〈Pad〉 기능으로 들어가 아래쪽으로 두께 10mm만큼 생성한다.

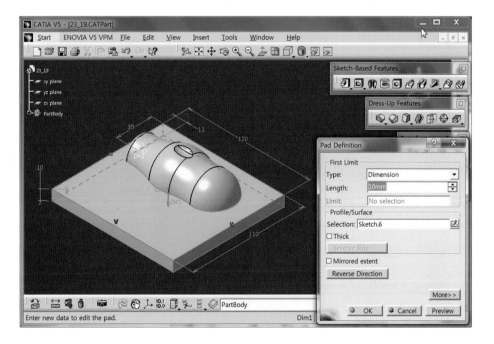

07 패널의 주황색 윗면에 다음과 같이 손잡이 형상을 스케치한다.

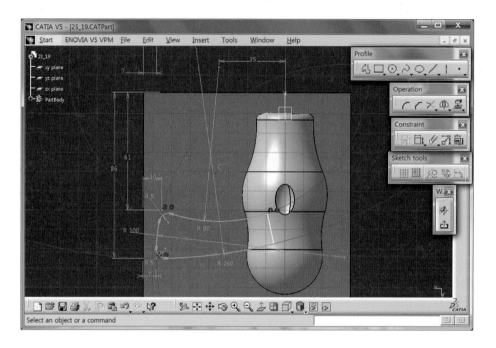

08 〈Pad〉 기능으로 들어가 위쪽으로 두께 7mm만큼 생성한다.

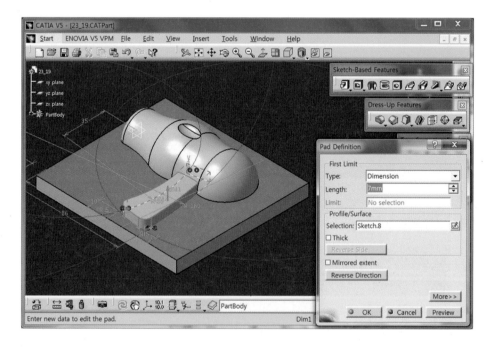

09 ⟨Draft Angle⟩ 기능으로 들어가 **구배각도** 10°를 입력하고 **구배 줄 면**으로 갈색 옆면을 클릭한 다음, **중립면**으로 파란색 면을 선택하고 **화살표 머리**를 눌러 위로 향하게 하고, 미리보기로 확인하고 OK 한다.

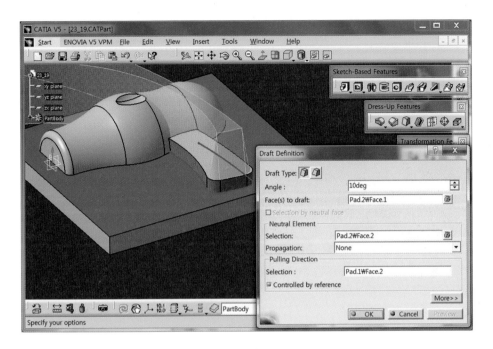

10 ⟨Edge Fillet⟩ 기능으로 다음 모서리에 3mm로 라운딩한다.

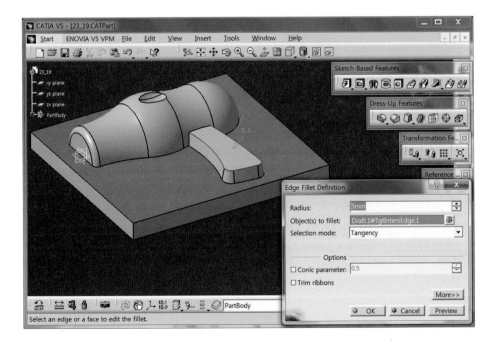

11 〈Edge Fillet〉 기능으로 다음 모서리에 5mm로 라운딩한다.

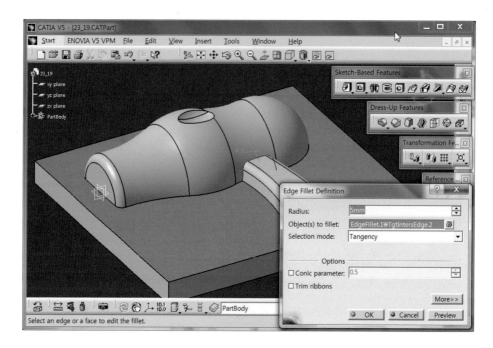

12 〈Edge Fillet〉 기능으로 다음 모서리에 1mm로 라운딩한다.

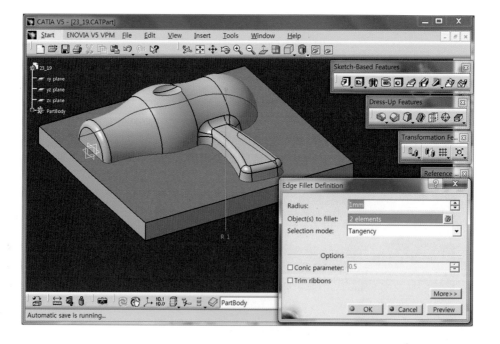

13 다음은 완성된 모델링 형상이다.

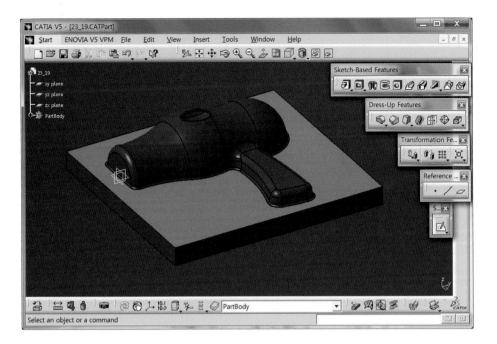

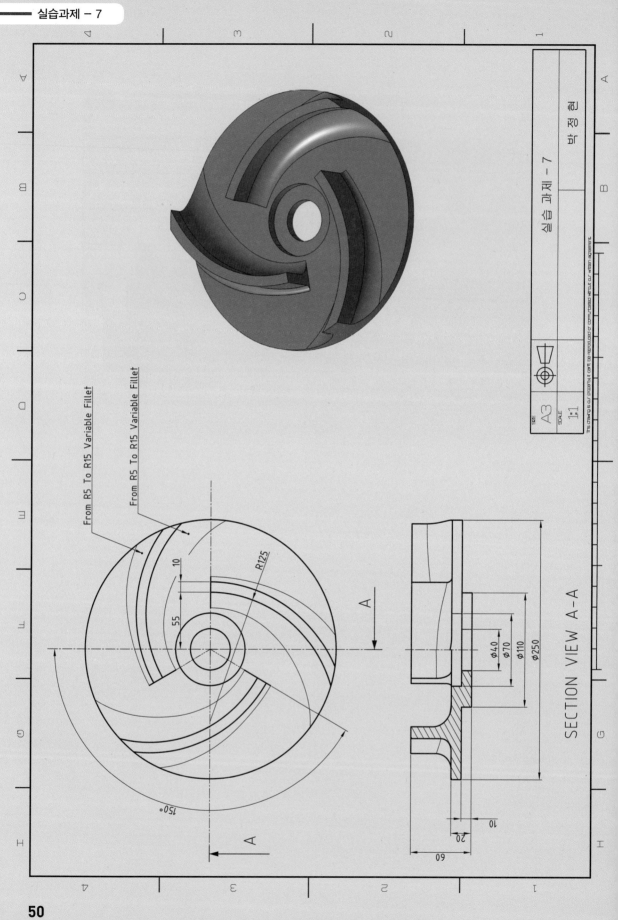

From R5 To R15 Variable Fillet
From R5 To R15 Variable Fillet

R125

10

55

150°

A

A

SECTION VIEW A-A

Ø40
Ø70
Ø110
Ø250

10
20
60

A3

1:1

실습과제 – 7

박정현

07 실습과제 – 7

01 xy plane에 다음의 원을 스케치한다.

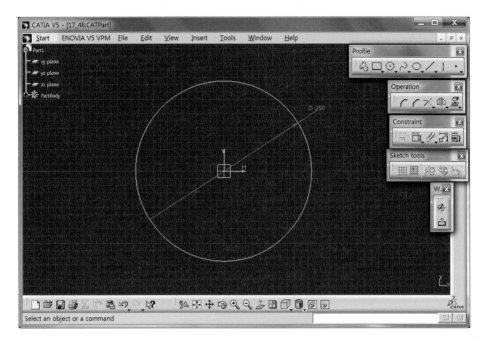

02 〈Pad〉 기능으로 들어가 두께 10mm를 생성한다.

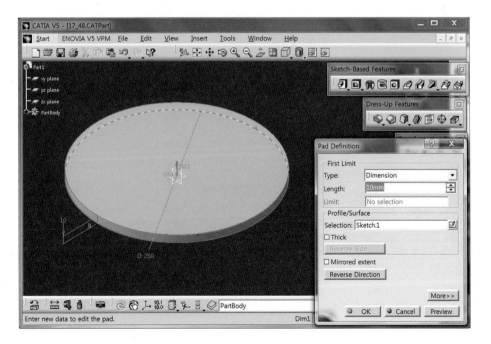

03 xy plane에 다음의 원을 스케치한다.

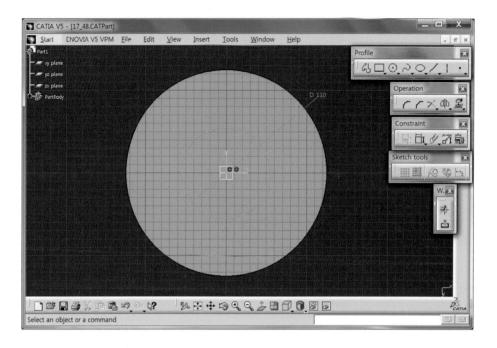

04 〈Pad〉 기능으로 들어가 아래 방향으로 두께 10mm를 생성한다.

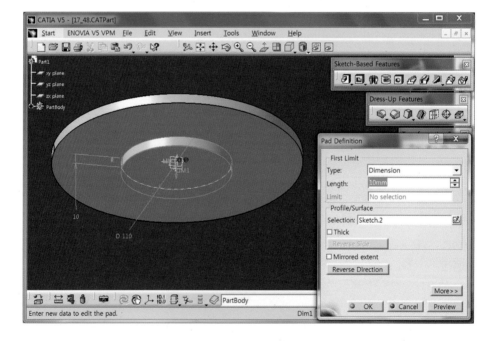

05 원판 윗면에 다음의 원을 스케치한다.

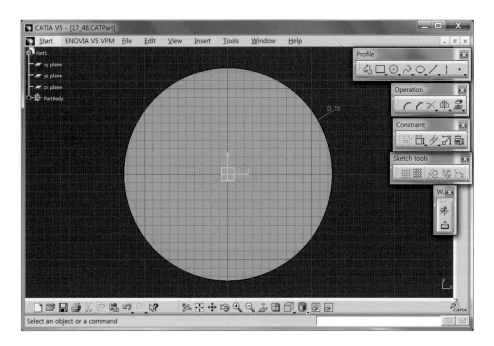

06 〈Pocket〉 기능으로 들어가 깊이 10mm를 제거한다.

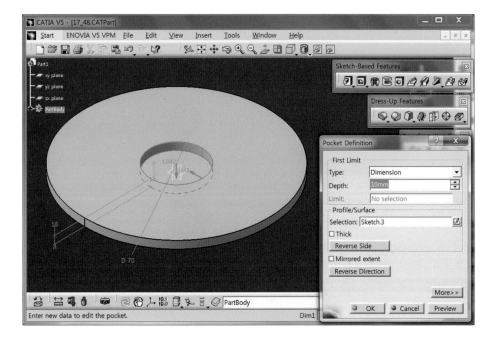

07 원판 윗면에 다음의 원을 스케치한다.

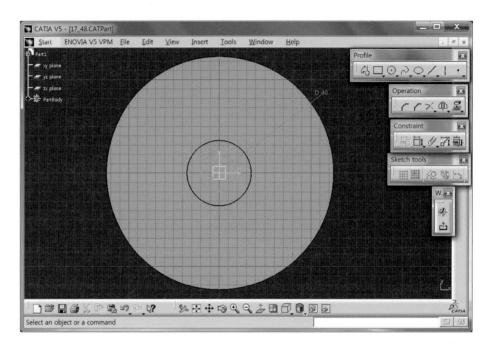

08 〈Pocket〉기능의 **Up to last Type**으로 관통시킨다.

09 원판 윗면에 다음의 단면을 스케치한다.

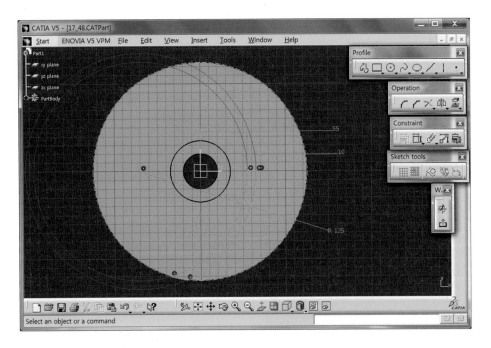

10 〈Pad〉 기능으로 들어가 위로 두께 40mm를 생성한다.

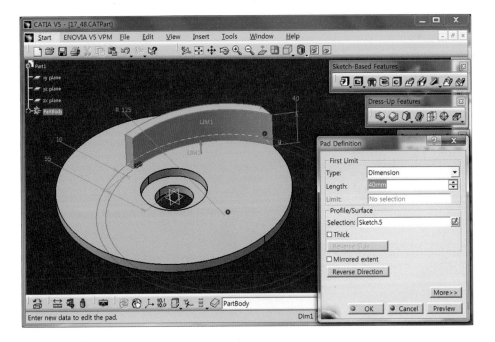

11 생성된 Pad를 선택한 다음 〈Circular Pattern〉 기능으로 들어가 **No selection**을 클릭하고 원판의 곡면을 클릭한다. **Instance & angular spacing**을 설정하고 120° 간격으로 3개의 원형 패턴을 생성한다.

12 〈Variable edge fillet〉 기능을 선택하고 세 모서리를 클릭한 다음, 각각의 치수를 더블클릭하여 5mm와 15mm를 입력한다.

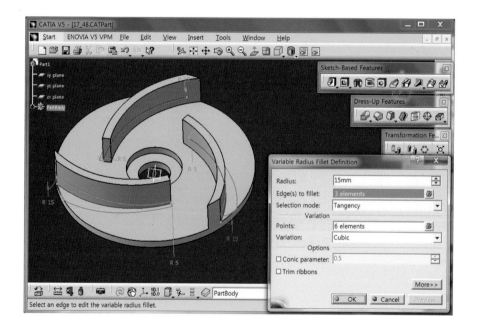

13 같은 방법으로 〈Variable Edge Fillet〉 기능을 이용하여 15mm와 25mm를 입력한다.

14 다음은 완성된 모델링 형상이다.

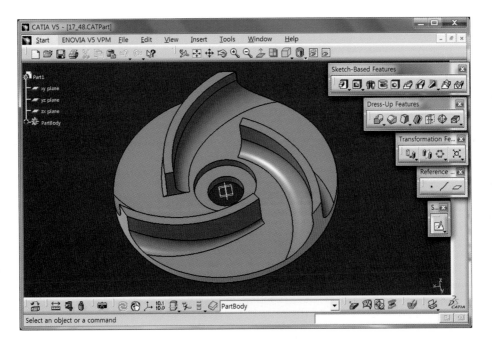

SIZE	실습 과제 - 8	김시현
A3		
SCALE 1:2		

3-Φ8

30
25
5

R10
R2

Φ15
Φ25
Φ70

3

P.C.D 85
40

16
18
6

(R)
R2

120°

08 실습과제 - 8

01 xy plane에 지름 70mm인 원을 스케치한다.

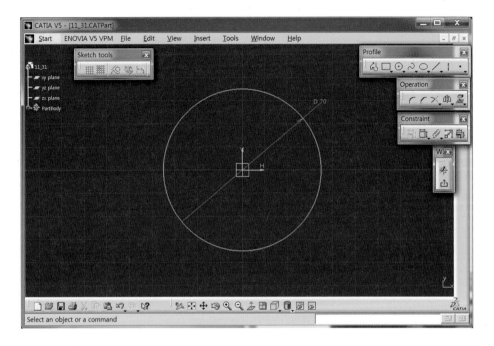

02 〈Pad〉 기능으로 들어가 두께 25mm를 생성한다.

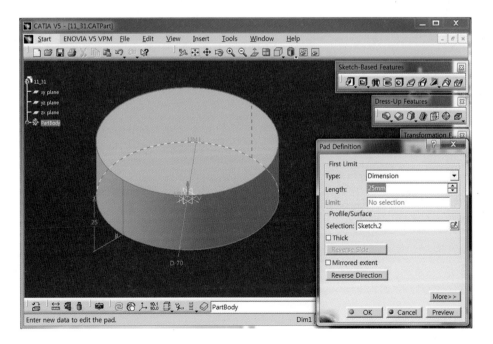

03 〈Edge Fillet〉 기능을 이용하여 원기둥 모서리에 반지름 10mm로 라운딩한다.

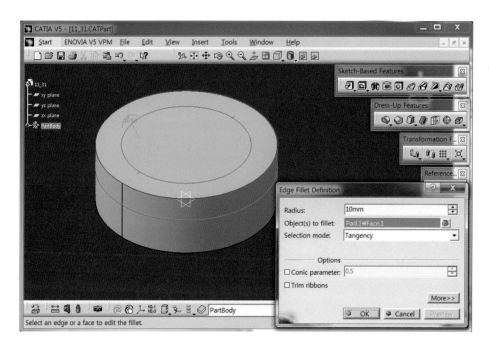

04 〈Shell〉 기능을 선택하고 제거할 면으로 바닥면을 클릭한 다음, 안쪽으로 두께 3mm를 남기고 파낸다.

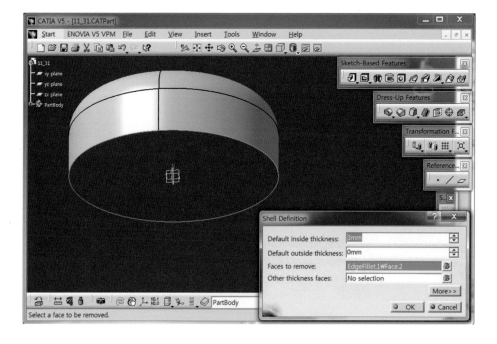

05 원기둥의 윗면을 스케치 면으로 하여 〈Elongated Hole〉 기능으로 다음을 스케치한다.

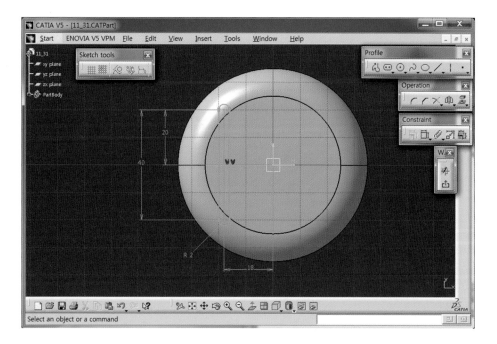

06 〈Pocket〉 기능으로 깊이 5mm만큼 파낸다.

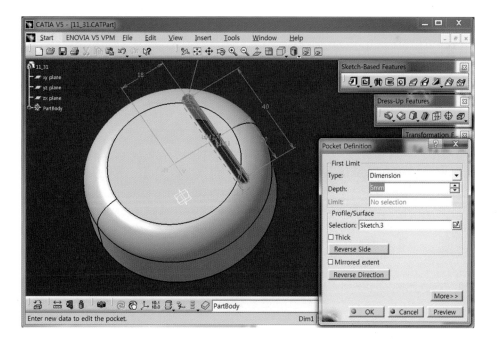

07 〈Rectangular Pattern〉 기능을 선택하고 **놓일 면**으로 원기둥의 윗면을 클릭하고, **First Direction**에서 6mm 간격으로 7줄을 입력한다.

08 원기둥의 안쪽 천장 부분을 스케치 면으로 하여 지름 25mm인 원을 스케치한다.

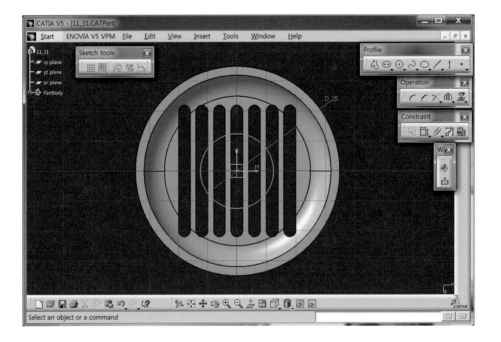

09 〈Pad〉 기능으로 들어가 위쪽으로 두께 8mm를 생성한다.

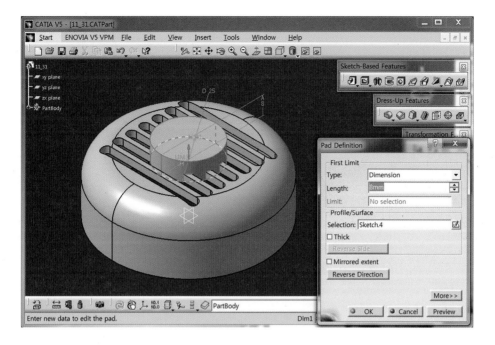

10 생성된 작은 원기둥의 윗면을 스케치 면으로 하여 지름 15mm인 원을 스케치한다.

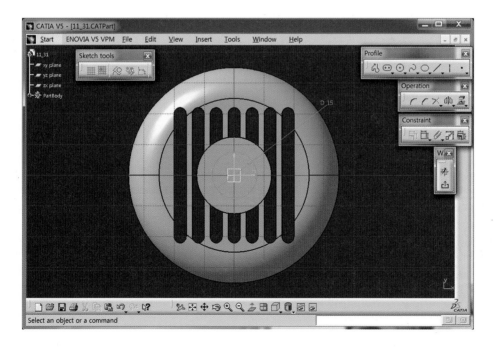

11 〈Pocket〉 기능의 **Up to last Type**으로 안쪽을 제거한다.

12 〈Edge Fillet〉 기능을 이용하여 원기둥 모서리를 반지름 2mm로 라운딩한다.

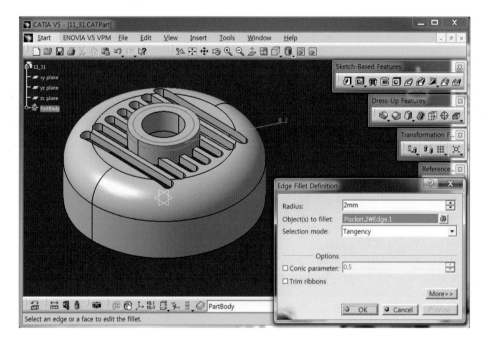

13 xy plane을 스케치 면으로 하여 〈Sketch tools〉 도구막대의 〈Construction / Standard Element〉를 이용하여 지름 85mm인 원을 점선으로 스케치하고, 〈Profile〉 기능으로 다음을 그리고 호의 중심과 원을 **일치**시킨다.

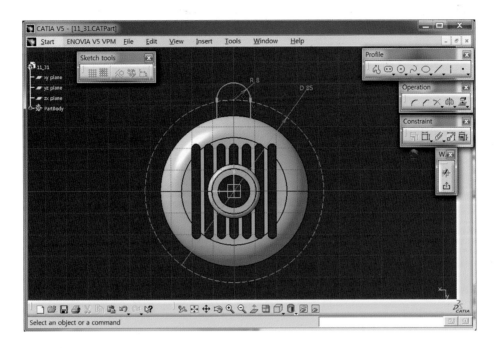

14 〈Pad〉 기능으로 들어가 위쪽으로 두께 5mm를 생성한다.

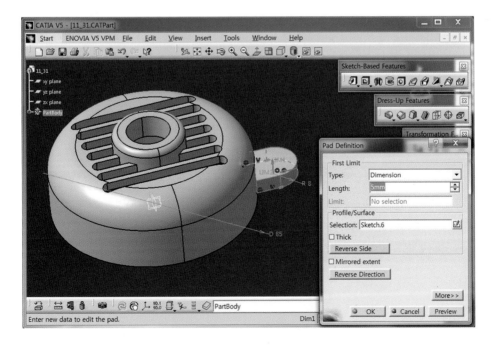

15 생성된 Pad의 윗면을 스케치 면으로 하여 지름 8mm인 원을 스케치하고, 반지름 8mm인 호와 〈Concentricity〉로 중심을 일치시킨다.

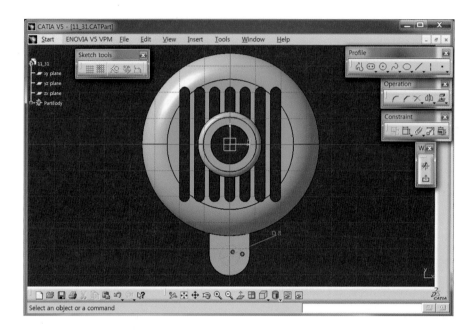

16 〈Pocket〉 기능의 **Up to last Type**으로 제거한다.

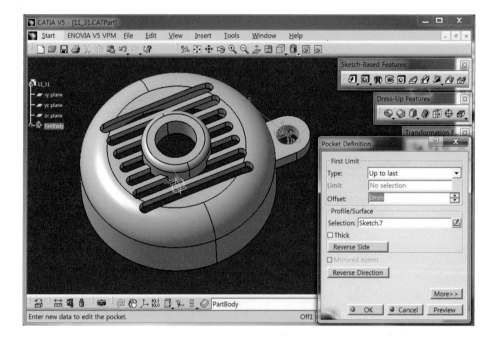

17 Ctrl 버튼을 누르고 생성된 Pad와 Pocket feature를 선택한 다음, 〈Circular Pattern〉 기능으로 들어가 **No selection**을 클릭하고 원기둥의 옆면을 클릭한다. 그 다음 Instance & angular spacing 을 설정하고 120° 간격으로 3개의 원형 패턴을 생성한다.

18 다음은 완성된 모델링 형상이다.

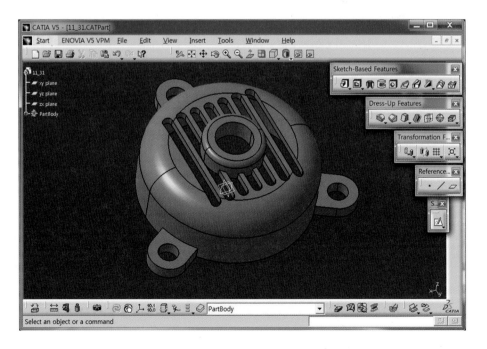

SECTION VIEW A-A

3-Φ47

220

32

32

25

110

Φ56

Φ100

160

100

Φ194

Φ280

Φ360

120°

A

A

3-Φ24 Depth 15 Hole

실습 과제 – 9

임 종 대

SIZE A3

SCALE 1:1

The drawing is our property and may not be reproduced or communicated without our written agreement.

68

09 실습과제 - 9

01 xy plane에 다음의 원을 스케치한다.

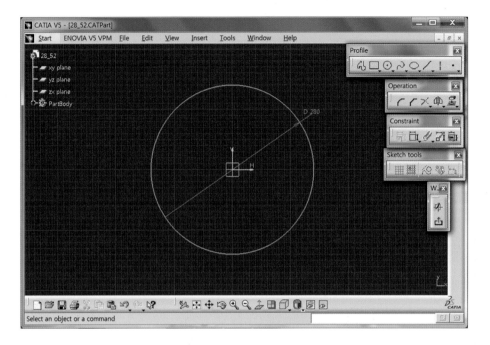

02 〈Pad〉 기능으로 들어가 두께 110mm를 생성한다.

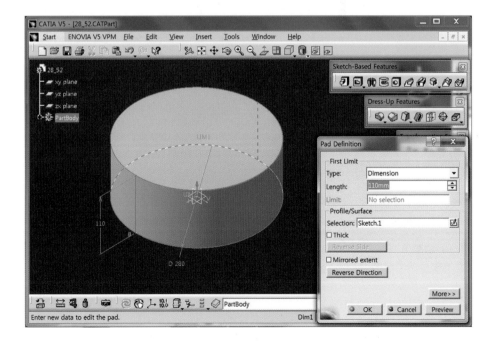

03 원기둥 윗면을 스케치 면으로 하여 다음을 스케치한다.

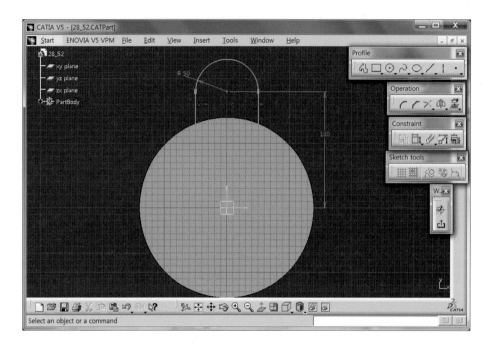

04 〈Pad〉 기능으로 들어가 두께 32mm를 생성한다.

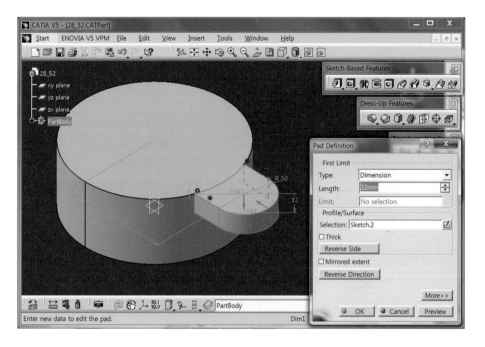

05 윗면에 원을 스케치하고 바깥 원과 〈Concentricity〉 조건으로 중심을 일치시킨다.

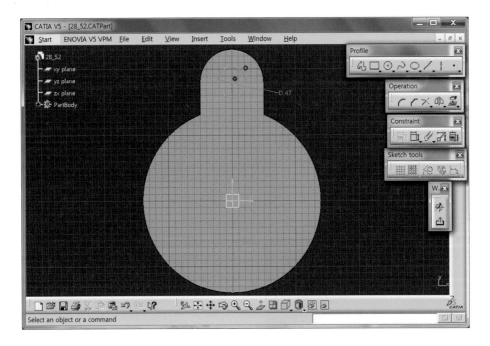

06 〈Pocket〉 기능의 **Up to last Type**을 이용하여 관통시킨다.

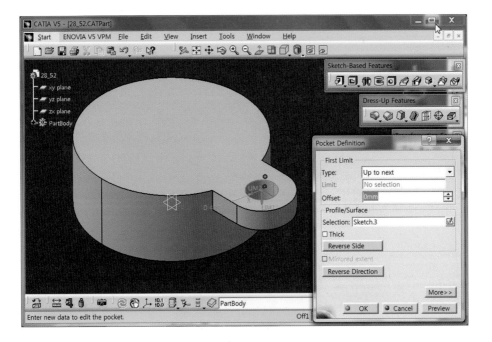

07 Ctrl 버튼을 누르고 생성된 pad와 pocket을 선택한 다음, 〈Circular Pattern〉 기능으로 들어가 **No selection**을 클릭하고 원기둥의 바깥 곡면을 선택한다. **Instance & angular spacing**을 설정하고 120° 간격으로 3개의 원형 패턴을 생성한다.

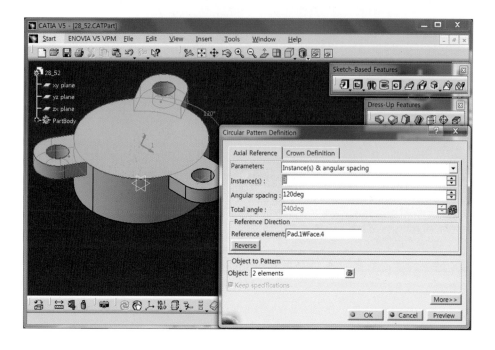

08 〈Mirror〉 기능을 선택하고 **대칭면**으로 xy plane을 클릭하면 다음과 같이 전체 Mirror가 된다.

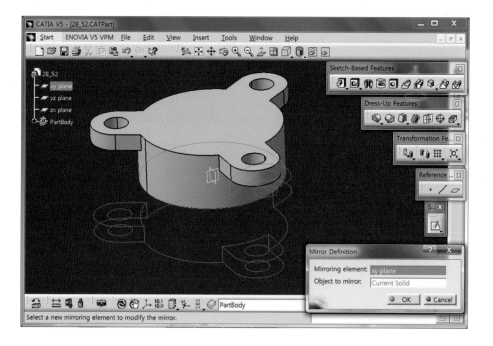

09 yz plane에 다음의 회전축과 회전단면을 스케치한다. 흰색 선 부분은 Solid와 겹치도록 하며 곡면이므로 주의한다.

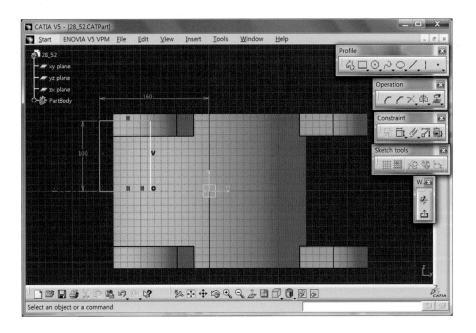

10 ⟨Shaft⟩ 기능으로 360° 회전시켜 생성한다.

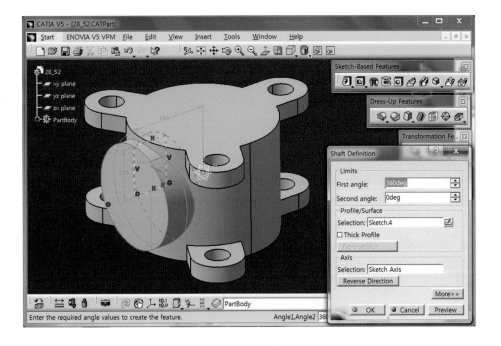

11 yz plane에 다음의 회전축과 회전단면을 스케치한다.

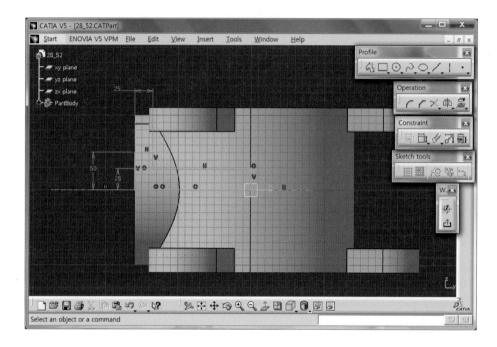

12 〈Groove〉 기능으로 들어가 360° 회전시켜 제거한다.

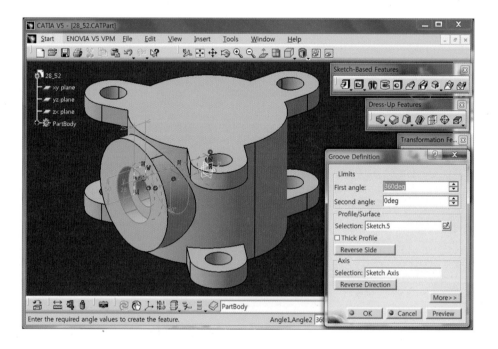

13 윗면에 다음과 같은 원을 스케치한다.

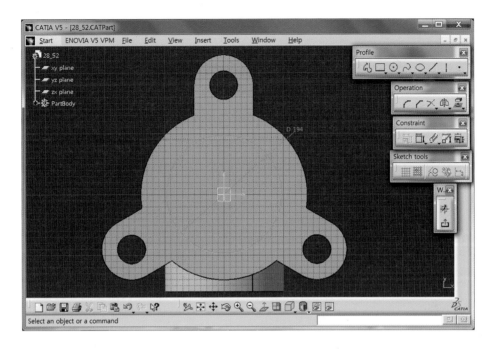

14 〈Pocket〉 기능의 **Up to last Type**을 이용하여 관통시킨다.

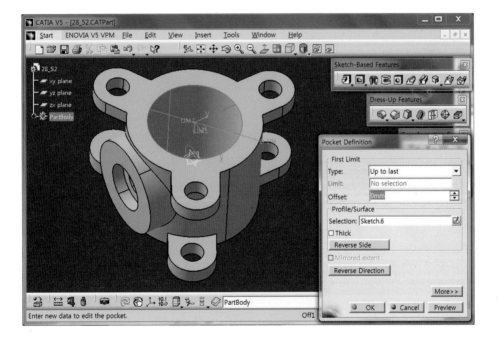

15 갈색 면에 두 개의 원을 스케치하고, 〈Sketch tools〉 도구막대의 〈Construction / Standard Element〉를 클릭한 다음 큰 원을 선택하여 점선으로 표현한다.

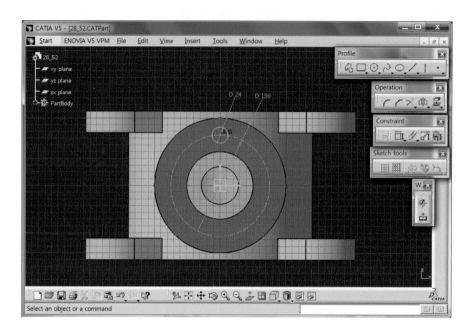

16 〈Pocket〉 기능으로 깊이 15mm만큼 제거한다.

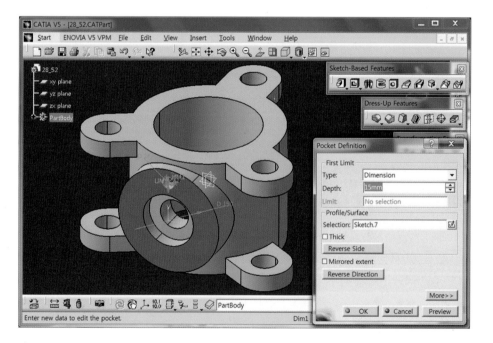

17 Pocket을 선택한 다음 〈Circular Pattern〉 기능으로 들어가 **No selection**을 클릭하고 원기둥의 바깥 곡면을 선택한다. **Instance & angular spacing**을 설정하고 120° 간격으로 3개의 원형 패턴을 생성한다.

18 다음은 완성된 모델링 형상이다.

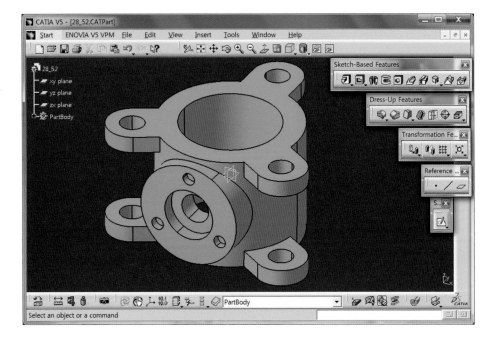

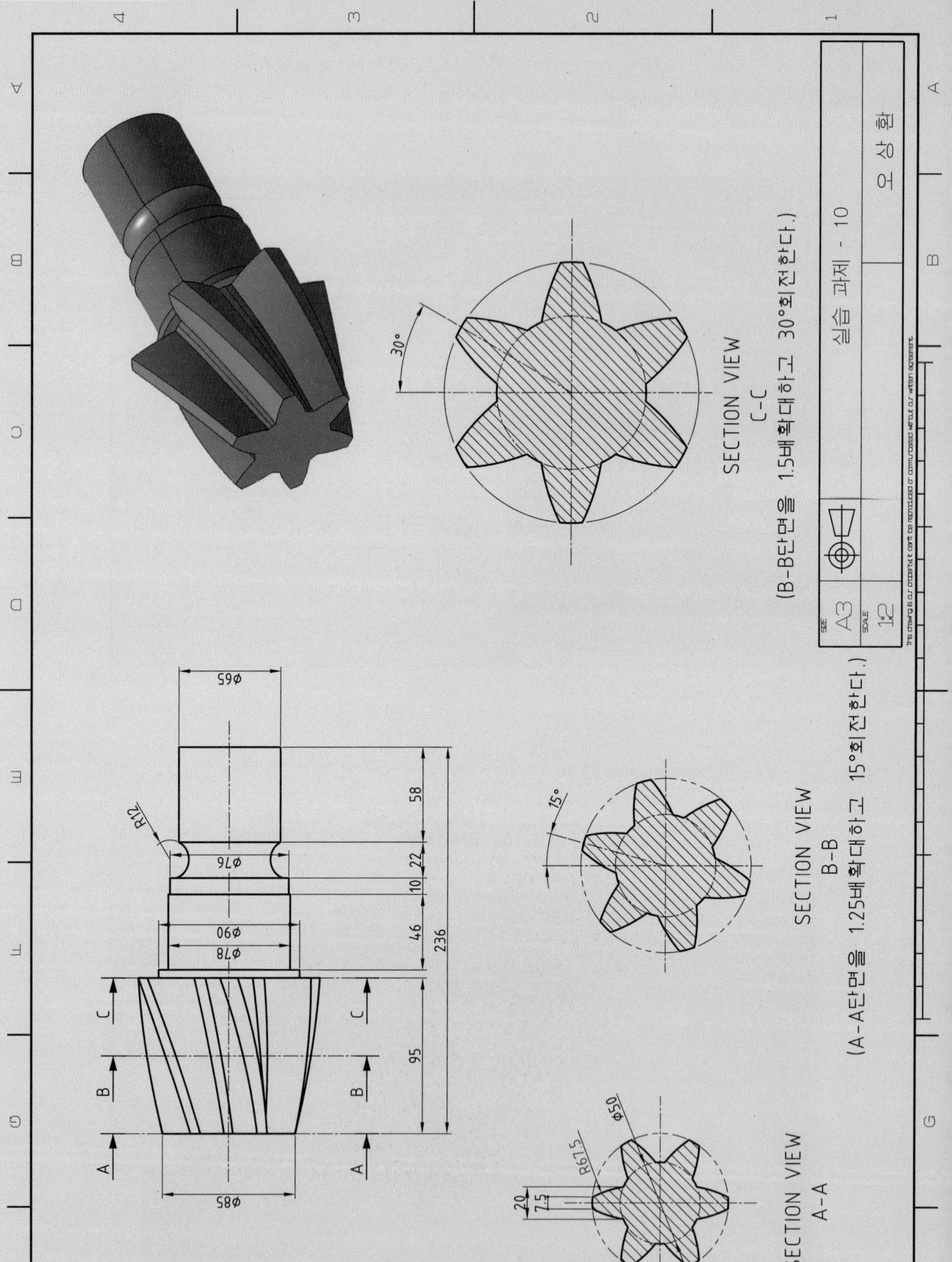

SECTION VIEW
A-A
SECTION VIEW
B-B
(A-A단면을 1.25배 확대하고 15°회전한다.)
SECTION VIEW
C-C
(B-B단면을 1.5배 확대하고 30°회전한다.)
15°
30°
R6.75
Φ50
20
7.5
Φ85
Φ78
Φ90
Φ76
Φ65
R12
95
46
10
22
58
236
실습 과제 - 10
오 상 환
SIZE
A3
SCALE
1:2

10 실습과제 – 10

01 Start / Mechanical Design / Wireframe & Surface design으로 들어가 yz plane을 스케치 면으로 선택하고, 〈Sketch tools〉 도구막대의 〈Construction / Standard Element〉를 이용하여 지름 50mm, 85mm인 두 원과 60° 양쪽 부분을 점선으로 표현한다.

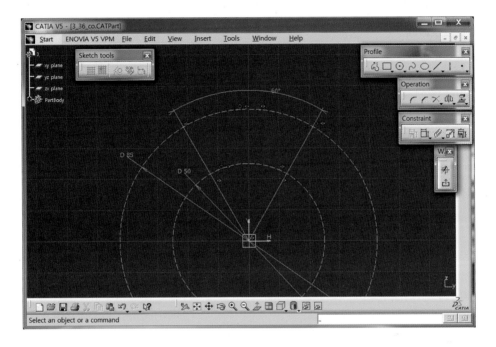

02 기어 단면의 60° 부분만 다음과 같이 스케치한다.

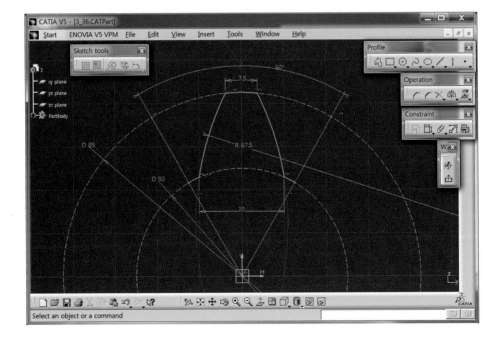

03 zx plane을 스케치 면으로 하여 H축에 일치하는 직선을 그린다. 이때 직선은 회전축으로 활용할 것이므로 길이는 무관하다.

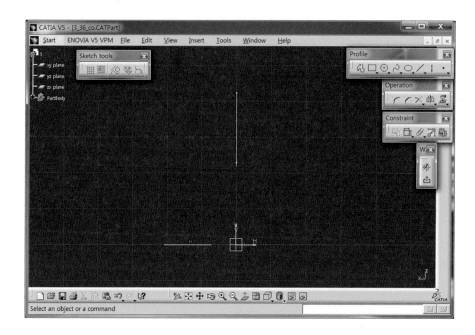

04 Start / Shape / Generative Shape Design으로 들어가 기어 단면을 선택하고, 〈Circular Pattern〉 기능을 선택한 다음 No selection을 클릭하고 직선을 선택한다. 그 다음 Instance & angular spacing을 설정하고 60° 간격으로 6개의 원형 패턴을 생성한다.

05 Start / Mechanical Design / Wireframe & Surface Design으로 들어가 〈Join〉 기능을 선택하고 기어 단면 6개를 선택하여 한 개의 요소로 통합한다.

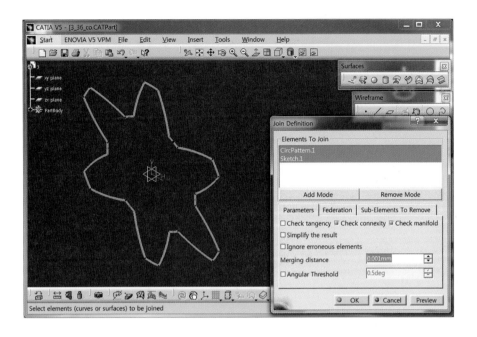

06 〈Plane〉 기능의 Offset from plane Type을 선택하고, **기준면**으로 yz plane을 선택한 다음 뒷부분으로 −47.5mm 지점에 plane을 생성한다. 숫자 앞의 부호는 반대방향을 의미한다.

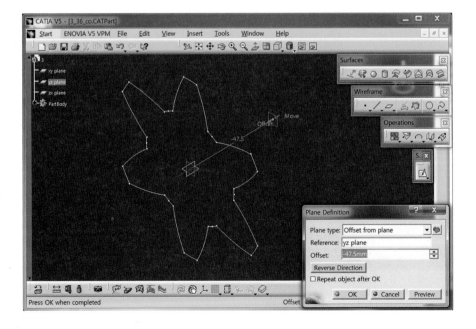

07 생성된 plane의 뒷부분에 6번과 같은 방법으로 한 개의 plane을 더 생성한다.

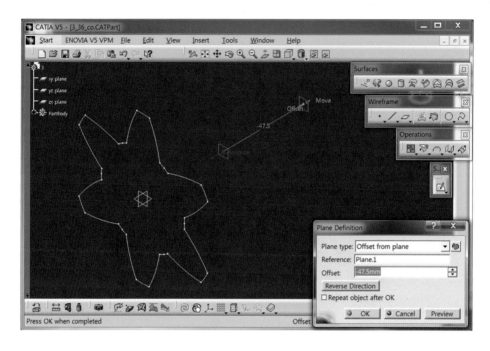

08 Start / Shape / Generative Shape Design으로 들어가 〈Rectangular Pattern〉을 선택하고 **놓일 면**으로 xy plane을 클릭하고 **First Direction** 47.5mm 간격으로 2를 입력한다.

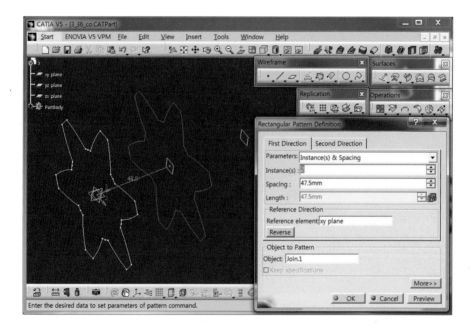

09 첫 번째 기어 단면을 선택하고 〈Rectangular Pattern〉 기능을 클릭한 다음, **놓일 면**으로 xy plane 을 선택하여 **First Direction** 95mm 간격으로 2개를 생성한다.

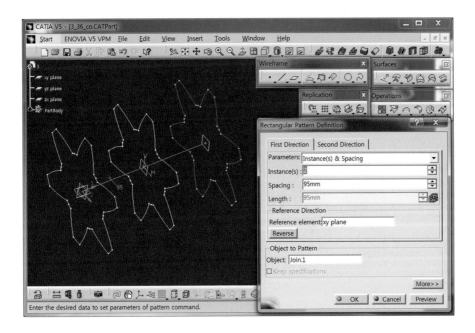

10 Start / Mechanical Design / Wireframe & Surface Design으로 들어가 평행한 두 번째 plane을 스케치 면으로 하여 원점에 점을 스케치한다.

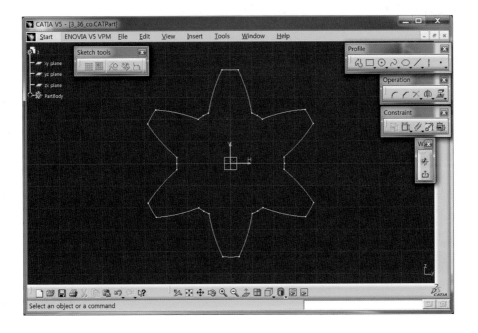

11 평행한 세 번째 plane을 스케치 면으로 하여 원점에 점을 스케치한다.

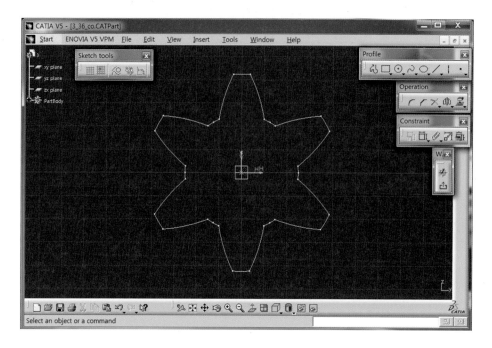

12 〈Scaling〉 기능을 선택하고 두 번째 기어 단면을 클릭한 다음, 원점에 생성된 점을 Reference로 Ratio 1.25를 입력하고 Hide / Show initial Element를 누른다.

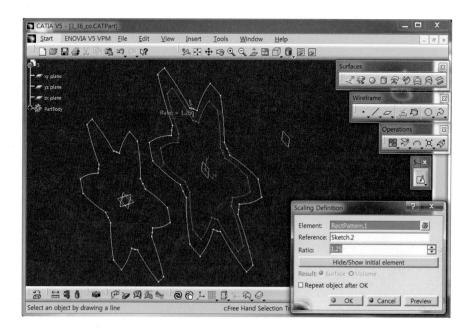

13 ⟨Scaling⟩ 기능을 선택하고 세 번째 기어 단면을 클릭한 다음, 원점에 생성된 점을 Reference로 Ratio 1.5를 입력하고 Hide / Show initial Element를 누른다.

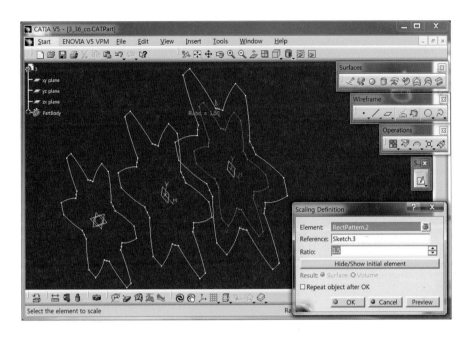

14 zx plane을 스케치 면으로 하여 H축에 일치하는 **직선**을 스케치한다. 이 직선은 회전축으로 사용할 것이므로 길이는 무관하다.

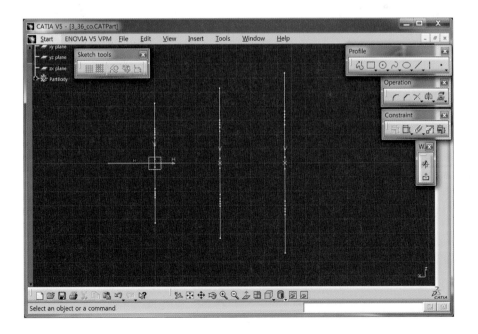

15 〈Rotate〉 기능을 선택하여 **Axis − Angle Mode**를 설정하고, 두 번째 기어 단면을 대상으로 선택한 다음 생성된 직선을 회전축으로 지정하고 반시계방향으로 15°를 입력하고 **Hide / Show initial Element**를 누른다.

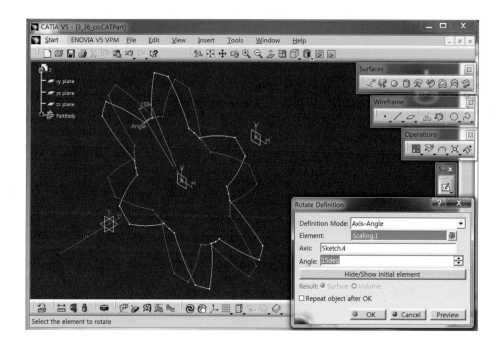

16 15번과 같은 방법으로 세 번째 단면을 반시계 방향으로 30° 회전시킨다.

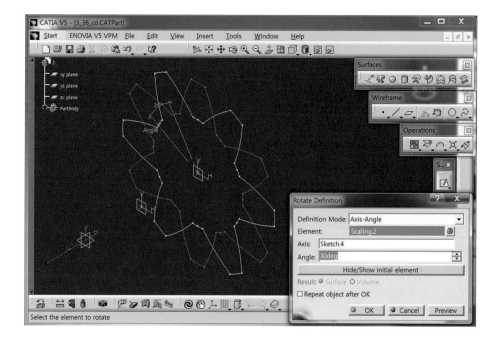

17 Start / Mechanical Design / Part Design으로 들어가 〈Multi − sections solid〉 기능을 선택하여 단면으로 기어의 세 단면을 차례로 선택한 다음, Closing point2를 Closing point1과 대응되는 지점 으로 변경하고, **화살표 머리** 부분을 클릭하여 **시계 / 반시계** 중 같은 방향으로 설정해 준다.

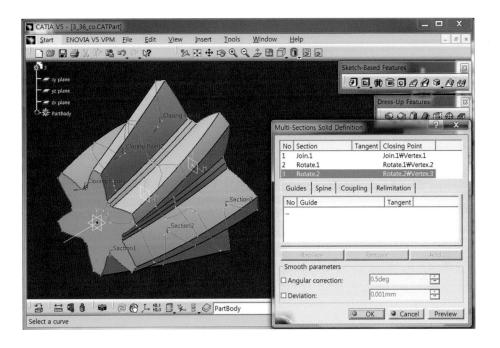

18 zx plane을 스케치 면으로 하여 H축에 일치하는 회전축을 그리고, 〈Profile〉 기능으로 다음과 같 은 회전단면을 스케치한다.

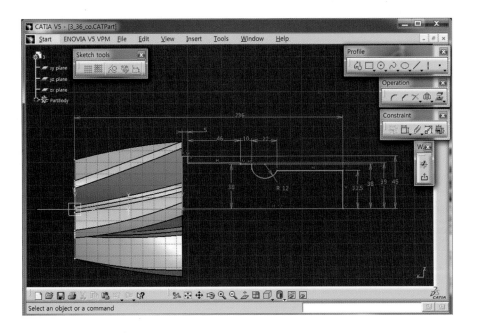

19 〈Shaft〉기능을 이용하여 360° 회전시킨다.

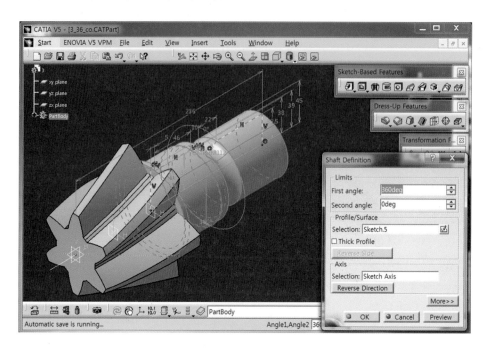

20 다음은 완성된 모델링 형상이다.

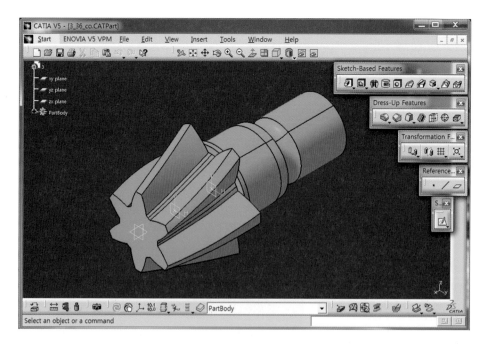

MEMO

NOTE
1. Thickness 15mm

실습과제 – 11

영 진 형

A2

(277.5)

20
50
200
7.5

R195

R50

R7.5

Ø120
Ø90

Ø143

Ellipse Ex12.5 Ry5
Nomal to axis

77.5

2-R25

91

119

20°

108

R175

75

10

R10

75°

11 실습과제 - 11

01 Start / Mechanical Design / Wireframe & Surface Design 모드로 들어간다. yz plane을 스케치
면으로 하여 V축에 일치하는 회전축을 그리고 다음과 같이 회전단면을 스케치한다.

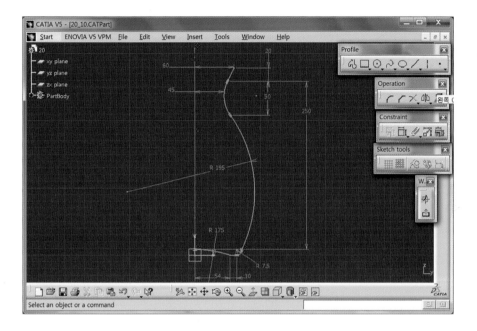

02 다음은 Sketch.1의 하단부분을 확대한 것으로, 반지름 175mm인 호의 중심을 V축에 일치시킨다.

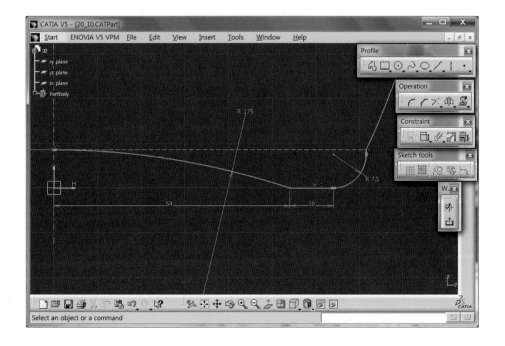

03 〈Revolve〉 기능을 선택하여 360° 회전시킨다.

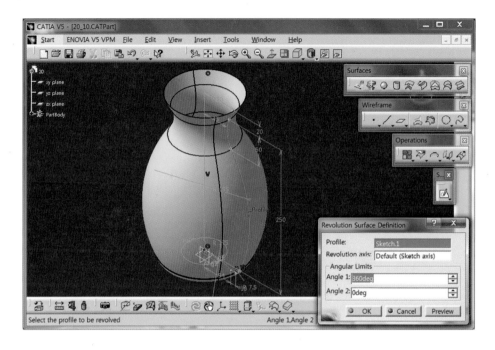

04 〈Plane〉 기능의 **Through planar curve type**을 선택하고 생성된 surface의 상단 모서리를 클릭하여 병모양의 입구에 plane을 생성한다.

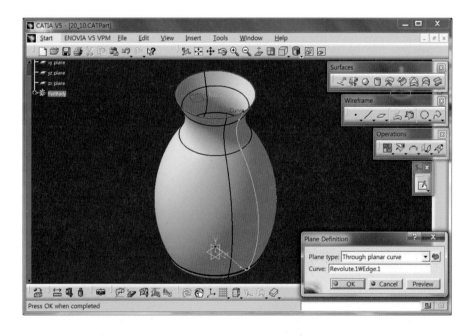

05 생성된 plane에 다음과 같이 좌우대칭인 스케치를 하고 호의 중심을 V축에 일치시킨다.

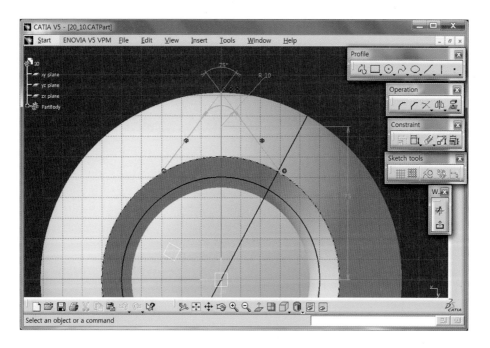

06 〈Plane〉 기능의 **Parallel through point type**을 선택하고, 기준면으로 xy plane을 클릭한 다음 놓일 위치로 그림의 우측 점을 선택하여 plane을 생성한다.

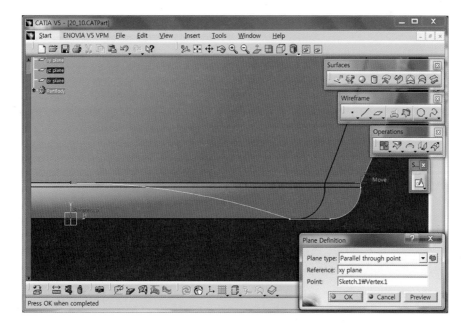

07 〈Plane〉 기능의 **Offset from plane Type**을 선택하고 **기준면**으로 생성된 plane을 클릭한 다음 250mm 위쪽으로 plane을 생성한다.

08 생성된 plane을 스케치 면으로 하여 다음의 호와 일치하는 호를 스케치한다.

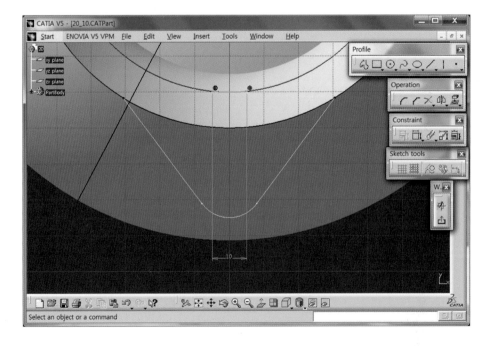

09 〈Line〉 기능의 **Point − Point Type**을 선택하고, 다음 두 커브의 끝점을 클릭하여 3차원상의 직선을 생성한다. 반대편에도 같은 방법으로 선을 생성한다.

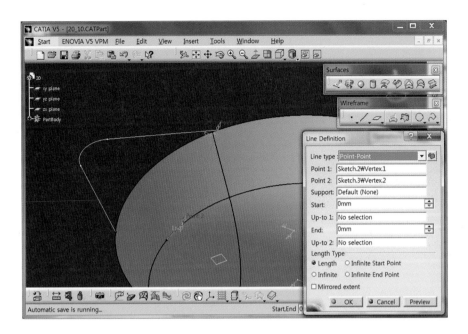

10 〈Multi − Sections Surface〉 기능을 선택하고, **단면 프로파일**로 Line. 1, 2를 클릭한 다음 **Guide**로 위, 아래 커브를 선택한다. **화살표 머리**를 클릭하여 Line. 1, 2의 방향을 일치시킨다. Revolve surface는 일시적으로 〈Hide〉 한다.

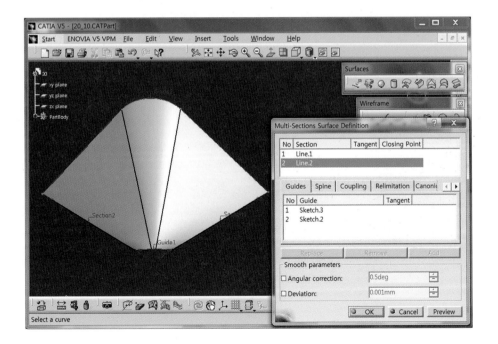

11 〈Trim〉 기능을 클릭하여 서로 교차하는 두 surface를 선택한 다음, 두 개의 **Element** 버튼을 눌러 다음과 같이 잘리는 가운데 부분이 투명하게 되었을 때 OK 버튼을 누른다.

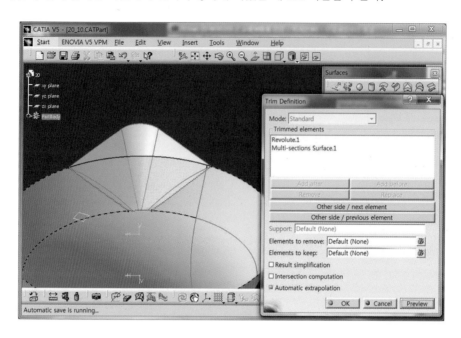

12 yz plane에 20° 기울어진 다음의 손잡이 부분을 스케치한다.

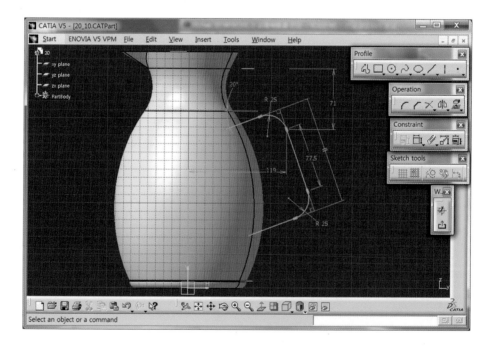

13 〈Plane〉 기능의 **Normal to curve Type**을 선택하고, 생성된 커브를 클릭한 다음 놓일 위치로 커브의 끝점을 누르면 다음과 같이 plane이 생성한다.

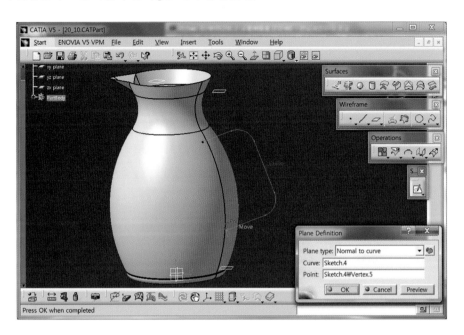

14 생성된 plane에 다음과 같이 타원인 단면을 스케치한다.

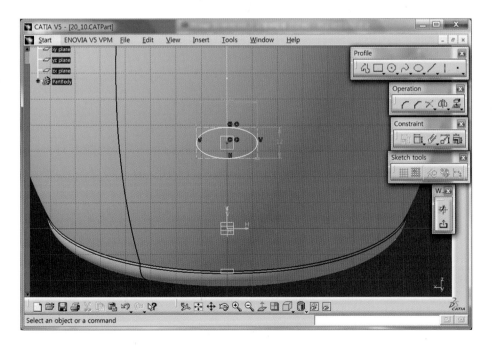

15 〈Sweep〉 기능으로 들어가 타원을 **단면 프로파일**로 선택하고, 생성된 커브를 Guide curve로 클릭하여 다음과 같이 손잡이 형상을 생성한다.

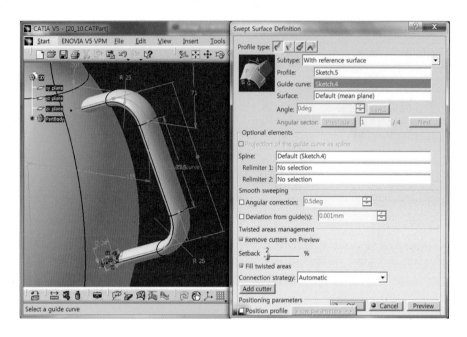

16 Start / Mechanical Design / Part Design으로 들어가 〈Close Surface〉 기능을 선택하고 손잡이의 Sweep surface를 클릭하여 내부를 Solid로 채운다.

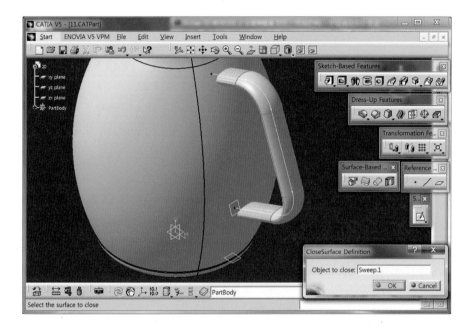

17 〈Close Surface〉 기능을 선택하고 Revolve surface를 클릭하여 내부를 Solid로 채운다.

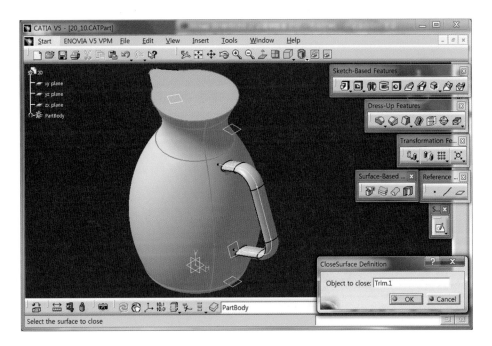

18 〈Shell〉 기능을 선택하고 안쪽 두께 1.5mm를 입력한 다음 윗면을 **제거할 면**으로 선택하여 안쪽 을 제거한다.

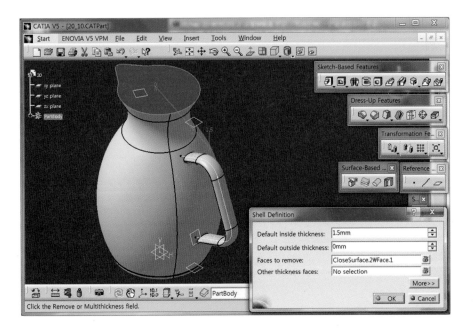

19 다음은 완성된 모델링 형상이다.

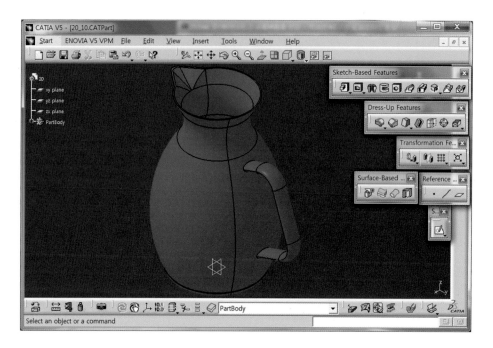

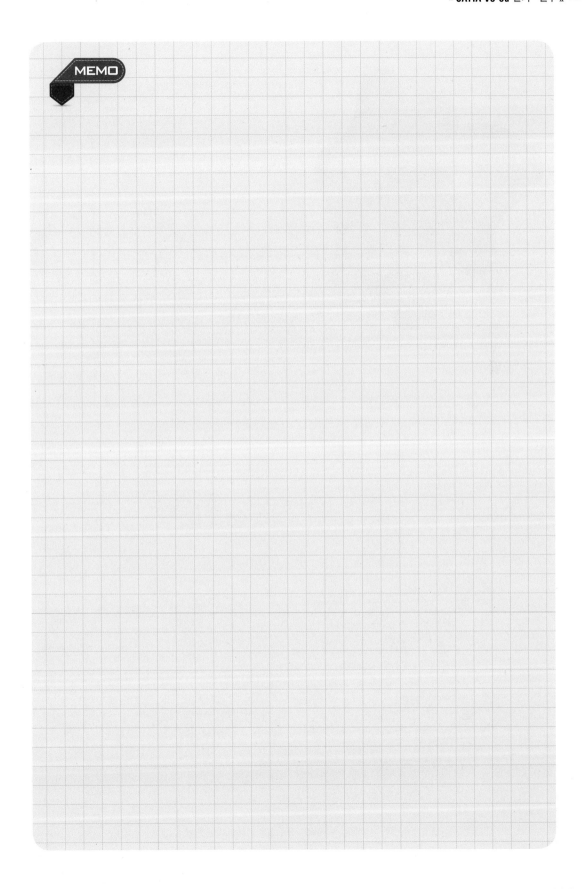

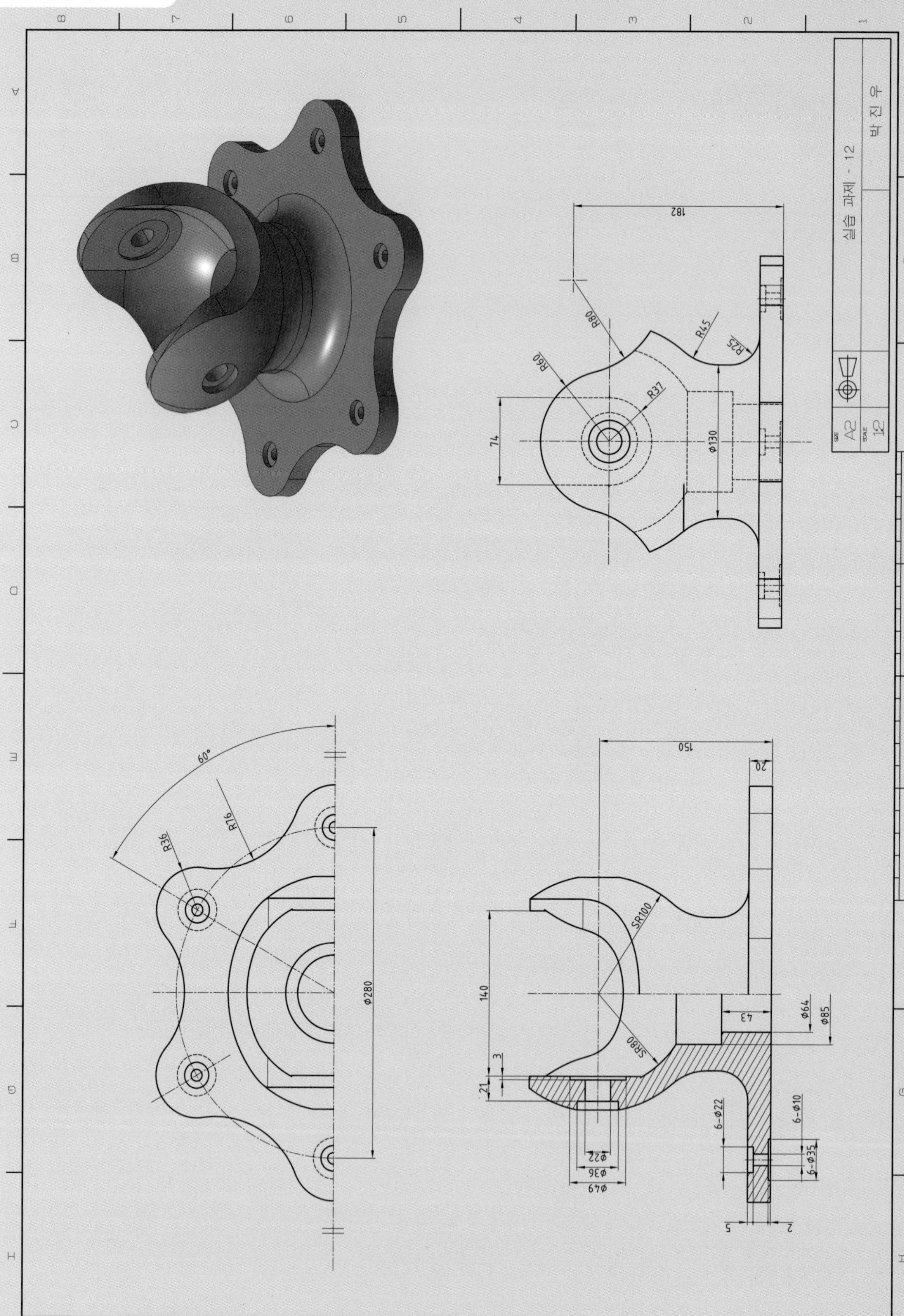
실습 과제 - 12
박 진 우
A2
1:2
182
R80
R45
R25
R60
R37
74
Φ130
60°
R76
R36
Φ280
150
20
SR100
140
43
Φ64
Φ85
SR80
3
21
6-Φ22
6-Φ10
Φ22
Φ36
Φ49
6-Φ35
5
2

12 실습과제 – 12

01 xy plane을 스케치 면으로 선택하고, 〈Sketch tools〉 도구막대의 〈Construction / Standard Element〉 기능으로 지름 140mm인 원과 직선을 점선으로 표현한다.

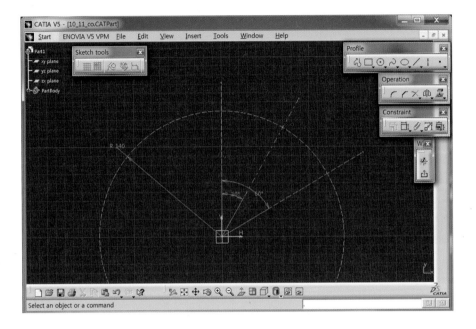

02 〈원〉 기능이나 〈호〉 기능을 이용하여 60°만큼만 완성한다.

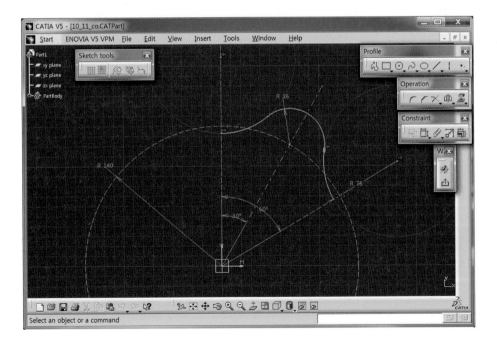

03 yz plane이나 zx plane을 스케치 면으로 하여 V축에 일치하는 직선을 스케치한다. 이때 직선은 회전축으로 활용할 것이므로 길이는 무관하다.

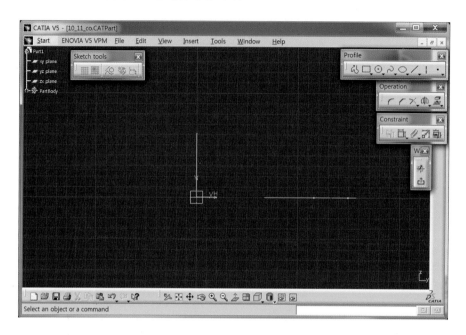

04 Start / Shape / Generative Shape Design으로 들어가 Sketch.1 단면을 선택하고, 〈Circular Pattern〉 기능을 선택한 다음 No selection을 클릭하고 직선커브를 선택한다. 그 다음 Instance & angular spacing을 설정하고 60° 간격으로 6개의 원형 패턴을 생성한다.

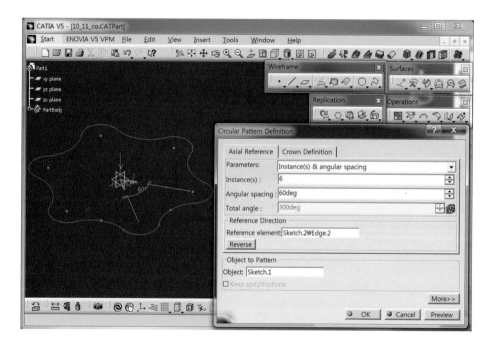

05 Start / Mechanical Design / Wireframe & Surface Design으로 들어가 〈Join〉 기능을 선택하고
기어 단면 6개를 선택하여 한 개의 요소로 통합한다.

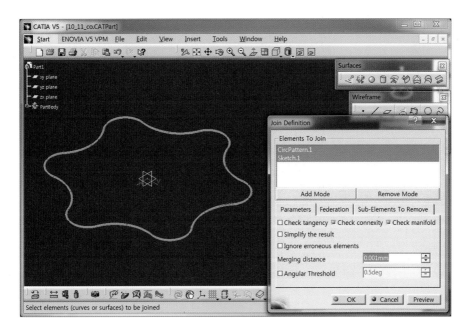

06 〈Pad〉 기능으로 들어가 두께 20mm를 생성한다.

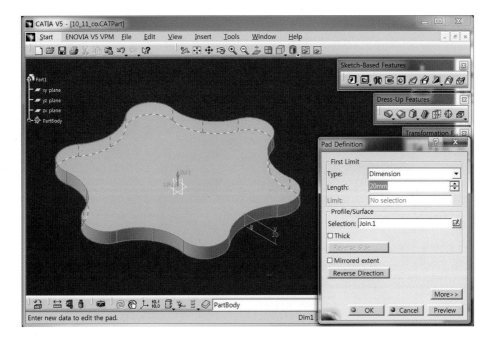

07 zx plane에 V축에 일치하는 회전축과 다음의 회전단면을 스케치한다.

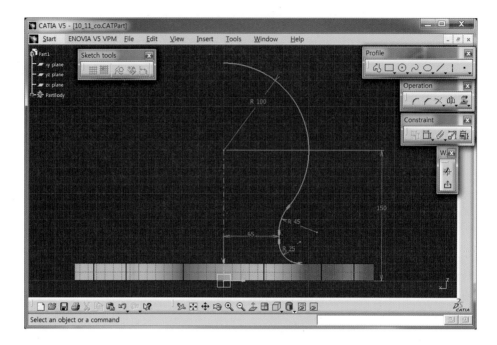

08 〈Shaft〉 기능으로 360° 회전시킨다.

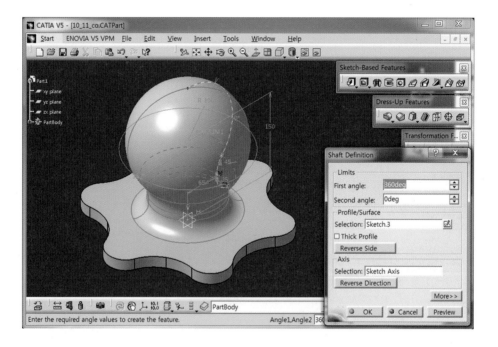

09 yz plane에 연속된 호를 3개 스케치하고 〈Symmetry〉 조건과 〈Tangent〉 구속조건을 생성한다.

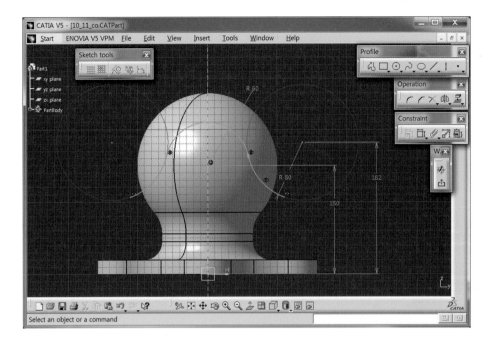

10 〈Pocket〉 기능으로 들어가 양방향 모두 **Up to last Type**으로 제거한다.

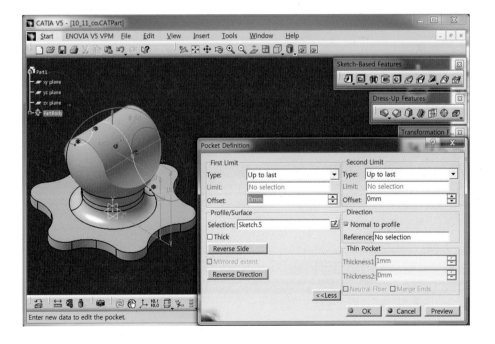

11 zx plane에 회전축과 회전단면을 스케치한다.

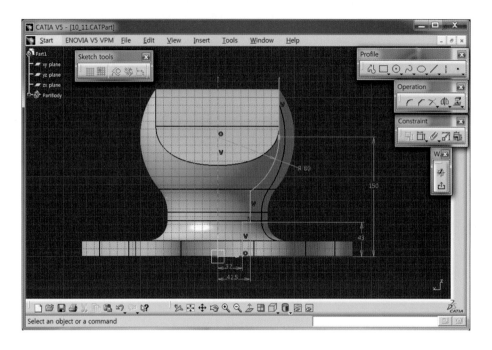

12 〈Groove〉 기능으로 들어가 360° 회전시켜 제거한다.

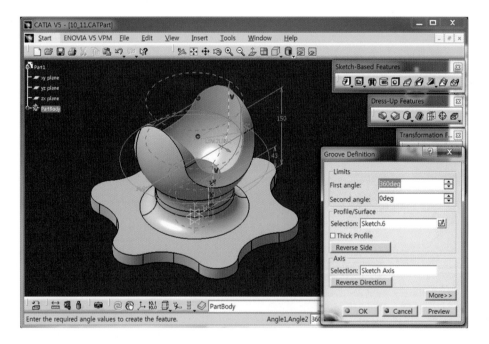

13 〈Plane〉 기능의 **Offset from plane type**을 선택하고, **기준면**으로 yz plane을 선택한 다음 우측으로 70mm 지점에 plane을 생성한다.

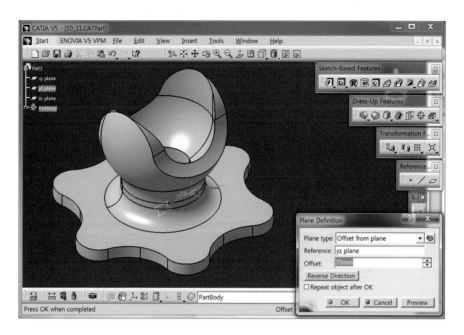

14 생성된 plane을 스케치 면으로 들어가 〈Project 3D Element〉 기능을 선택하여 맨 위의 호를 클릭하고 〈Construction / Standard Element〉 기능을 이용하여 점선으로 변경한 다음, 〈Profile〉 기능으로 U자 모양을 스케치하고, 〈Quick Trim〉으로 다음과 같이 호의 양쪽 부분을 잘라낸다.

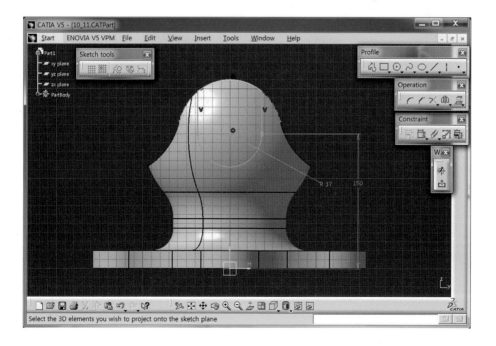

15 〈Pad〉 기능으로 들어가 Up to next Type을 이용하여 곡면까지 채운다.

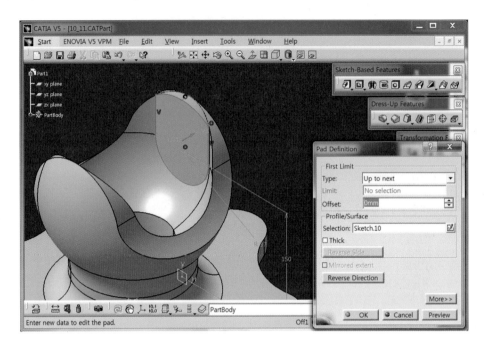

16 zx plane을 스케치 면으로 들어가 높이 150mm 지점에 회전축을 스케치하고, 다음의 회전단면을 완성한다.

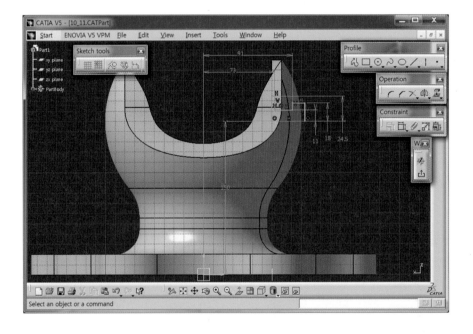

17 〈Groove〉 기능으로 들어가 360° 회전시켜 제거한다.

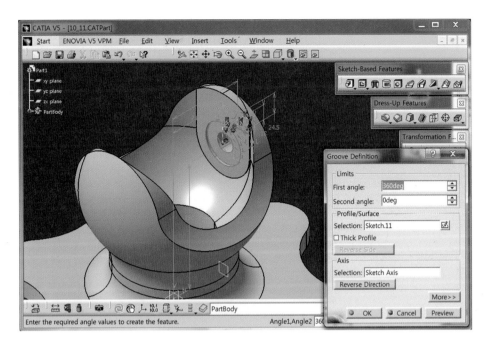

18 15번과 17번에서 생성한 pad와 groove 2개의 feature를 선택하고 〈Mirror〉 기능을 클릭한 다음, **대칭면**으로 yz plane을 지정하면 다음과 같이 반대편에 생성된다.

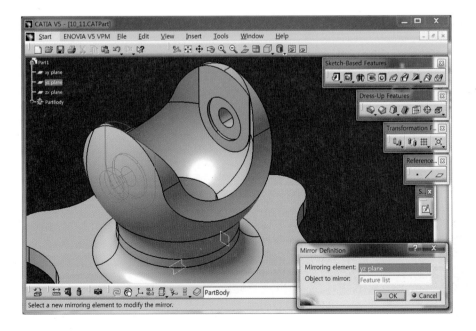

19 zx plane을 스케치 면으로 하여 V축에서 140mm 지점에 회전축을 스케치하고 다음의 회전단면을 완성한다.

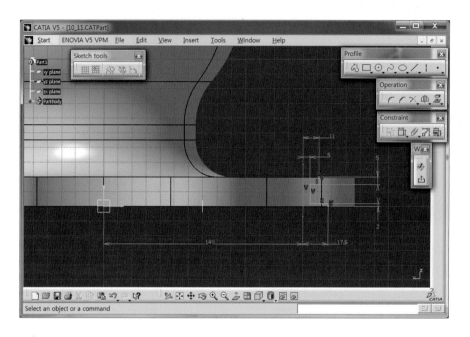

20 〈Groove〉 기능으로 들어가 360° 회전시켜 제거한다.

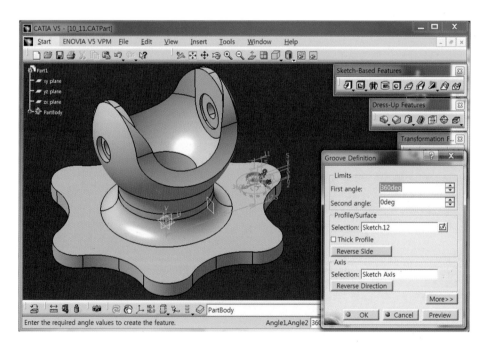

21 ⟨Groove⟩로 생성된 feature를 선택하고 ⟨Circular Pattern⟩ 기능으로 들어가 **No selection**을 클릭
하고 원기둥 안쪽 곡면을 선택한다. 그 다음 **Instance & angular spacing**을 설정하고 60° 간격으
로 6개의 원형 패턴을 생성한다.

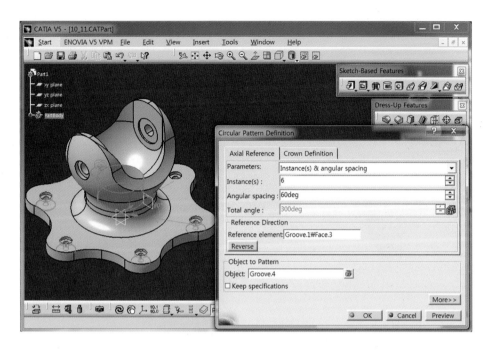

22 다음은 완성된 모델링 형상이다.

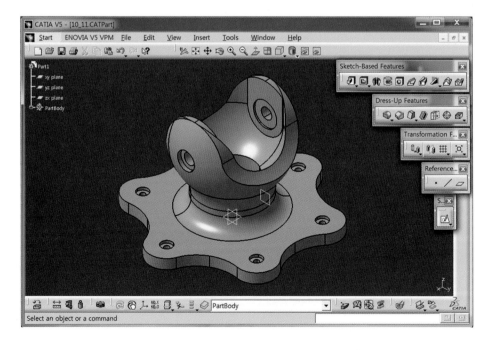

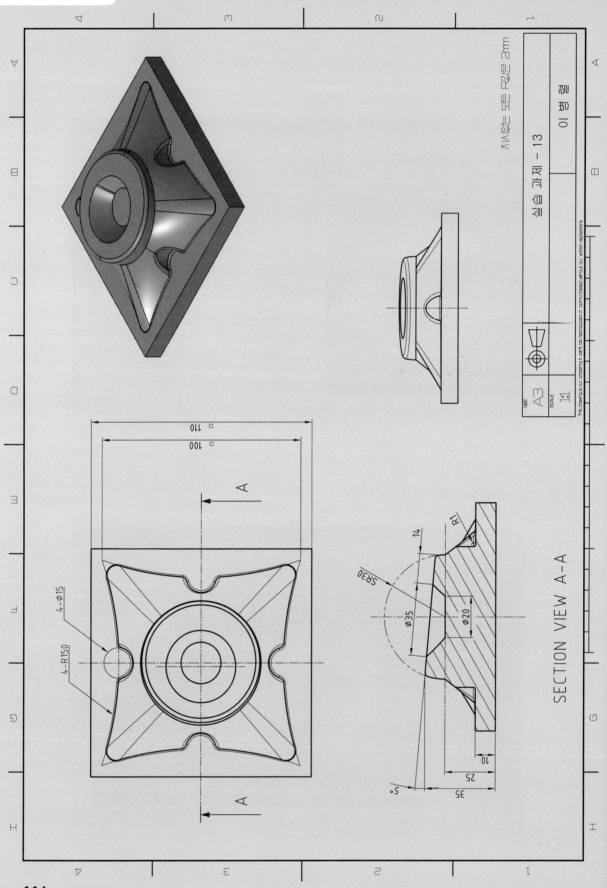

SECTION VIEW A-A

13 실습과제 - 13

01 xy plane에 다음의 정사각형을 스케치한다.

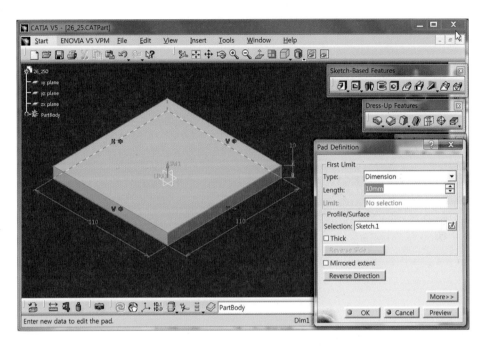

02 〈Pad〉 기능으로 들어가 두께 10mm를 생성한다.

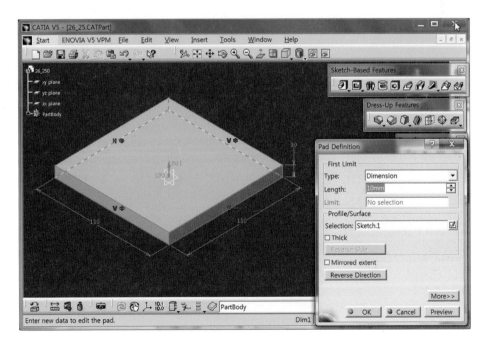

03 Pad의 윗면을 스케치 면으로 들어가 H축과 V축에 중심이 일치하는 호를 스케치하고, 100mm의 치수를 먼저 만든 다음 반지름 150mm를 만들어 준다.

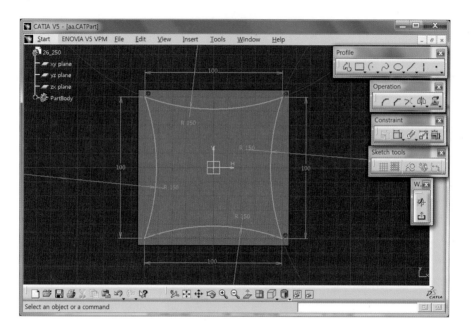

04 ⟨Corner⟩를 생성하고 반지름 5mm를 입력한다.

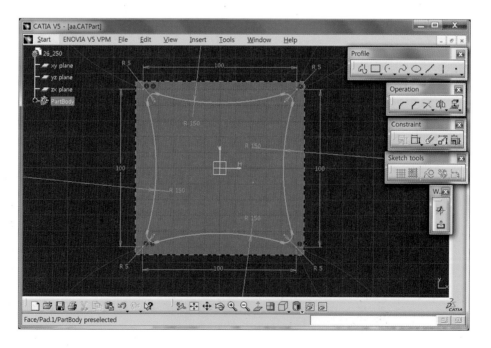

05 〈Plane〉 기능의 **Offset from plane type**을 설정하고, **기준면**으로는 Pad의 윗면을 선택한 다음 위쪽
으로 15mm만큼 Plane을 생성한다.

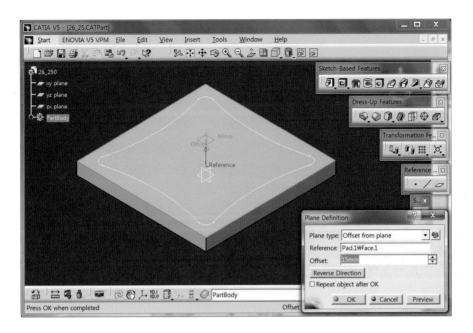

06 생성된 Plane을 스케치 면으로 하여 원을 그리고, 중심과 작은 호의 끝점을 잇는 점선을 다음과
같이 스케치한다.

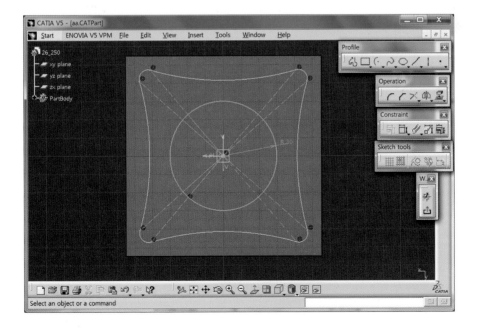

07 원과 점선이 만나는 교차점에 〈Point〉 기능으로 8개의 점을 생성한다.

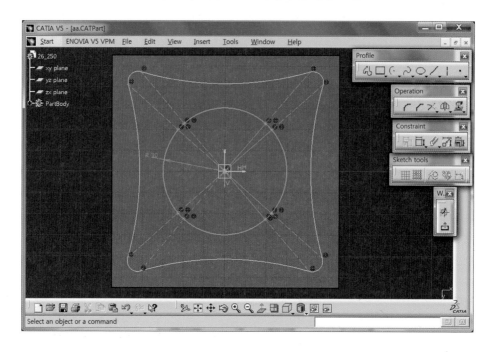

08 〈Multi – Sections Solid〉 기능을 선택하여 **단면 프로파일**로 두 개의 스케치 커브를 선택하고, **닫기점1**과 대응되는 **닫기점2**를 클릭하고, 닫기점 2의 **화살표 머리**를 눌러 방향을 맞추어 다음과 같이 생성한다.

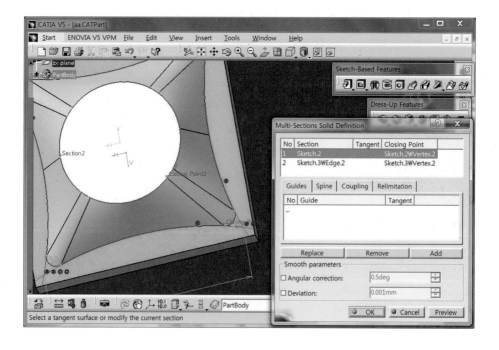

09 yz plane에 회전축과 회전단면인 호를 스케치한다.

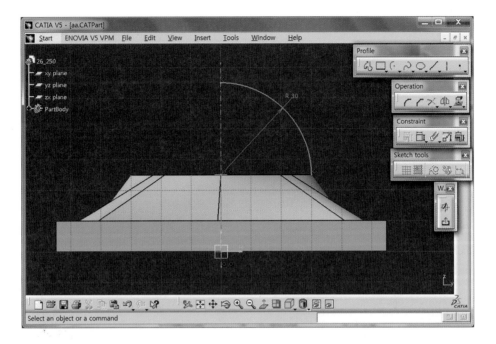

10 〈Shaft〉 기능을 이용하여 360° 회전시켜 생성한다.

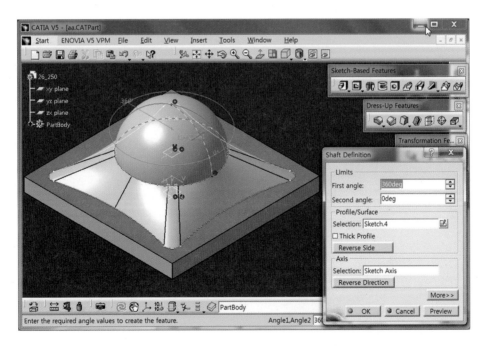

11 yz plane에 들어가 〈Construction / Standard Element〉 옵션을 켜고 〈Project 3d silhouette edges〉 기능을 선택한 다음 구의 곡면을 클릭하여 점선으로 생성하고, 사선을 그려 점선과 사선의 교차점에 〈Point〉를 만들어 높이 25mm를 입력한다.

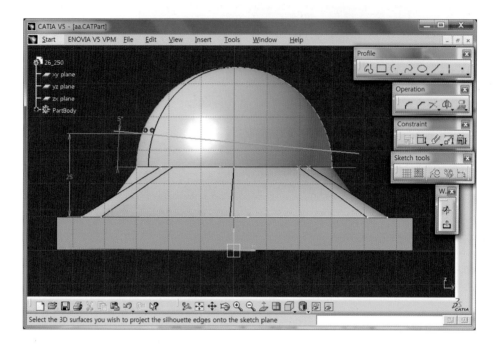

12 〈Pocket〉 기능의 **Up to last Type**으로 양방향을 제거한다.

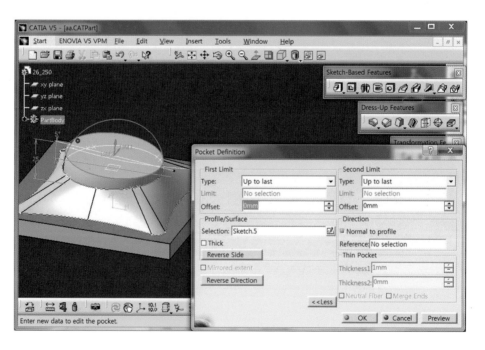

13 윗면에 다음의 원을 스케치한다.

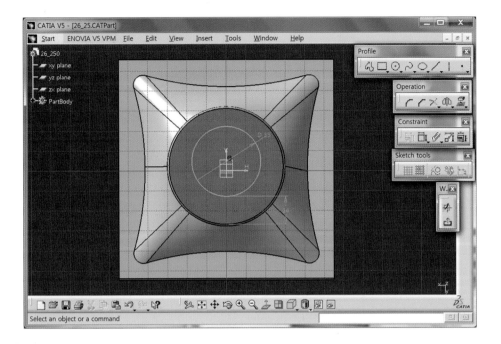

14 생성된 Plane에 다음의 원을 스케치한다.

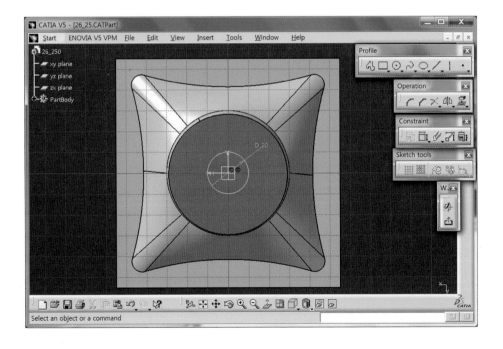

15 〈Multi – Sections Solid〉 기능을 선택하여 **단면 프로파일**로 두 원을 지정하고, **닫기점1**과 **닫기점2**의 위치와 화살표 방향을 맞추어 다음과 같이 생성한다.

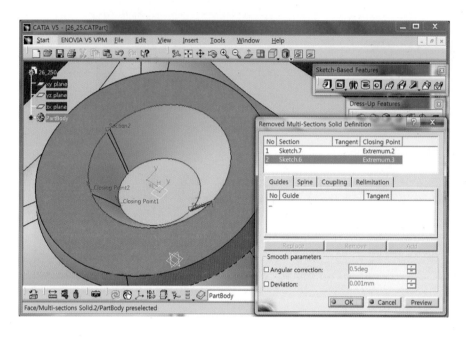

16 갈색 면에 다음의 원을 스케치한다.

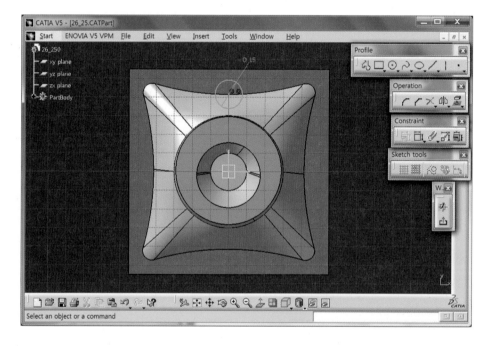

17 ⟨Pocket⟩ 기능의 **Up to last Type**으로 다음과 같이 제거한다.

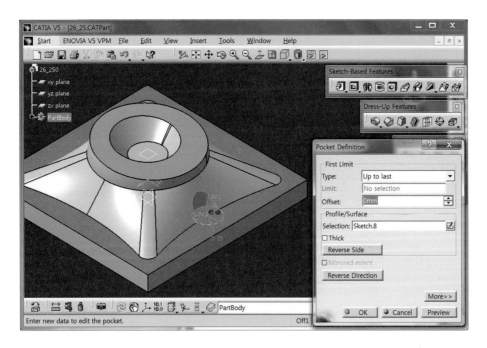

18 생성된 Pocket을 선택한 다음, ⟨Circular Pattern⟩ 기능으로 들어가 **No selection**을 클릭하고 갈색 면을 클릭한다. 그 다음 **Instance & angular spacing**을 설정하고 90° 간격으로 4개의 원형 패턴을 생성한다.

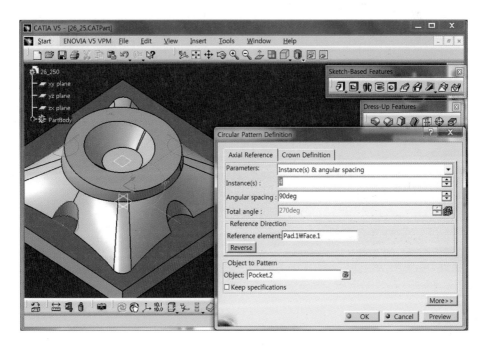

19 〈Edge Fillet〉 기능을 이용하여 5개의 모서리를 반지름 2mm로 라운딩한다.

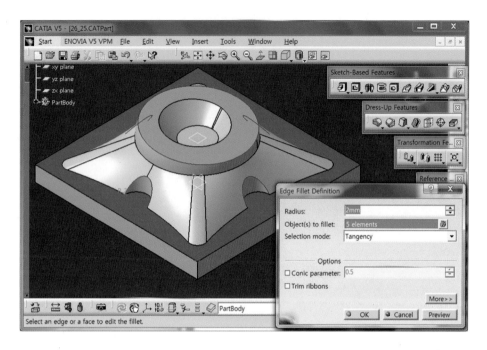

20 〈Edge Fillet〉 기능을 이용하여 연속된 한 개의 모서리를 반지름 1mm로 라운딩한다.

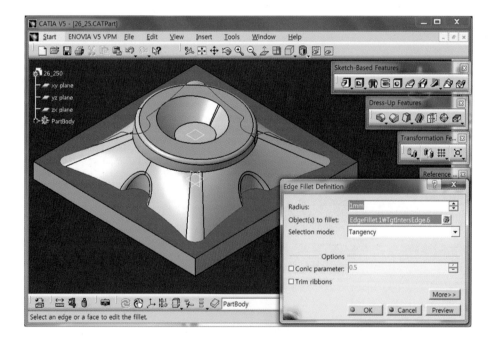

21 다음은 완성된 모델링 형상이다.

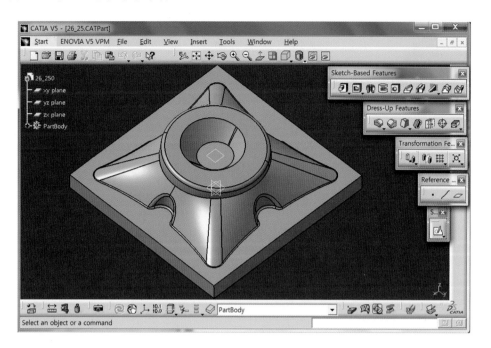

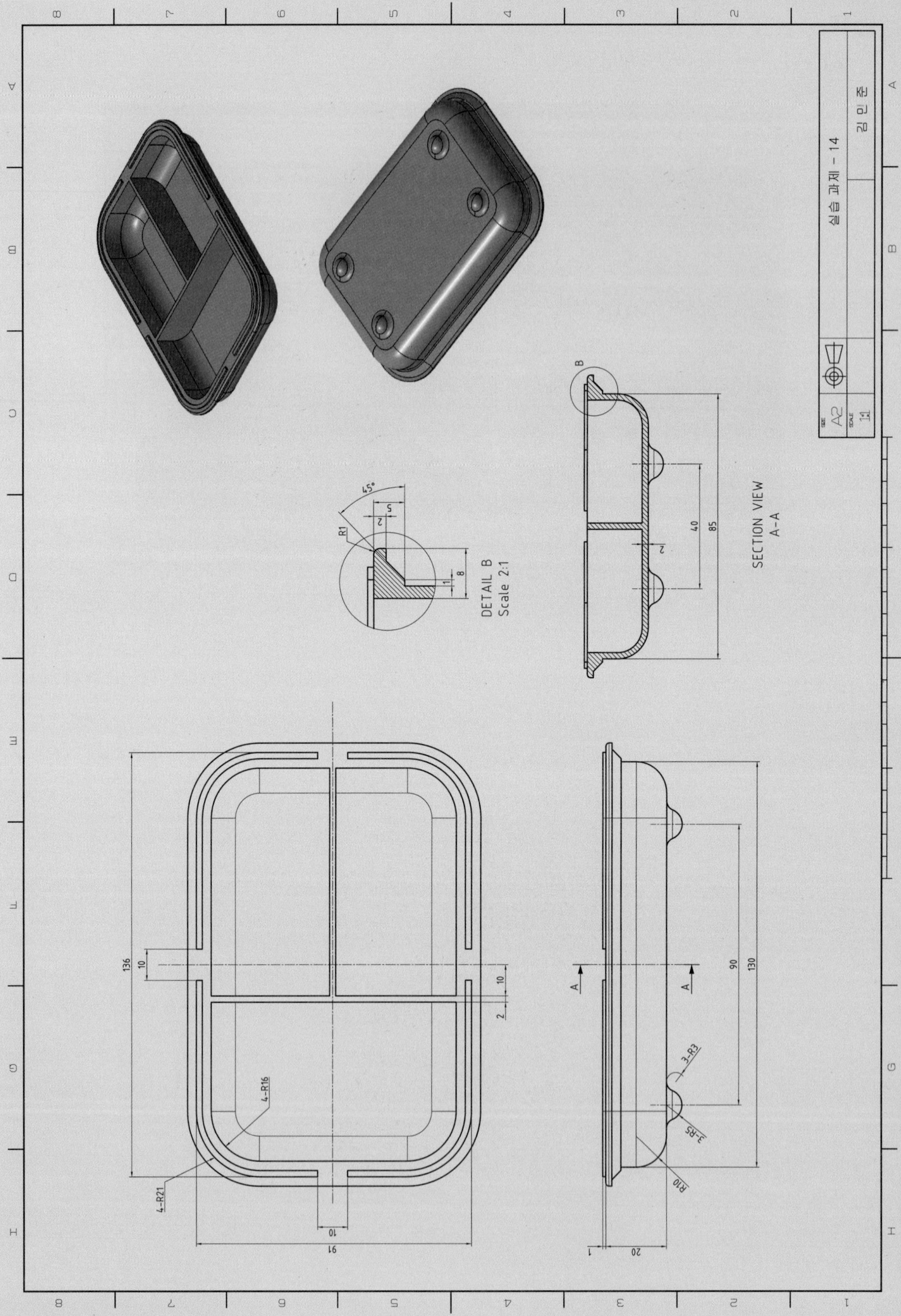

DETAIL B
Scale 2:1

SECTION VIEW
A–A

실습과제 – 14

김인준

SIZE A2

SCALE 1:1

126

14 실습과제 – 14

01 xy plane에 다음의 사각형을 스케치한다.

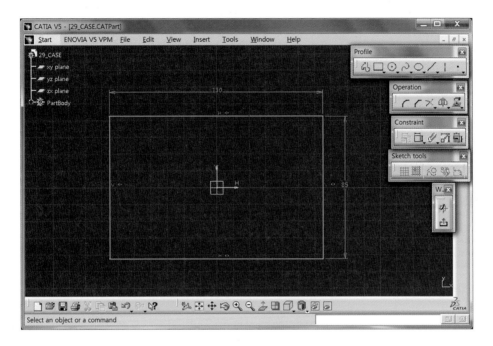

02 ⟨Pad⟩ 기능으로 들어가 두께 20mm를 생성한다.

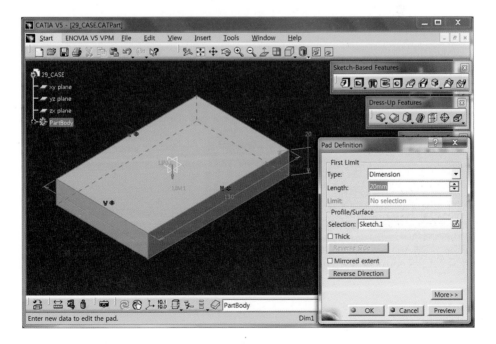

03 〈Edge Fillet〉 기능으로 4개에 반지름 18mm인 라운딩을 생성한다.

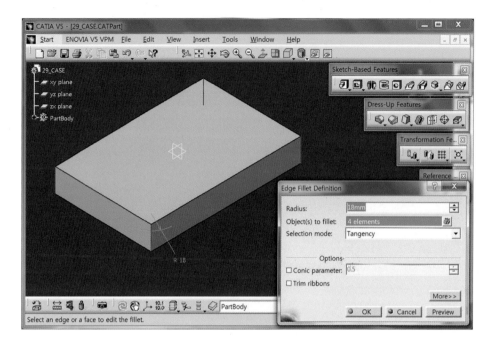

04 〈Edge Fillet〉 기능으로 한 개의 모서리에 반지름 10mm인 라운딩을 생성한다.

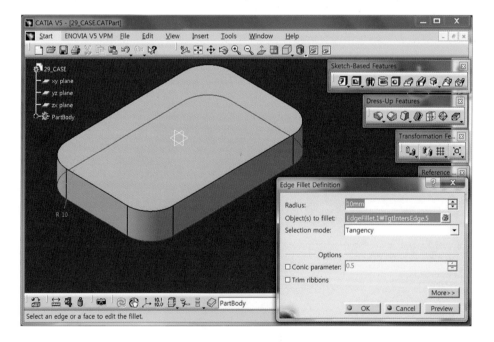

05 〈Shell〉 기능을 선택하여 안쪽 두께 2mm를 입력하고 제거할 면으로 윗면을 지정한다.

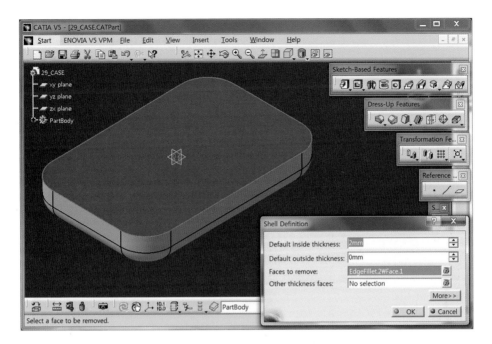

06 yz plane에 다음의 단면을 스케치한다.

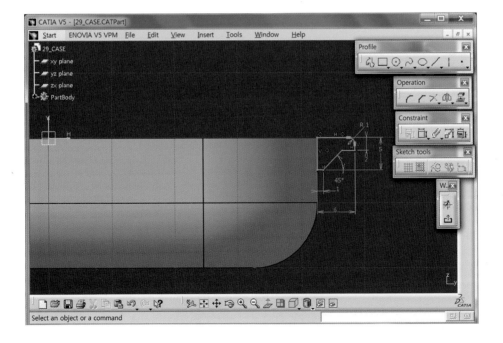

07 xy plane을 스케치 면으로 하여 〈Project 3D Element〉 기능을 선택하고 가장자리 모서리를 모두
클릭하여 노란색 선을 생성한다.

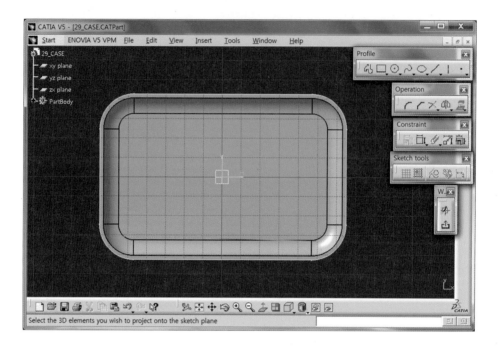

08 〈Rib〉 기능을 클릭하여 작은 커브를 **단면 프로파일**로 선택하고 큰 커브를 Center curve로 지정하
여 테두리를 생성한다.

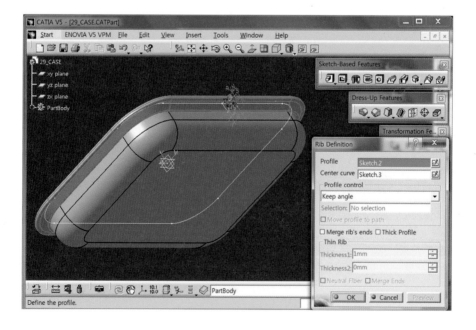

09 윗면을 스케치 면으로 하여 다음의 열린 형상을 스케치한다.

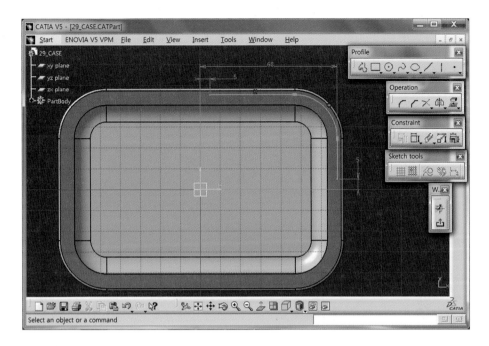

10 〈Pad〉 기능으로 들어가 두께 1mm를 주고 **Thick** 옵션을 선택하여 안쪽 두께인 **Thickness1**에서 2mm를 준다.

11 생성된 pad를 선택하고 〈Mirror〉 기능을 클릭한 다음 **대칭면**으로 yx plane을 클릭하면 다음과 같이 Mirror가 된다.

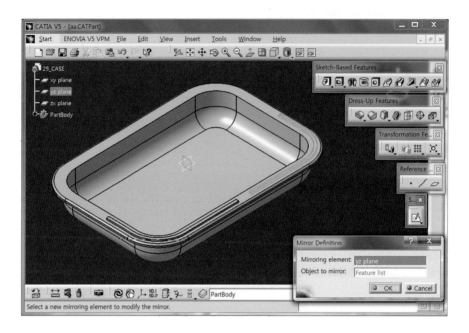

12 Mirror로 생성된 pad feature 위에 마우스 우측 버튼을 눌러 Mirror.1 object / 〈Explode〉를 클릭하여 **분해**시킨다. 두 개의 pad를 선택하고 〈Mirror〉 기능을 클릭한 다음 zx plane을 선택하여 대칭시킨다.

13 갈색 면을 스케치 면으로 하여 다음의 직선을 스케치한다.

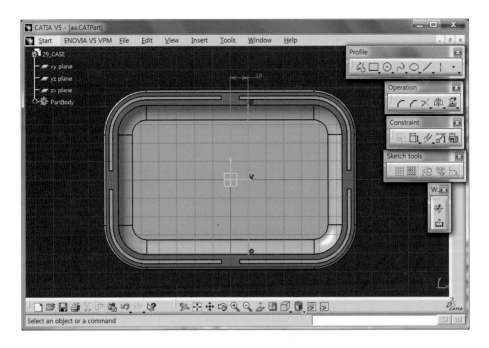

14 〈Pad〉 기능의 Up to next Type을 설정하고 Thick 옵션을 클릭하여 두께 생성방향을 확인하고
Thickness1이나 2에 2mm를 준다.

15 갈색 면을 스케치 면으로 하여 다음의 직선을 스케치한다.

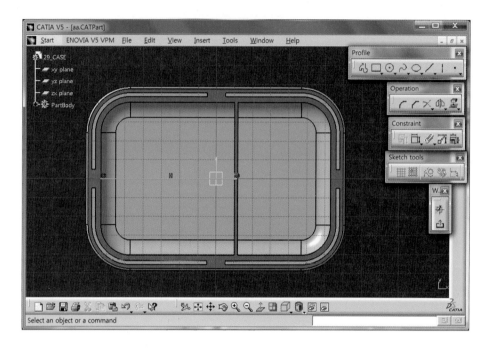

16 〈Pad〉 기능의 **Up to next type**을 설정하고 **Thick** 옵션을 클릭하여 **Thickness1**과 2에 각각 1mm 를 준다.

17 〈Plane〉 기능의 **Offset from plane Type**을 설정하고, **기준면**으로는 zx plane을 선택한 다음 좌측으로 20mm만큼 plane을 생성한다.

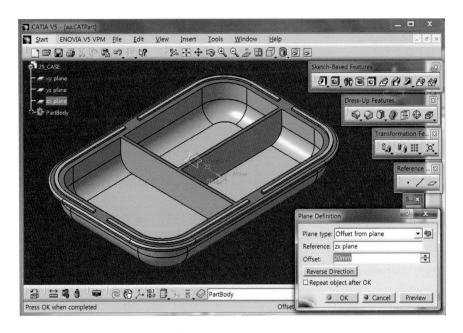

18 생성된 Plane을 스케치 면으로 다음의 회전축과 회전단면을 스케치한다.

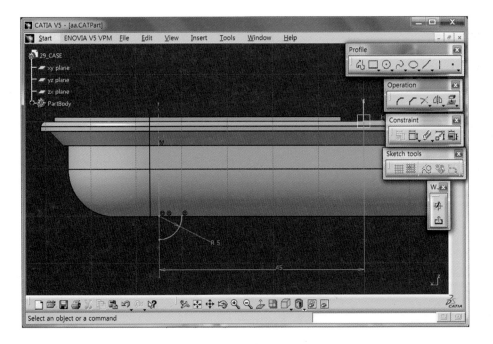

19 ⟨Shaft⟩ 기능을 이용하여 360° 회전시켜 생성한다.

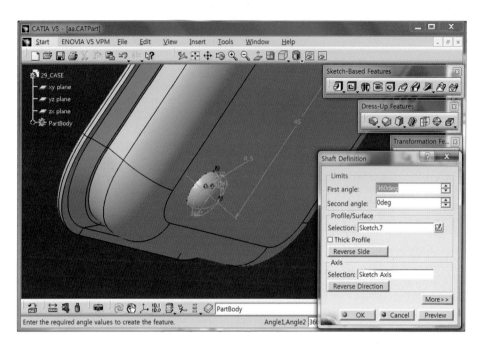

20 생성된 Shaft를 선택하고 ⟨Rectangular Pattern⟩ 기능으로 들어가 **놓일 면**으로 갈색 면을 클릭하고, **First Direction** 90mm 간격으로 2줄, **Second Direction** 40mm 간격으로 2줄을 입력한다.

21 〈Edge Fillet〉 기능으로 4개의 모서리에 반지름 3mm로 라운딩한다.

22 다음은 완성된 모델링 형상이다.

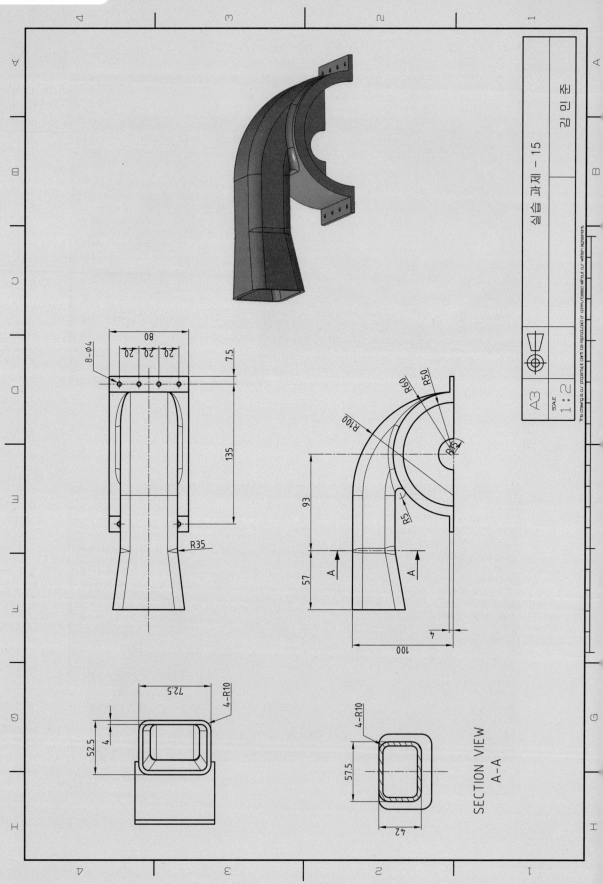

SECTION VIEW
A-A

15 실습과제 – 15

01 yz 평면에 반지름 60mm인 단면을 스케치한다.

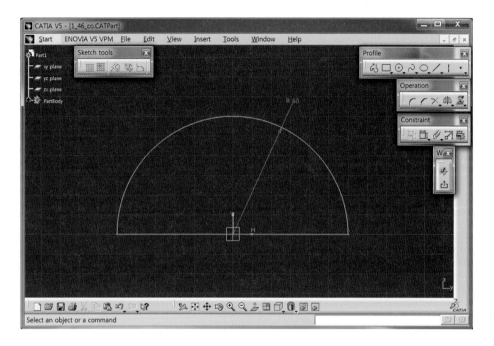

02 〈Pad〉 기능의 **Mirrored extent** 옵션을 이용하여 양방향으로 40mm씩 두께를 생성한다.

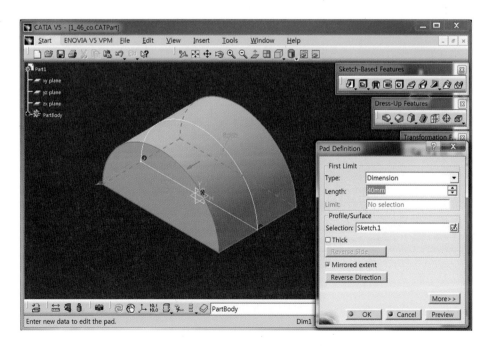

03 yz 평면에 다음을 스케치하고 반지름 100mm인 호의 중심을 H축에 일치시킨다.

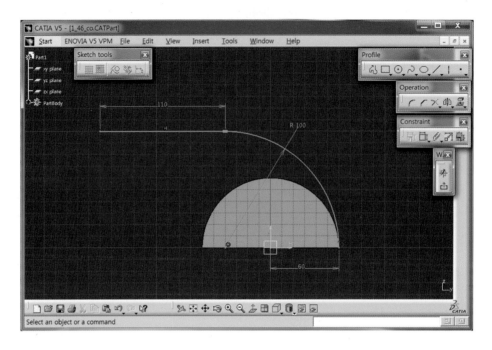

04 〈Plane〉 기능의 **Normal to curveType**을 선택하고 다음의 커브를 클릭한 다음 plane이 놓일 위치로 좌측 끝점을 선택한다.

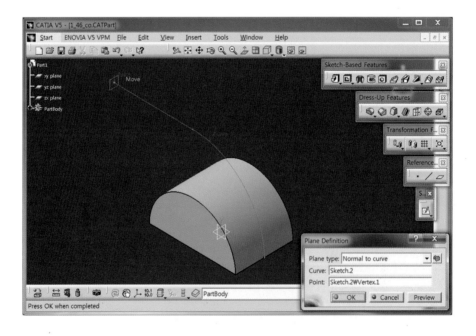

05 〈Plane〉 기능의 **Offset from plane Type**을 선택하고, **기준면**으로 좌측 plane을 선택한 다음 우측
방향으로 57mm 지점에 plane을 생성한다.

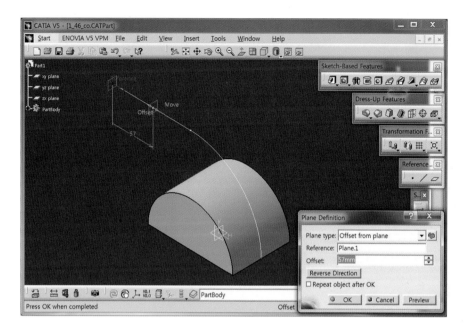

06 생성된 좌측 plane에 좌우가 대칭인 직사각형을 그리고 상단 부분을 일치시킨다.

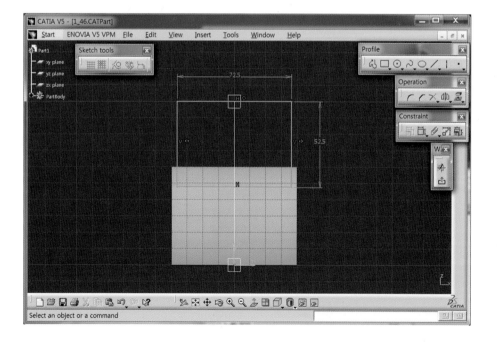

07 좌측에서 57mm 지점에 생성된 plane에 같은 방법으로 직사각형을 그린다.

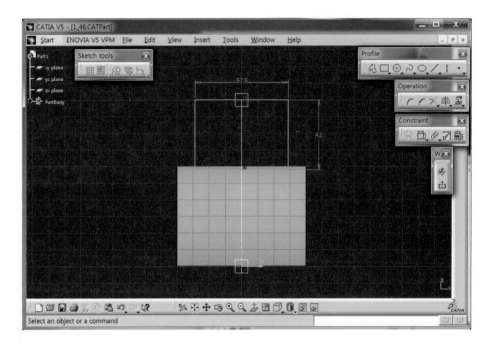

08 〈Multi – sections solid〉 기능을 선택하여 **단면**으로 두 직사각형을 선택한 다음, Closing point2를 Closing point1과 대응되는 지점으로 변경하고, **화살표 머리** 부분을 클릭하여 **시계 / 반시계** 중 같은 방향으로 설정해 준다.

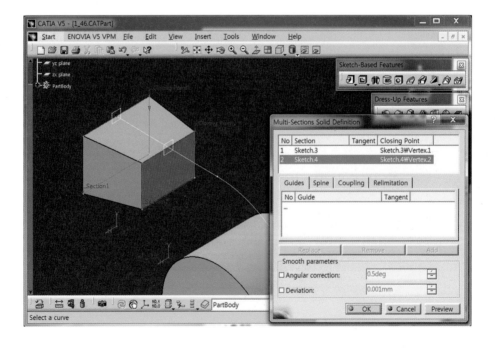

09 yz plane을 스케치 면으로 하여 다음을 스케치한다. 노란색 선 부분은 〈Project 3D Elements〉
기능을 이용하여 커브를 복사한 것이다. 〈Pad〉 기능의 **Mirrored Extend** 옵션을 이용하여 양방향
28.75mm인 두께를 생성한다.

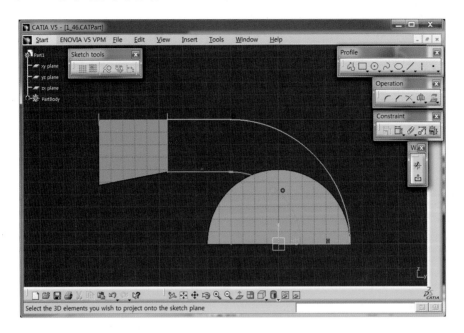

10 〈Edge Fillet〉 기능을 이용하여 연속된 네 개의 모서리를 반지름 10mm로 라운딩한 다음, neck 부
분은 반지름 35mm로 라운딩한다.

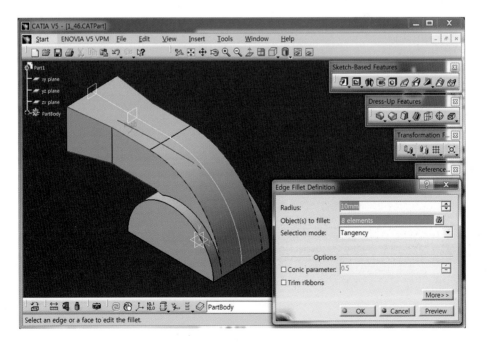

11 〈Shell〉 기능을 선택하고 **제거할 면**으로 양끝 면을 클릭한 다음, 안쪽으로 두께 4mm를 남기고 파 낸다.

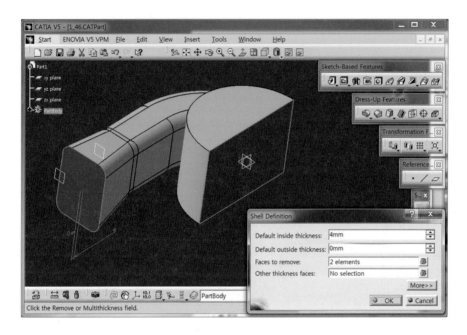

12 다음 모서리에 〈Edge Fillet〉 기능을 이용하여 반지름 5mm로 라운딩한다.

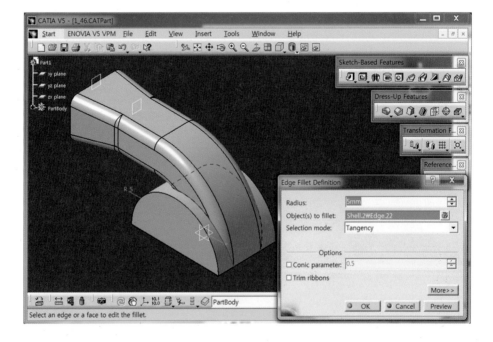

13 안쪽 모서리에 〈Edge Fillet〉 기능으로 반지름 1mm로 라운딩한다.

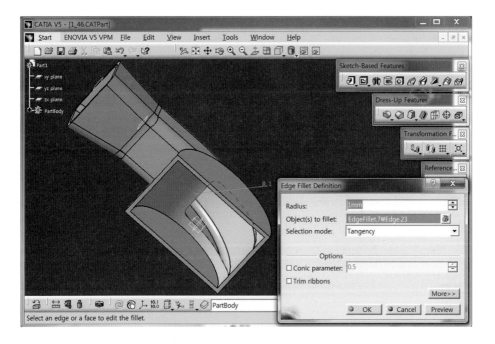

14 반원인 정면에 반지름 50mm인 원을 스케치한다.

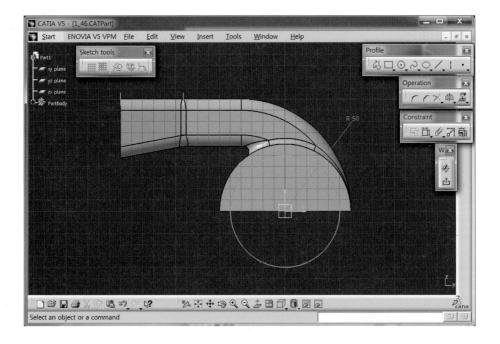

15 〈Pocket〉 기능을 선택하고 두께 4mm를 제거한다.

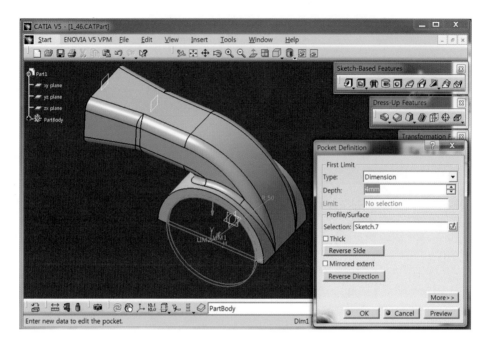

16 yz plane에 반지름 15mm인 원을 스케치한다.

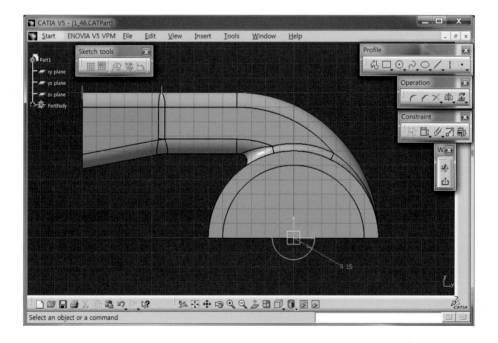

17 ⟨Pocket⟩ 기능의 **Up to last Type**을 이용하여 뒷면까지 제거한다.

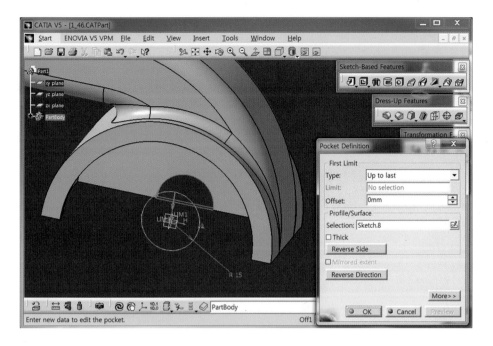

18 yz plane에 사각형을 스케치하여 치수를 입력한 다음, 반대편에 ⟨Mirror⟩ 시킨다. 곡면에 연결되는 부분이므로 내부 곡면의 바깥 부분으로 돌출되지 않도록 56mm 치수를 준 것이다.

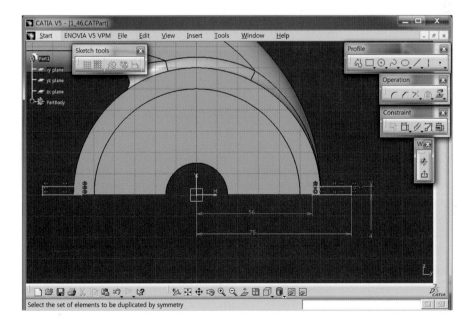

19 〈Pad〉기능의 **Mirrored extent** 옵션을 이용하여 양방향으로 40mm씩 두께를 생성한다.

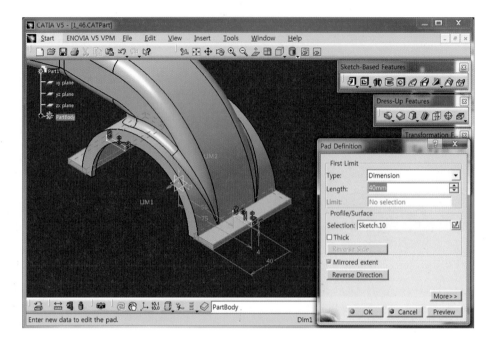

20 생성된 판 모양의 윗면을 스케치 면으로 하여 다음의 원을 스케치한다.

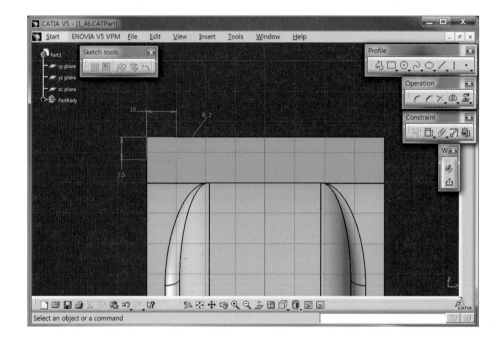

21 〈Pocket〉기능의 **Up to next Type**을 이용하여 아랫면까지 제거한다.

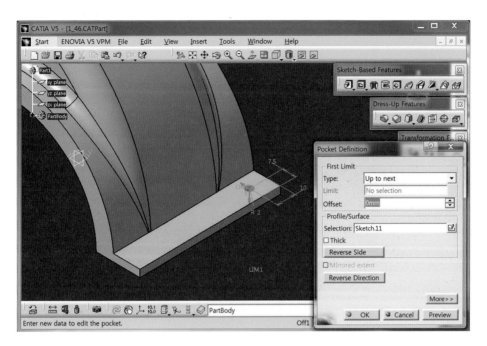

22 생성된 Pocket을 선택하고 〈Rectangular Pattern〉 기능을 클릭하여 **놓일 면**으로 판의 윗면을 클릭하고, **First Direction**에서 135mm 간격으로 2줄, **Second Direction**에서 20mm 간격으로 4 줄을 입력한다.

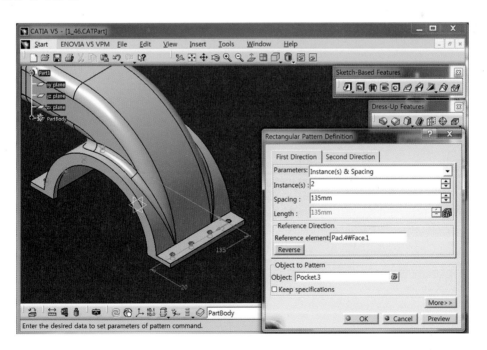

23 다음은 완성된 모델링 형상이다.

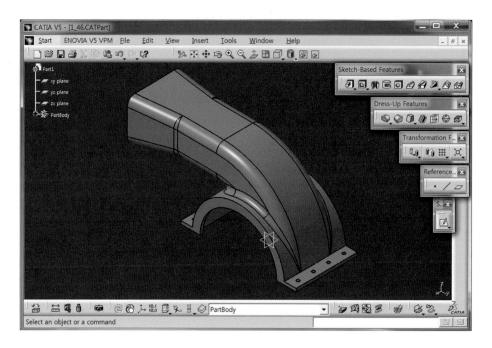

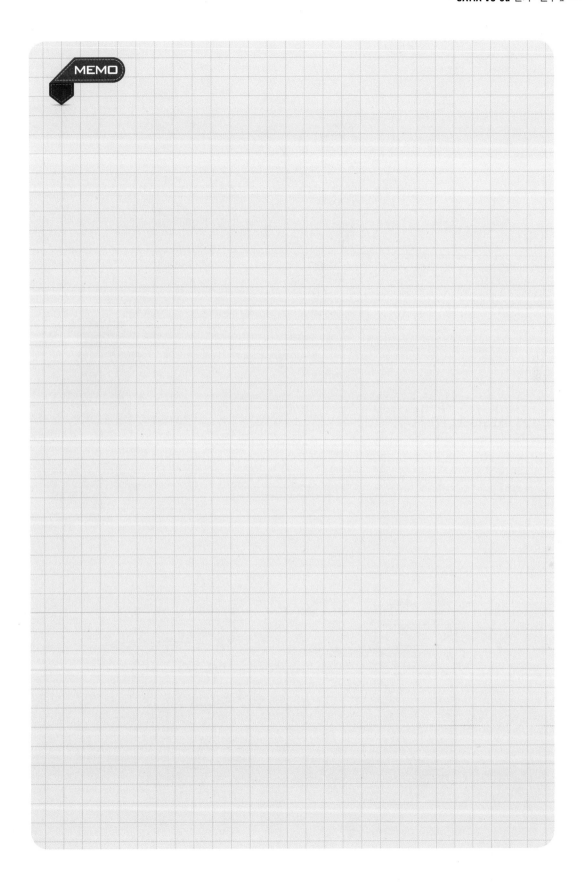

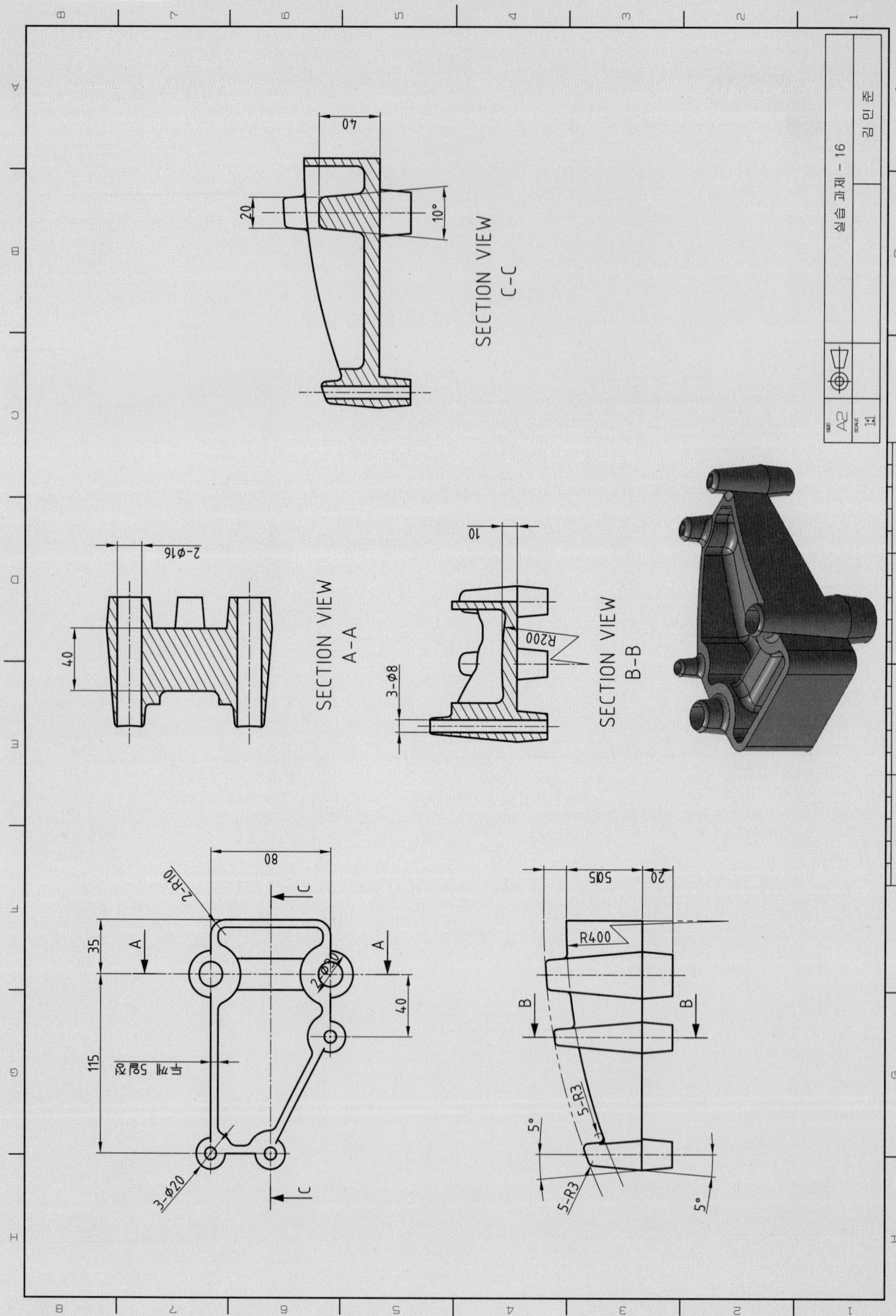
SECTION VIEW
C-C
SECTION VIEW
A-A
SECTION VIEW
B-B
실습 과제 - 16
김 민 준
A2
1:1
40
20
10°
2-ϕ16
10
R200
3-ϕ8
80
2-R10
35
115
40
3-ϕ20
두께 5일정
R400
20
5-R3
5°

16 실습과제 − 16

01 xy plane을 스케치 면으로 하여 〈Construction / Standard Element〉 기능을 활용해 〈Profile〉로
점선을 스케치하고, 각 모서리를 중심으로 하는 원을 스케치해서 치수를 생성한다.

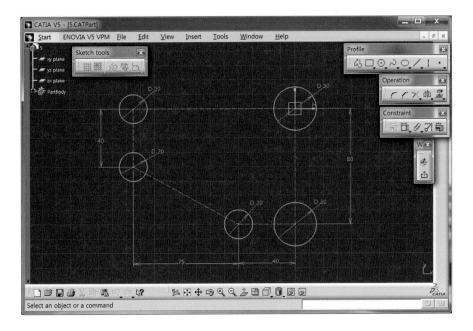

02 〈Pad〉 기능을 이용하여 위로 70mm, 아래로 20mm인 원기둥을 생성한다.

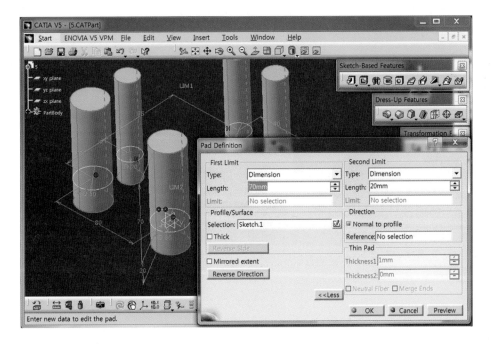

03 zx plane을 스케치 면으로 하여 수직한 점선이나 축선을 그리고 반지름 400mm인 호를 스케치한 다음 다음과 같이 치수를 입력한다.

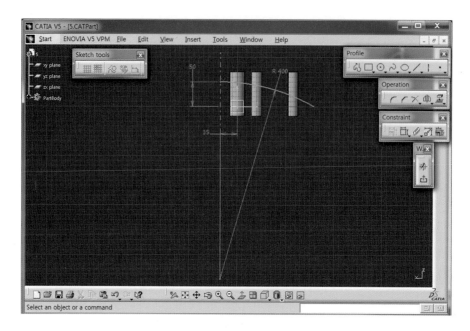

04 Wireframe & Surface Design으로 들어가 〈Extrude〉 기능을 선택하고 다음과 같은 방향으로 각각 27mm, 105mm를 생성한다.

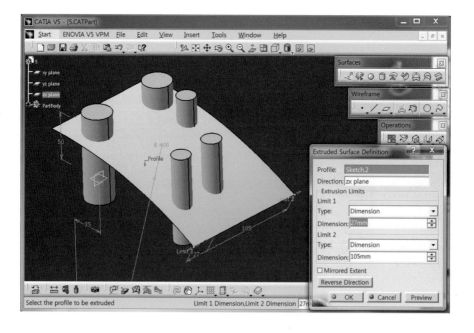

05 ⟨Offset⟩ 기능을 선택하고 Extrude surface를 선택한 다음, 간격 15mm를 입력하여 위로 한 개
의 surface를 생성한다.

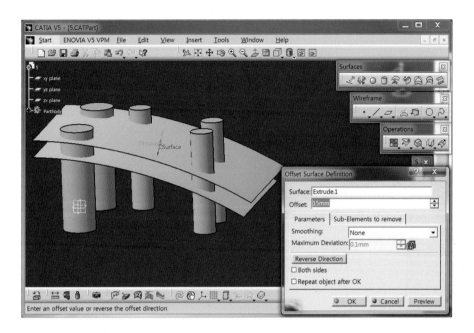

06 Part Design으로 들어가 ⟨Split⟩ 기능을 선택하고 Offset surface를 클릭한 다음 **남길 부분**이 아랫
부분이므로 **화살표**가 아래로 향하도록 하여 윗부분을 제거한다.

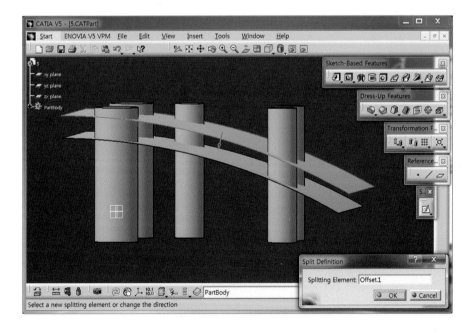

07 두 surface를 〈Hide〉 하고 〈Draft Angle〉 기능을 선택하여 **구배각도** 5°를 입력한 다음, **구배면**으로 5개의 원기둥 곡면을 클릭해준다. **중립면**으로 xy plane을 지정하고 **당기는 방향**으로 xy plane을 설정해 준 다음, 중립면을 기준으로 각도가 대칭이 되도록 Parting = Neutral과 Draft both sides 옵션을 체크한다.

08 xy plane을 스케치 면으로 하여 각 원의 중심을 지나도록 다음을 스케치한다.

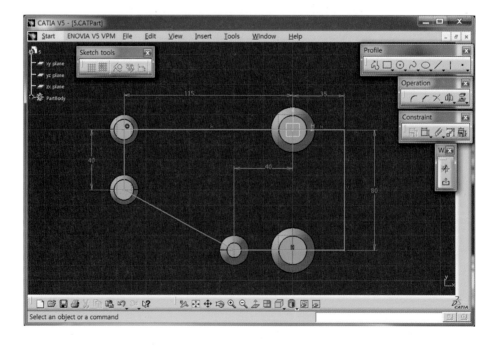

09 〈Pad〉 기능으로 들어가 **Up to surface Type**을 설정하고, Extrude.1 surface를 클릭하여 다음과
같이 곡면까지 생성하고 surface는 〈Hide〉 한다.

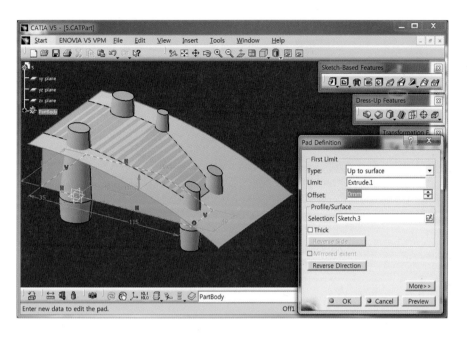

10 〈Plane〉 기능을 선택하고 **Offset from plane Type**을 설정한 다음, **기준면**으로 yz plane을 지정하
고 우측 방향으로 간격 40mm를 주어 plane을 생성한다.

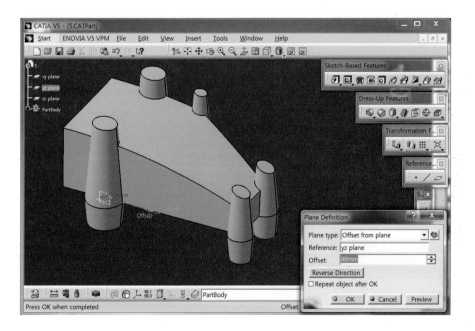

11 생성된 plane에 반지름 200mm인 호를 그리고 다음과 같이 치수를 입력한다.

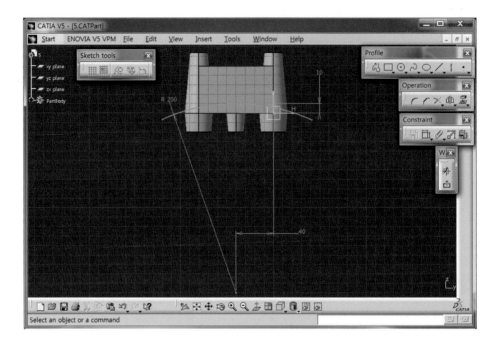

12 Wireframe & Surface Design으로 들어가 〈Extrude〉 기능을 선택하고 다음과 같은 방향으로 각각 85mm, 92mm를 생성한다.

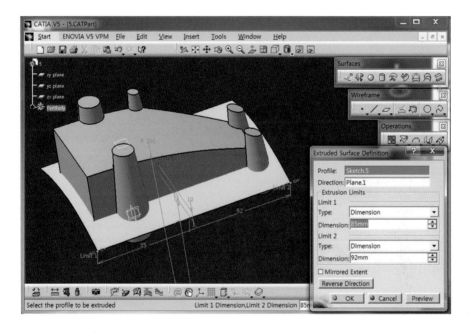

13 Part Design으로 들어가 〈Plane〉 기능을 선택하고 **Offset from plane Type**을 설정한 다음, **기준면**
으로 xy plane을 지정하고 위 방향으로 간격 70mm를 주어 plane을 생성한다.

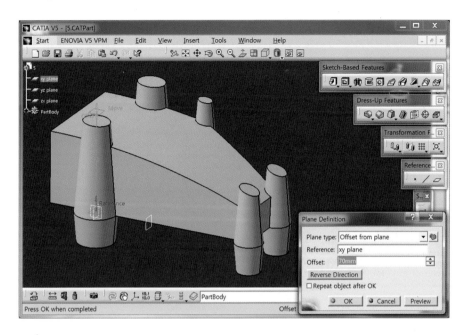

14 생성된 plane을 스케치 면으로 하여 〈Project 3D Element〉 기능을 이용하여 간격 5mm로 다음과
같이 스케치를 완성한다.

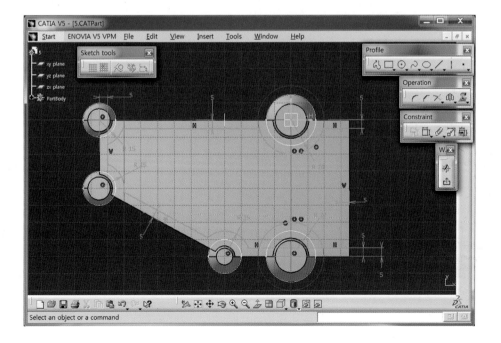

15 〈Pocket〉 기능으로 들어가 **Up to surface Type**을 설정하고, Extrude.2 surface를 클릭하여 다음과 같이 곡면까지 세서하고 surface는 〈Hide〉 한다.

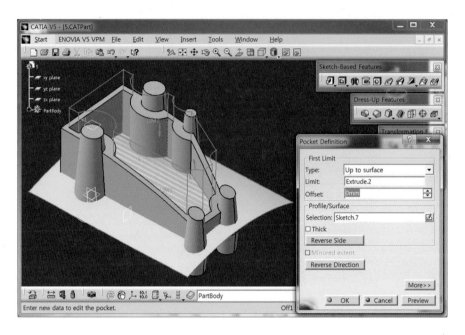

16 zx plane에 다음의 사각형을 스케치한다.

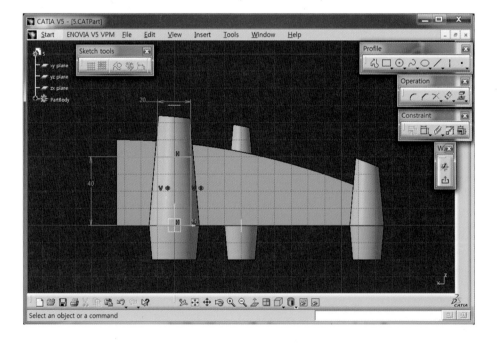

17 〈Pad〉 기능으로 들어가 **Up to next Type**을 설정하여 다음과 같이 생성한다.

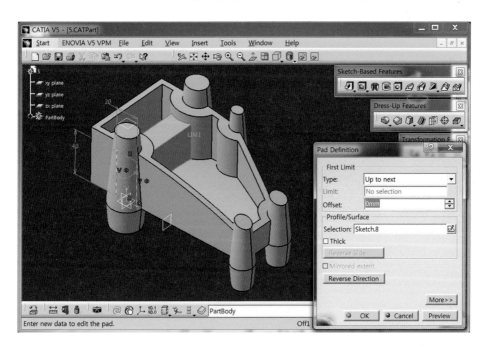

18 〈Draft Angle〉 기능을 선택하고 **구배각도** 5°를 입력한 다음, **구배면**으로 그림의 양쪽 면을 클릭해 준다. **중립면**으로는 파란색 윗면을 지정하고 **화살표** 방향을 위로 설정해 준다.

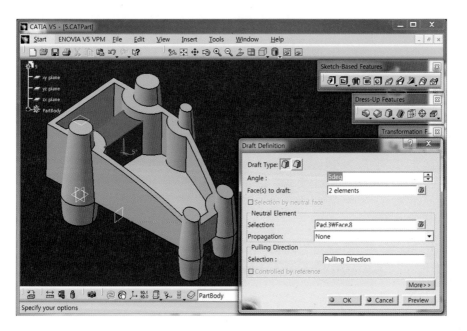

19 〈Edge fillet〉 기능을 선택하고 반지름 5mm를 설정한 다음, 다음과 같이 모서리를 클릭하여 라운 딩을 완성한다.

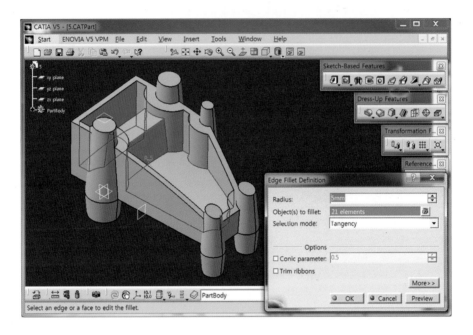

20 〈Edge Fillet〉 기능을 이용하여 다음의 두 모서리에 반지름 10mm인 라운딩을 완성한다.

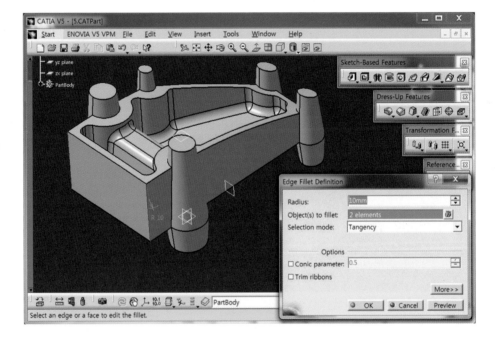

21 〈Edge fillet〉 기능으로 10개의 모서리에 반지름 3mm인 라운딩을 완성한다.

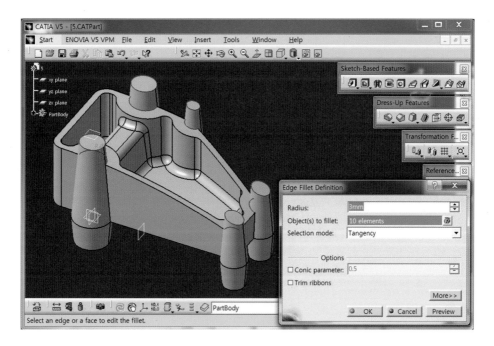

22 xy plane에 5개의 원을 스케치하고 맨 처음 그린 Sketch.1의 각각의 원과 〈Concentricity〉 구속
조건을 이용하여 중심을 일치시킨다.

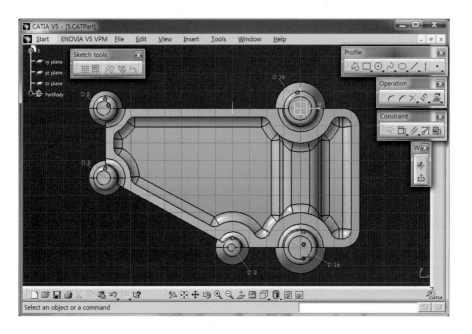

23 〈Pocket〉 기능으로 들어가 **Up to last Type**으로 다음과 같이 생성한다.

24 다음은 완성된 모델링 형상이다.

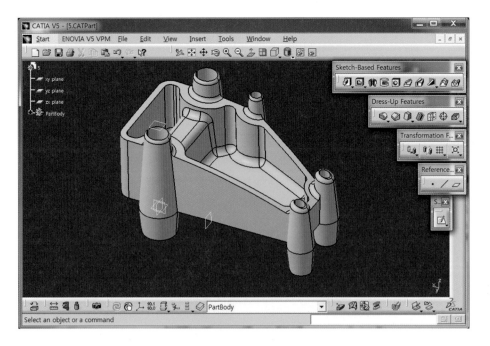

SECTION VIEW
A-A

17 실습과제 - 17

01 yz plane에 다음을 스케치한다.

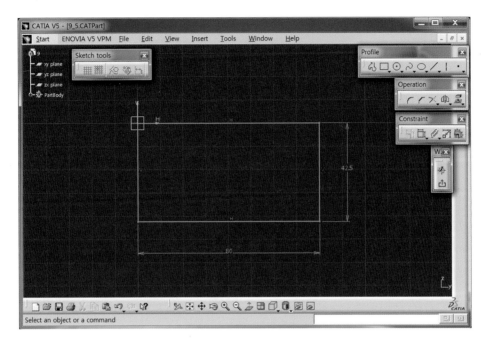

02 〈Pad〉 기능으로 들어가 두께 10mm를 생성한다.

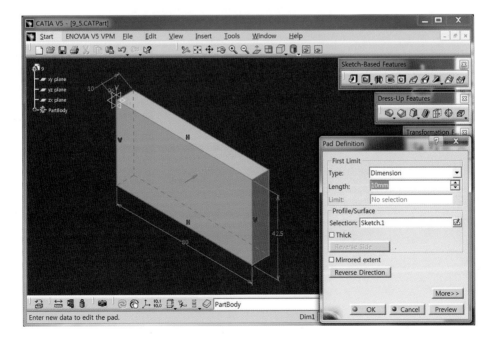

03 〈Edge fillet〉 기능을 선택하고 반지름 5mm를 설정한 다음, 다음과 같이 네 모서리를 클릭하여 라운딩을 완성한다.

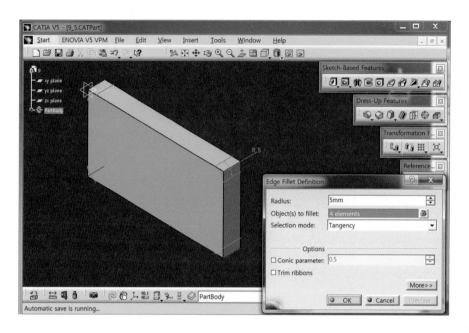

04 뒷면을 스케치 면으로 하여 다음을 스케치한다.

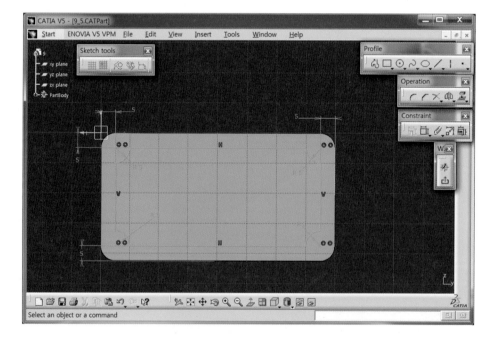

05 〈Pocket〉 기능으로 들어가 깊이 7.5mm를 제거한다.

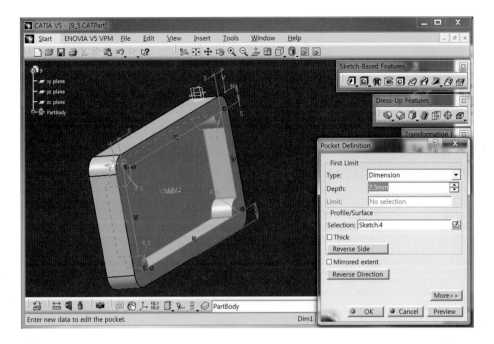

06 제거된 면의 안쪽 주황색 면을 스케치 면으로 하여 들어간다.

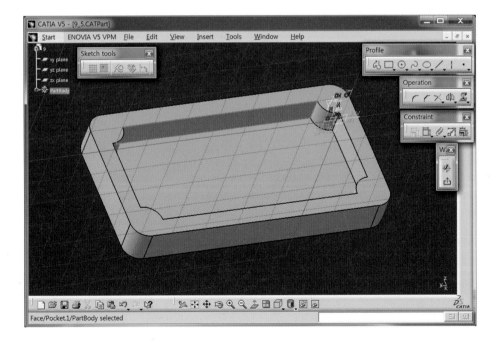

07 주황색 면에 축과 회전단면의 프로파일을 스케치한다.

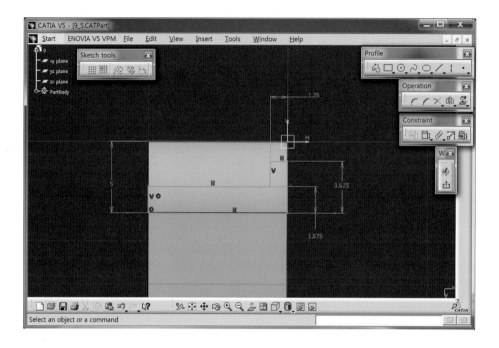

08 〈Groove〉 기능으로 들어가 360° 회전시켜 제거한다.

09 생성된 Groove를 선택하고 〈Rectangular Pattern〉 기능을 클릭한 다음, **No selection**을 누르고 **놓일 면**으로 정면을 지정하면 화살표가 나타난다. **화살표 머리**를 클릭하여 1방향, 2방향을 맞추고 간격 70mm, 32.5mm를 입력한다.

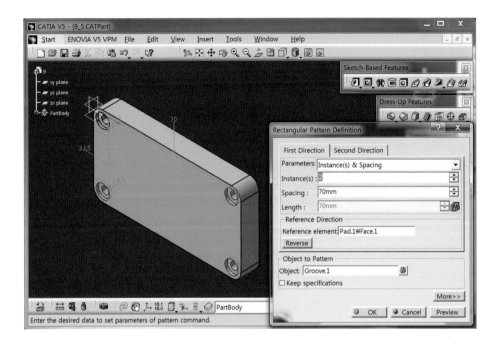

10 yz plane에 〈Profile〉 기능으로 다음을 스케치한다.

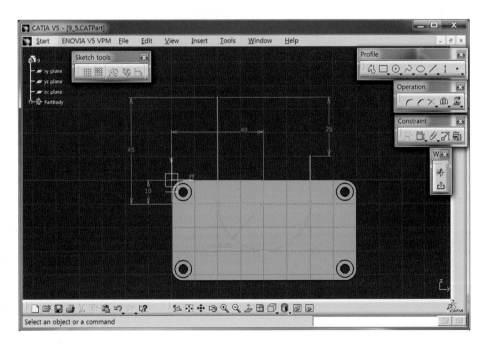

11 〈Plane〉 기능으로 들어가 **Normal to curve Type**을 설정하고, 다음의 커브를 선택한 다음 놓일 위치로 좌측 끝점을 누르면 다음과 같이 plane이 생성된다.

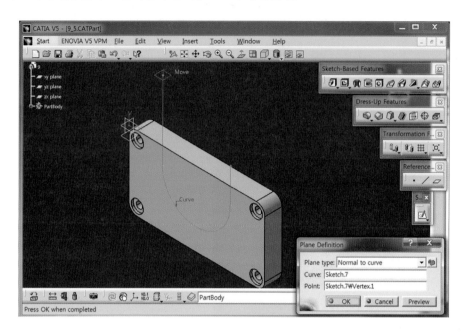

12 생성된 plane을 스케치 면으로 하여 원을 스케치하고, 다음과 같이 원의 중심과 직선의 끝점을 일치시킨다.

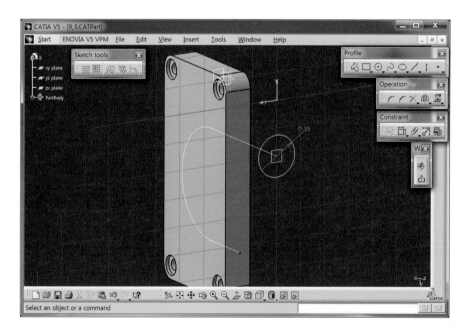

13 〈Rib〉 기능을 선택하고 **단면 프로파일**로 원을 클릭한 다음, Center curve로 U자 곡선을 지정하여 다음과 같이 생성한다.

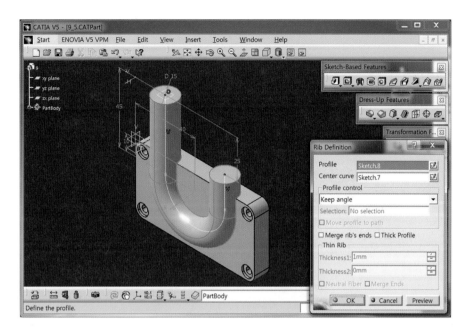

14 U자 형상의 원형 단면을 스케치 면으로 하여, 반지름이 2.5mm, 10mm인 원 3개를 스케치하고, 〈Bi − Tangent line〉 기능으로 원을 tangent 하게 연결한다.

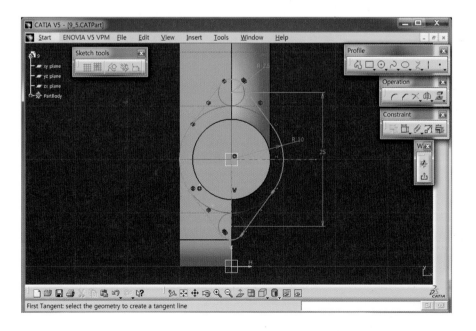

15 〈Pad〉 기능으로 들어가 아래쪽 방향으로 두께 2.5mm를 준다.

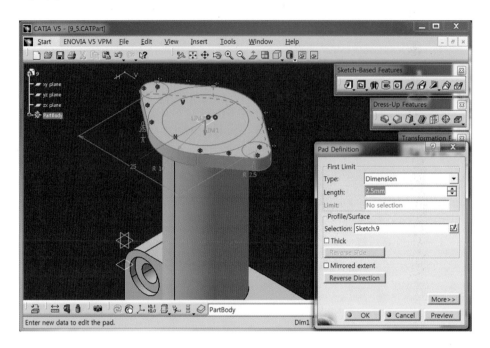

16 U자 형상의 우측 원형 단면을 스케치 면으로 하여, 똑같은 단면을 스케치한다.

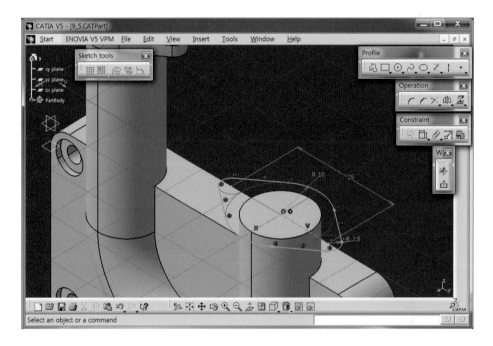

17 〈Pad〉 기능으로 들어가 아래쪽 방향으로 두께 2.5mm를 준다.

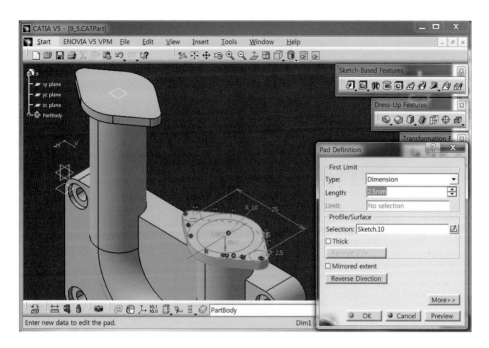

18 U자 형상의 윗면에 지름 13mm인 원을 스케치한다.

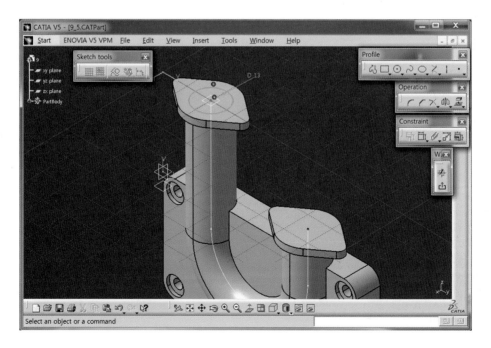

19 〈Slot〉기능을 선택하고 **단면 프로파일**로 원을 클릭한 다음, Center curve로 U자 곡선을 지정하여 다음과 같은 파이프 형상을 생성한다.

20 U자 형상의 윗면에 지름 2.5mm인 원을 2개 스케치하고, 〈Concentricity〉구속조건을 이용하여 원의 중심과 테두리 부분의 호의 중심을 일치시킨다.

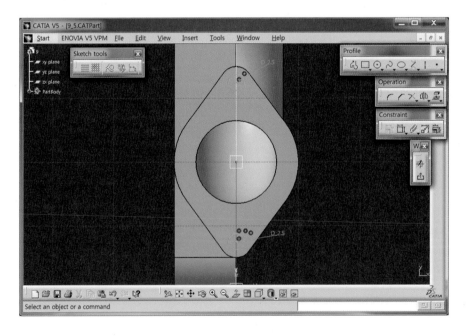

21 〈Pocket〉 기능으로 들어가 **Up to next Type**으로 제거한다.

22 좌측 반대편 부분의 윗면을 스케치 면으로 하여 같은 스케치를 완성한다.

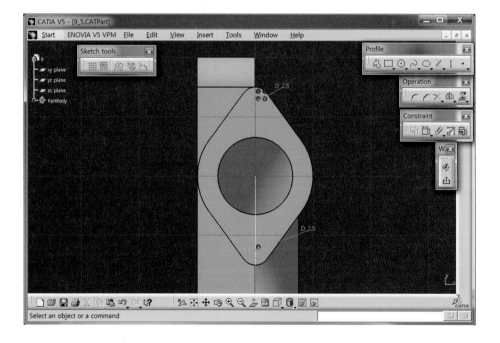

23 〈Pocket〉 기능으로 들어가 **Up to next Type**으로 제거한다.

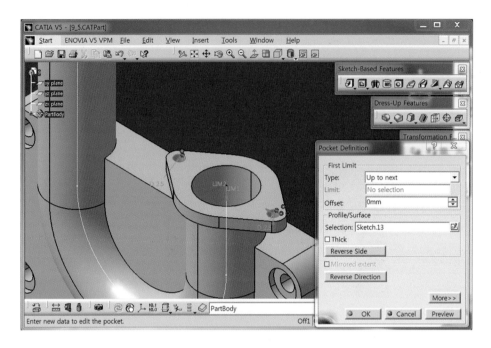

24 다음은 완성된 모델링 형상이다.

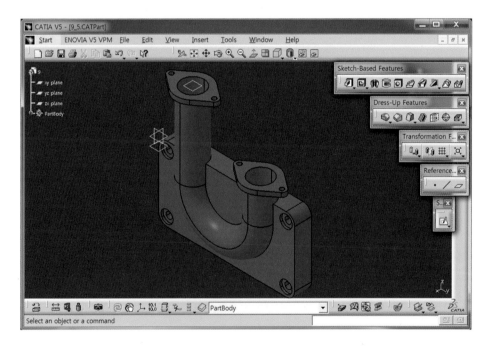

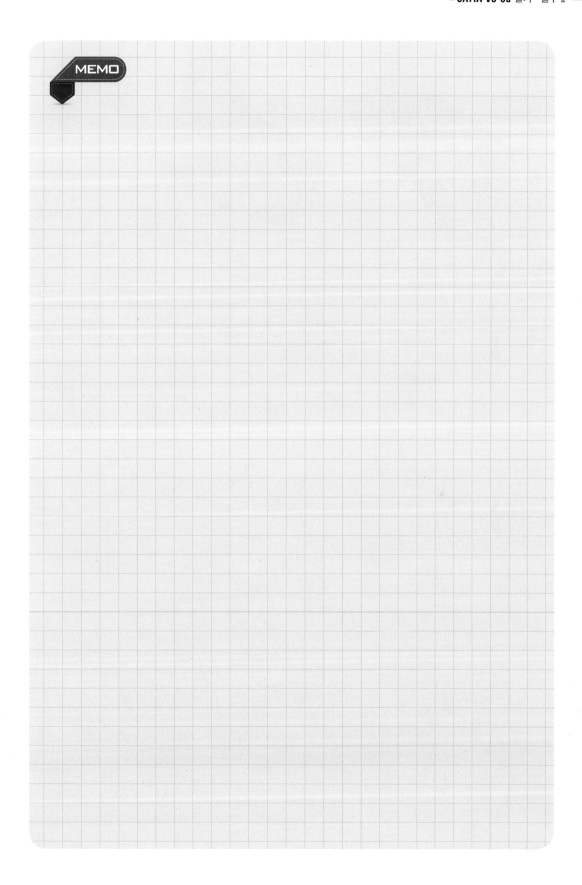

SECTION VIEW
D-D

R55

23

SECTION VIEW
A-A

2.5

100.2

R15

60.1

R15

100.2

72

152

237

310

SECTION VIEW
C-C

2-R55

28°

18

SECTION VIEW
B-B

4-R315

8

58°

28

4-R55

R488

B

A

D

9°

11°

80.1

A

D

C

C

D

151

151

100.2

50.1

SIZE
A3

SCALE
1:4

실습 과제 – 18

김 민 준

18 실습과제 - 18

01 zx plane에 우측 부분을 스케치하고 〈Offset〉 기능을 이용하여 다음과 같이 등간격인 단면을 생성한 다음, 좌측 부분은 선을 선택하고 〈Construction / Standard Element〉 기능을 클릭하여 점선으로 변경한다.

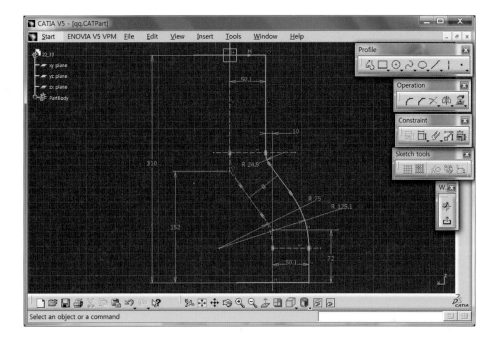

02 〈Offset〉 기능을 이용하여 다음과 같이 등간격인 단면을 완성한다.

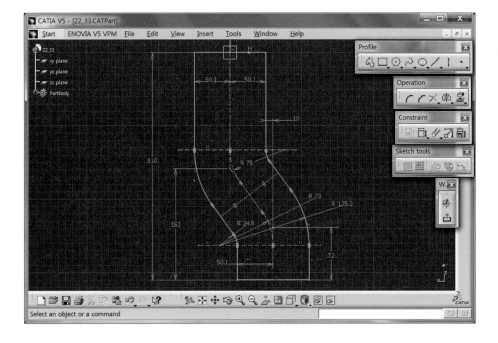

03 〈Pad〉 기능으로 들어가 두께 140mm를 주고 **Mirrored extent**를 클릭하여 양방향으로 두께를 생성한다.

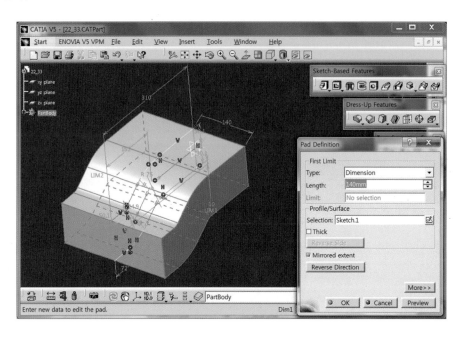

04 다음의 갈색 면을 스케치 면으로 하여 두 개의 영역을 스케치하고, 바깥쪽 모서리는 모두 일치조건을 준다.

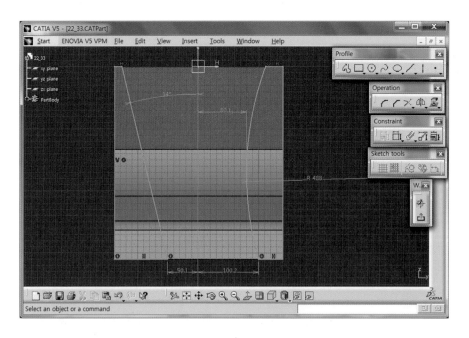

05 〈Pocket〉 기능의 **Up to last Type**으로 양쪽 부분을 제거한다.

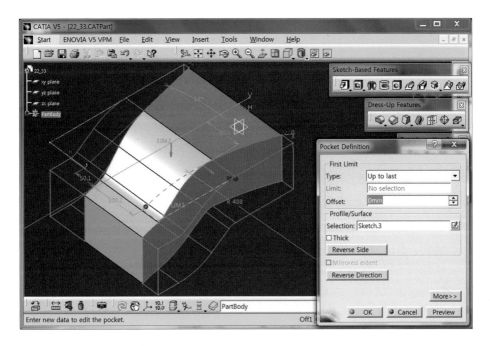

06 〈Edge Fillet〉 기능을 선택하고 반지름 31.5mm를 입력하여 다음의 네 모서리에 라운딩을 생성한다.

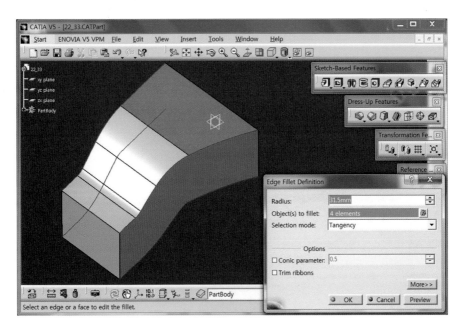

07 다음의 갈색 면을 스케치 면으로 하여 길이가 151mm인 직선을 스케치한다.

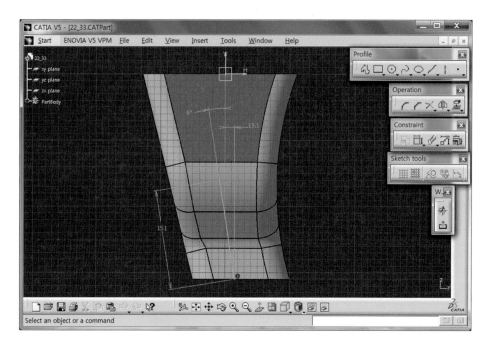

08 Start / Mechanical Design / Wireframe & Surface Design으로 들어가 〈Extract〉 기능을 선택하고 전파유형을 **No propagation Type**으로 설정한 다음, 그림의 노란색 면 한 개를 클릭한다. 대화창의 파란색 부분을 선택하고 연속된 다음 면을 클릭한다. 이렇게 Solid의 네 개의 면을 추출하여 surface로 복사한다.

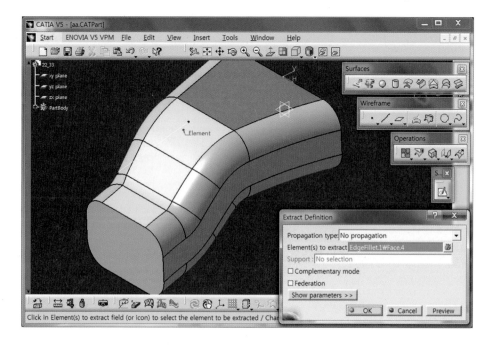

09 〈Join〉 기능을 선택하고 Extract surface 4개를 클릭하여 한 개로 통합한다.

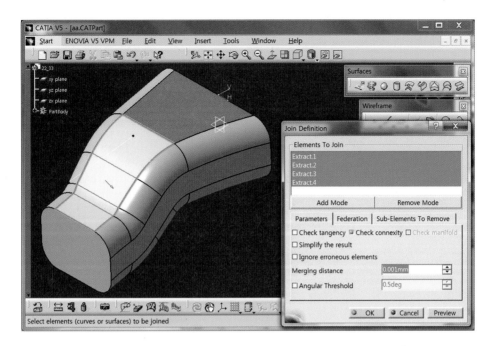

10 〈Projection〉 기능으로 들어가 **투영되는 커브**로 직선을 선택하고, **투영되는 면**으로 Join surface 를 클릭한 다음, **투영 방향**으로 yz plane을 선택하여 그림의 흰색 투영 커브를 생성한다.

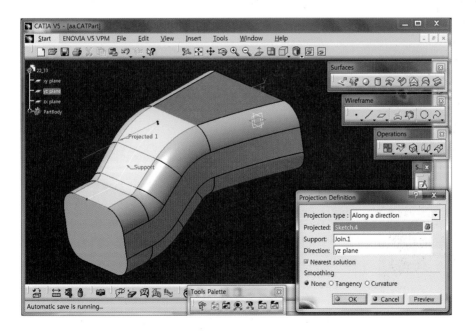

11 〈Plane〉 기능의 **Normal to curve Type**을 설정하고, 투영된 커브를 선택한 다음 plane이 생성될 위치로 커브의 끝점을 클릭한다.

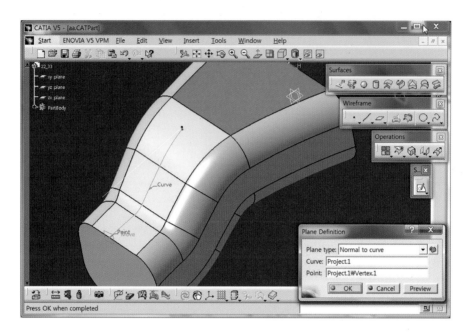

12 생성된 plane에 다음과 같이 스케치한다. 흰색 수직선은 잘라낼 부분으므로 치수 없이 다음과 같이 적당히 위치시켜도 된다.

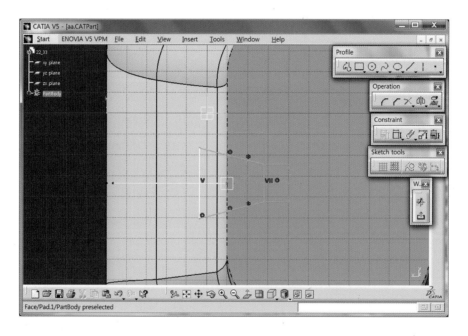

13 〈Sweep Surface〉 기능으로 들어가 사각형을 **단면 프로파일**로 선택하고, 투영된 커브를 Guide curve로 클릭하여 다음의 surface를 생성한다.

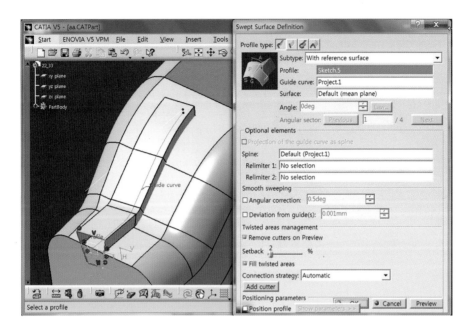

14 〈Extrapolate〉 기능으로 들어가 **경계선**으로 사각형의 스케치 단면을 선택하고 **연장할 면**으로 Sweep surface를 클릭한 다음, **Length Type** 10mm 정도 입력하여 surface를 연장한다.

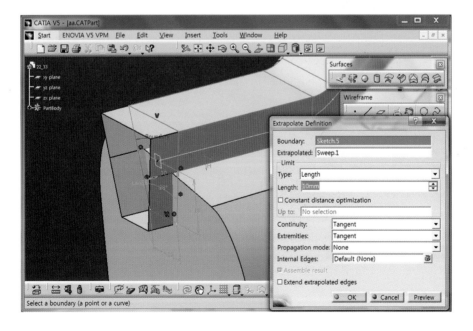

15 〈Fill〉 기능을 선택하고 다음의 사각형 모서리를 순서대로 클릭하여 사각형의 surface를 생성한다.

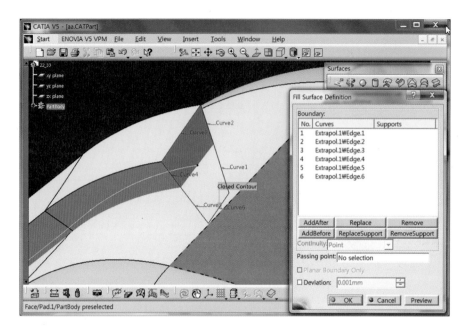

16 〈Join〉 기능으로 들어가 Fill surface와 Extrapolate surface를 선택하여 한 개의 surface로 통합
시킨다.

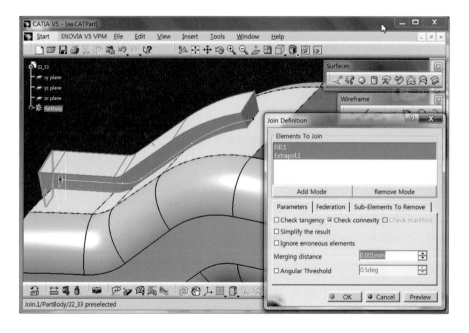

17 Start / Mechanical Design / Part Design으로 들어가 〈Split〉 기능을 선택한다. Solid를 분할 제거하는 요소로 Join surface를 클릭하고, **화살표 머리**를 눌러 바깥쪽을 향하게 하여 안쪽이 제거되도록 한다.

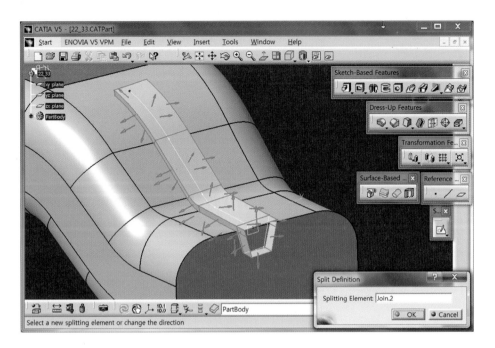

18 〈Edge Fillet〉 기능을 이용하여 8개의 모서리에 라운딩을 한다.

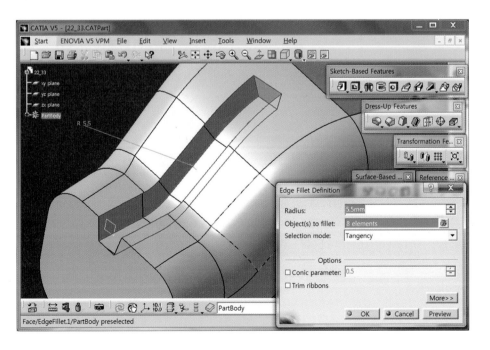

19 zx plane에 다음의 회전축과 회전단면을 스케치한다.

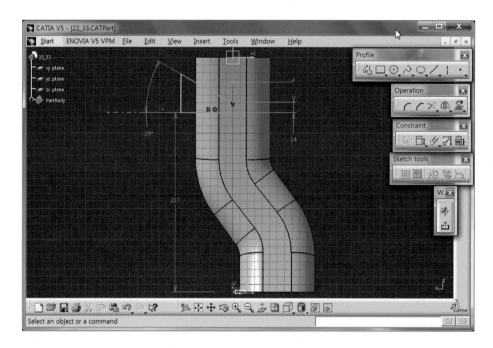

20 〈Groove〉 기능을 이용하여 360° 회전시켜 제거한다.

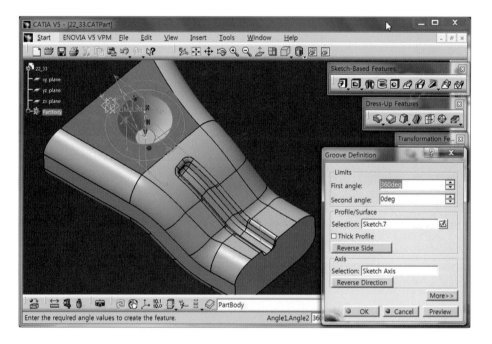

21 생성된 groove를 선택하고 〈Mirror〉 기능을 클릭한 다음 **대칭면**으로 yz plane을 선택하여 반대편에 대칭시킨다.

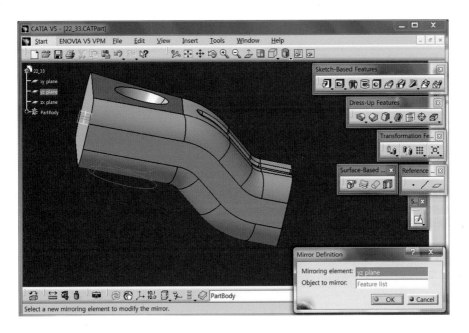

22 〈Edge Fillet〉 기능을 이용하여 4개의 모서리에 라운딩을 한다.

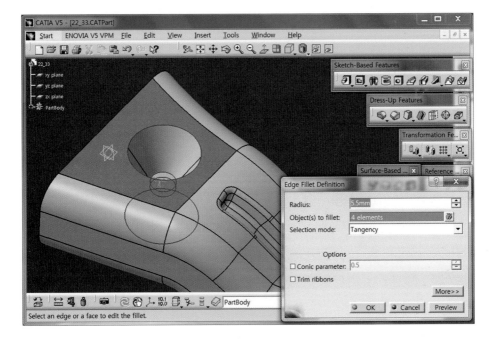

23 〈Shell〉 기능을 선택하여 **제거할 면**으로 앞뒤 평면을 클릭하고 안쪽으로 두께 2.5mm를 입력한다.

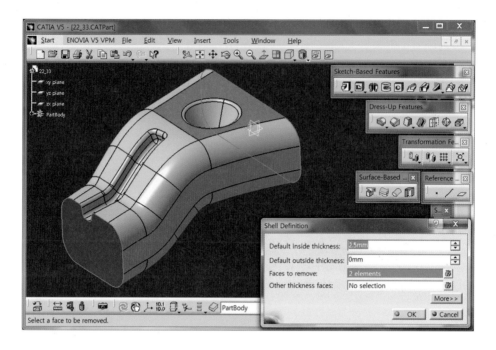

24 다음은 완성된 모델링 형상이다.

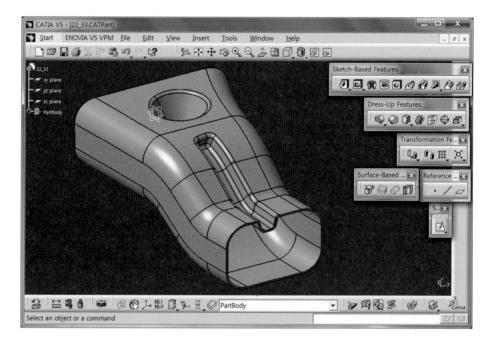

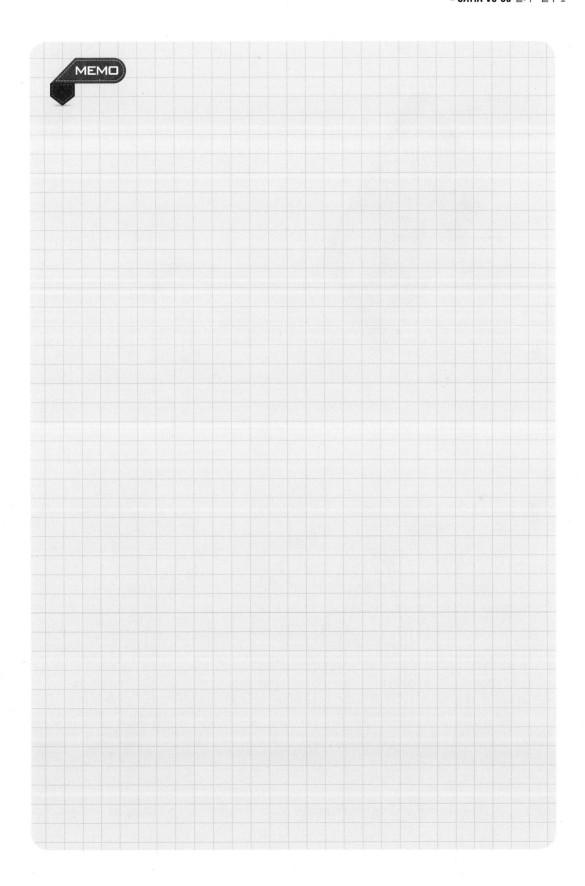

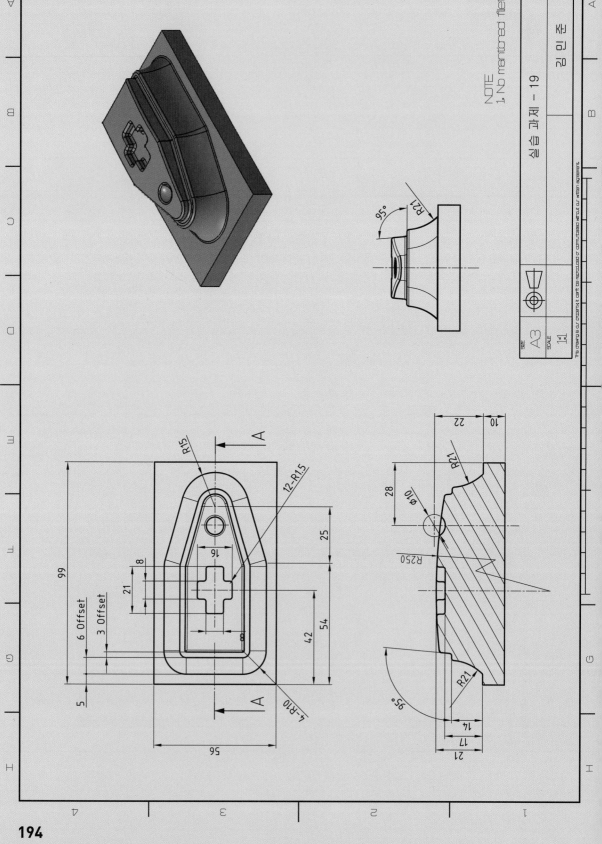

19 실습과제 – 19

01 xy plane에 다음의 사각형을 스케치한다.

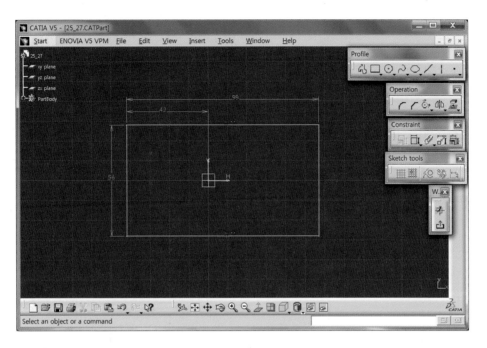

02 〈Pad〉 기능으로 들어가 아래쪽으로 두께 10mm를 생성한다.

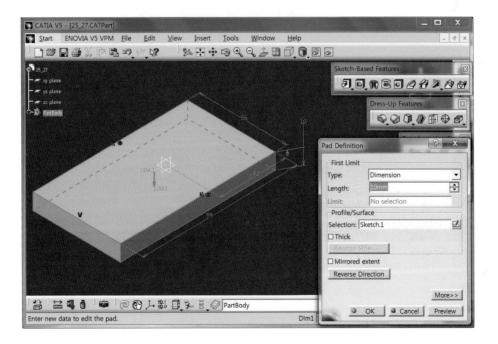

03 Pad의 윗면에 다음과 같이 상하 대칭인 스케치를 한다.

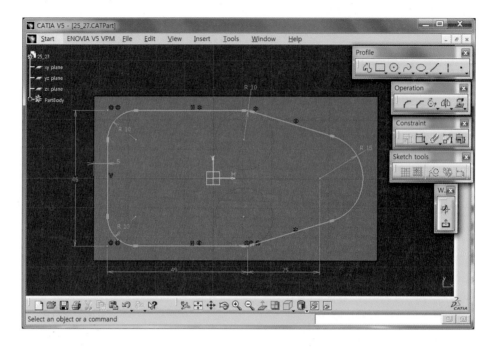

04 zx plane을 스케치 면으로 들어가 스케치 커브에 일치하는 다음의 호를 스케치한다.

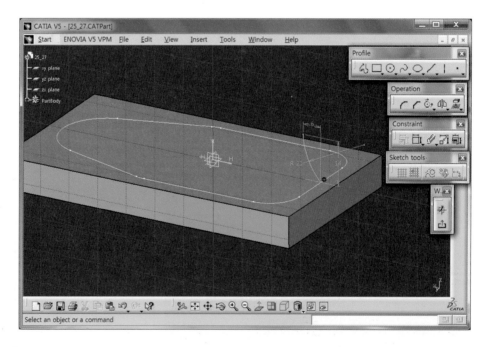

05 다음은 호를 정면으로 보여주는 것이다.

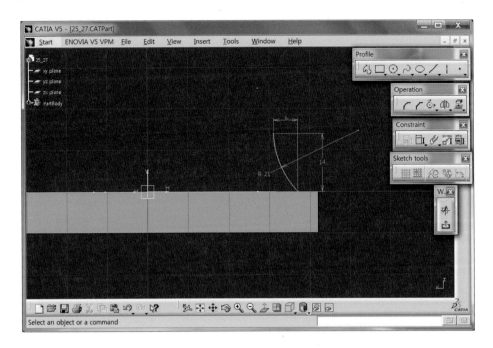

06 Start / Mechanical Design / Wireframe & Surface Design으로 들어가 〈Sweep〉 기능을 선택하여, 호를 **단면 커브**로 선택하고 pad 위에 그린 커브를 **Guide 커브**로 선택하면 다음의 surface가 생성된다.

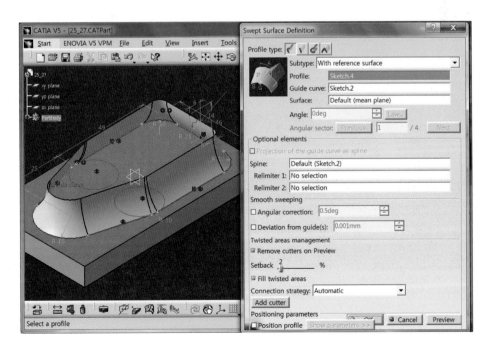

07 ⟨Plane⟩ 기능의 **Offset from plane Type**을 설정하고, **기준면**으로 갈색 면을 선택한 다음 위쪽으로 14mm만큼 plane을 생성한다.

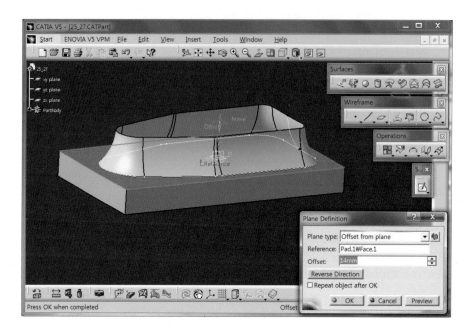

08 생성된 plane을 스케치 면으로 하여 ⟨Project 3D Elements⟩ 기능을 선택하고, Sweep surface의 모서리를 클릭하여 다음의 노란색 선을 생성한다.

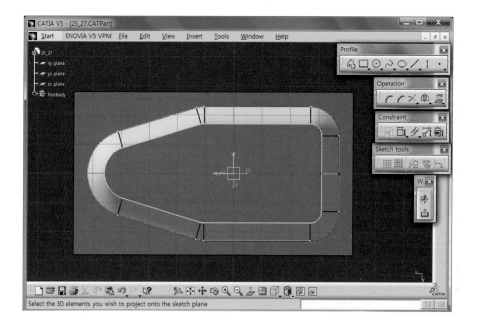

09 〈Fill〉 기능을 선택하고 생성된 커브를 클릭하여 평면인 surface를 생성한다.

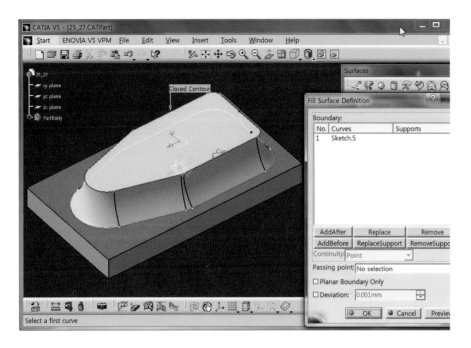

10 Fill surface를 스케치 면으로 들어가 다음과 같이 Sweep surface의 모서리를 3mm만큼 Offset 시킨다.

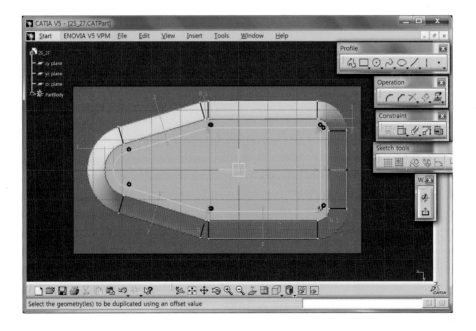

11 〈Pad〉 기능으로 두께 10mm를 생성한다.

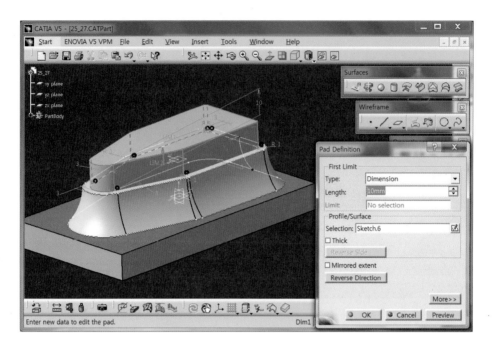

12 〈Draft Angle〉 기능으로 들어가 **구배각도** 5°를 입력하고 **구배 줄 면**으로 갈색 옆면을 클릭한 다음, **중립면**으로 Fill surface를 선택하고 **화살표 머리**를 눌러 위로 향하게 하여, 미리보기로 확인하고 OK 한다.

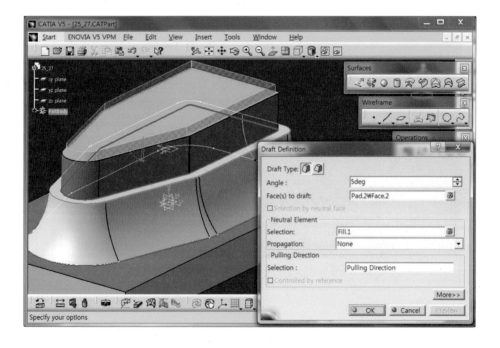

13 〈Join〉 기능으로 들어가 Sweep surface와 Fill surface를 선택하여 통합시킨다.

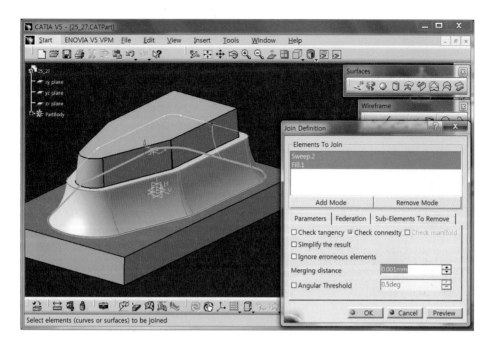

14 Start / Mechanical Design / Part Design으로 들어가 〈Close Surface〉 기능을 선택하고 Join surface를 클릭하여 solid로 채운다. Join surface는 〈Hide〉 한다.

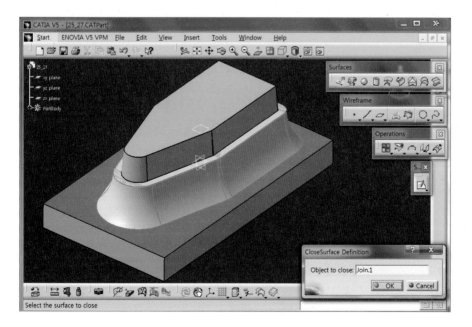

15 zx plane에 다음의 호를 스케치하고 중심은 V축에 일치시킨다.

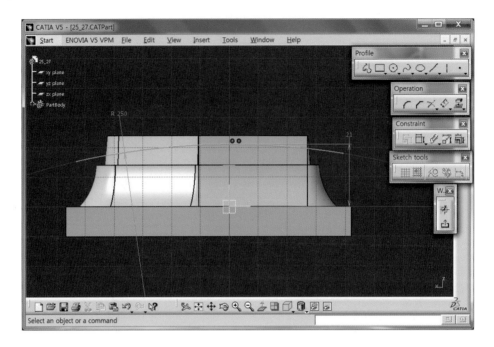

16 〈Pocket〉 기능으로 들어가 양방향 모두 **Up to last Type**으로 윗부분을 제거한다.

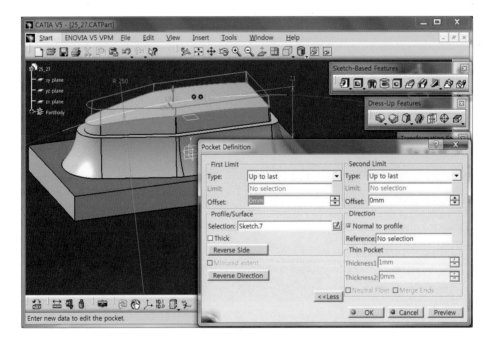

17 zx plane에 다음의 회전축과 회전단면을 스케치한다.

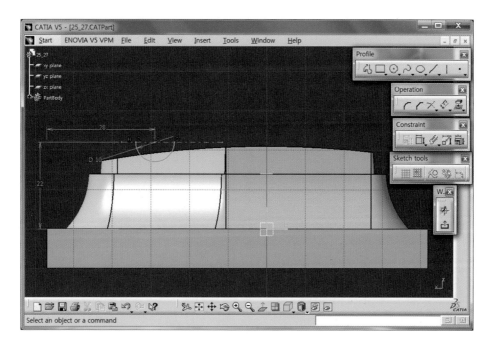

18 〈Groove〉 기능으로 360° 회전시켜 제거한다.

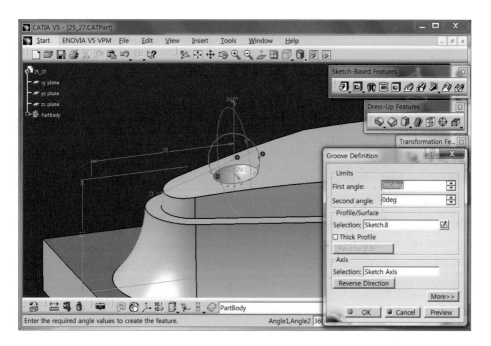

19 〈Plane〉기능의 **Offset from plane Type**을 설정하고, **기준면**으로 갈색 면을 선택한 다음 위쪽으로 17mm만큼 plane을 생성한다.

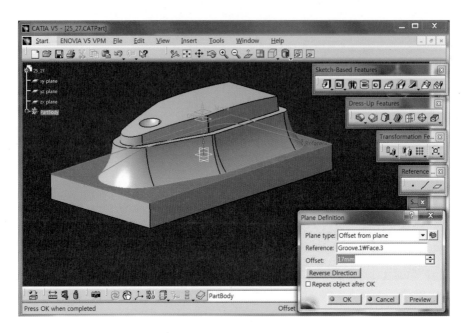

20 생성된 plane에 대칭조건을 이용하여 다음과 같이 스케치한다.

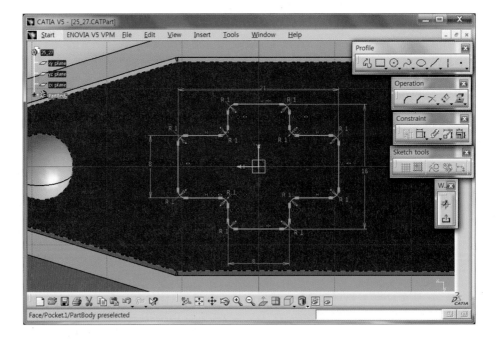

21 ⟨Pocket⟩ 기능의 **Up to last Type**으로 윗부분을 제거한다.

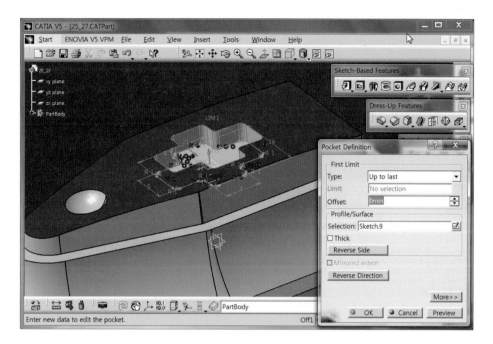

22 ⟨Edge Fillet⟩ 기능을 이용하여 다음 모서리에 1mm의 라운딩을 생성한다.

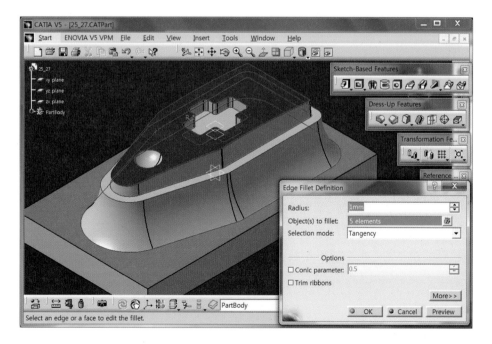

23 다음은 완성된 모델링 형상이다.

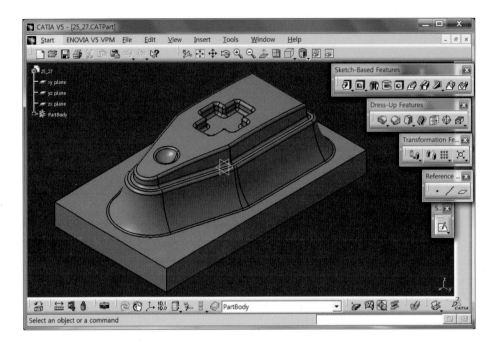

SECTION VIEW
A-A

R8

R5

2°

3°

R40 (Profile curve)

R15

177

5

42

3°

29°

R150

200

R80
R30

63

27

R80

A

A

Center curve 2

80

12

12

R420

R500

R250

R450

Center curve 1

2-R8

2-R5

김 민 준

실 습 과 제 - 20

SIZE A3

SCALE 1:2

20 실습과제 – 20

01 Start / Mechanical Design / Wireframe & Surface Design으로 들어가 yz plane에 다음과 같이
스케치하고 〈Mirror〉 기능을 이용하여 대칭시킨다.

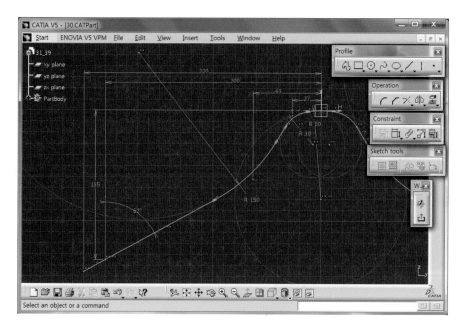

02 xy plane에 다음의 호를 스케치한다.

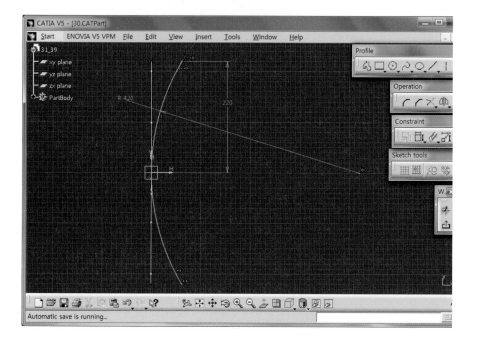

03 xy plane에 다음의 호를 스케치한다.

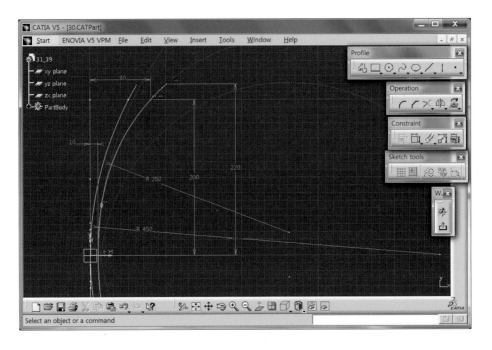

04 xy plane에 반지름 500mm인 호를 스케치한다.

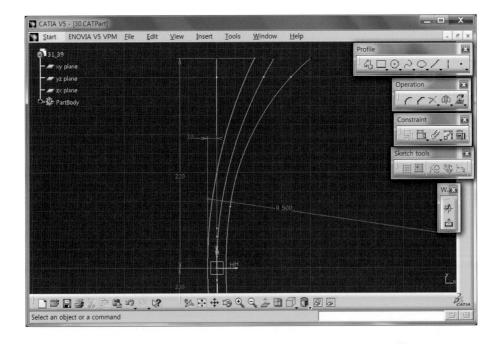

05 〈Extrude〉 기능을 선택하고 **단면 프로파일**로 Sketch.1을 클릭하여 앞뒤로 각각 80mm, 30mm를 입력한다.

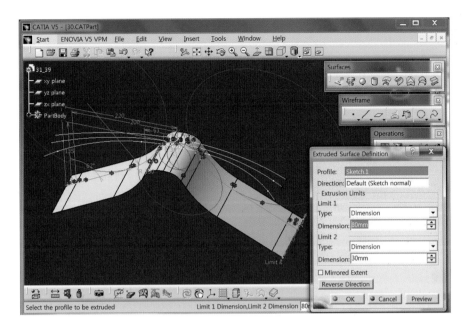

06 〈Extrude〉 기능을 선택하고 **단면 프로파일**로 반지름 500mm인 호를 클릭하여 아래쪽으로 177mm를 입력한다.

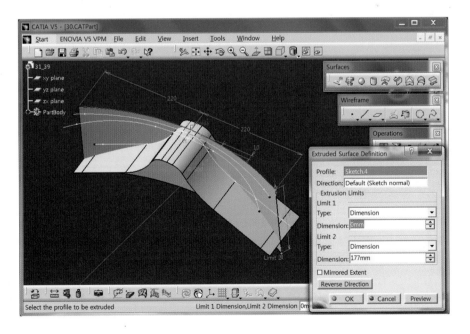

07 〈Extrude〉 기능을 선택하고 **단면 프로파일**로 반지름 450mm인 호를 클릭하여 아래쪽으로 177mm를 입력한다.

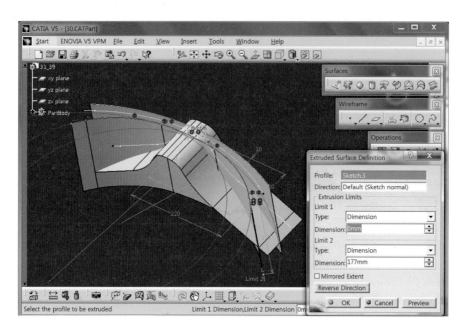

08 zx plane을 스케치로 들어가 다음의 호를 스케치한다.

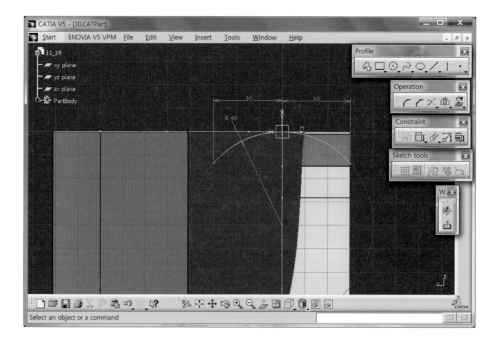

09 Extrude surface만 남기고 나머지 surface를 〈Hide〉한 다음, 〈Projection〉 기능으로 들어가 **Along a direction Type**을 선택한다. 반지름 420mm인 호를 **투영되는 커브**로 클릭하고 **투영면으**로 Extrude surface를 선택한 다음 xy plane에 수직하게 투영시킨다.

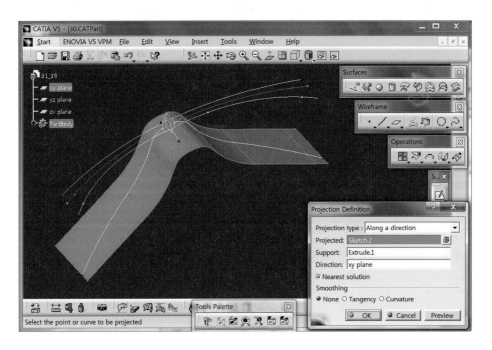

10 〈Sweep〉 기능으로 들어가 반지름 40mm인 호를 **Profile**로 선택하고 투영된 커브를 **Guide curve**로 클릭한다.

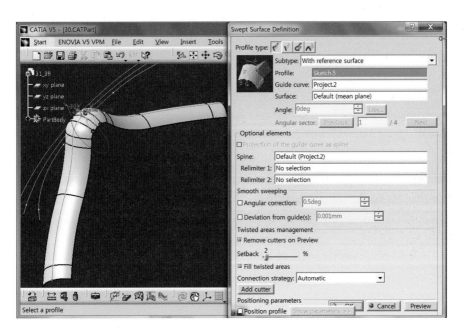

11 〈Trim〉 기능을 선택하고 맨 앞의 Extrude surface와 Sweep surface를 클릭하여 **Element 탭**으로 다음과 같이 자른다.

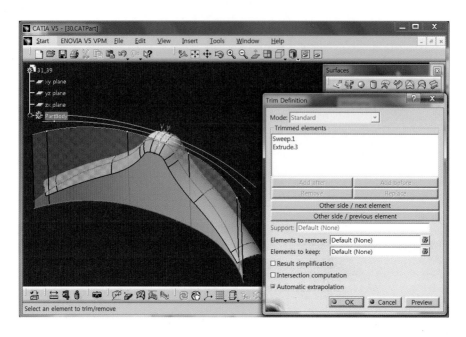

12 〈Trim〉 기능을 선택하고 맨 뒤의 Extrude surface와 Trim surface를 클릭하여 **Element 탭**으로 다음과 같이 자른다.

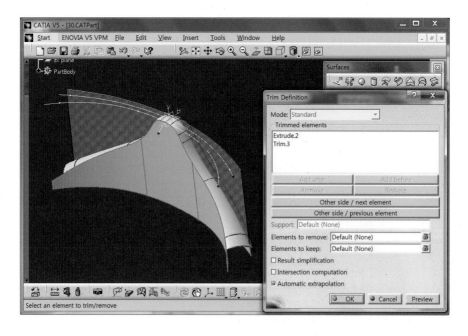

13 yz plane에 다음과 같이 좌우대칭인 단면을 스케치한다.

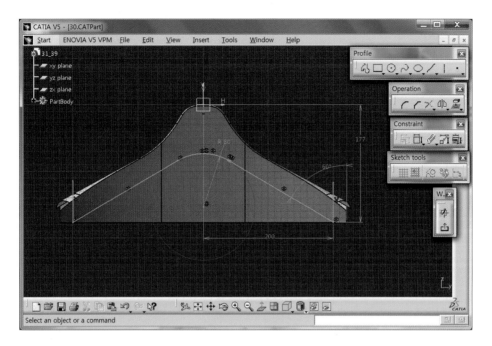

14 〈Extrude〉 기능을 선택하고 앞뒤로 각각 80mm, 10mm를 입력한다.

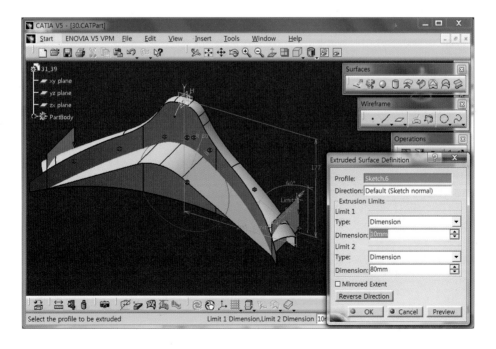

15 ⟨Trim⟩ 기능을 선택하고 생성된 Extrude surface와 Trim surface를 클릭하여 **Element 탭**으로 다음과 같이 자른다.

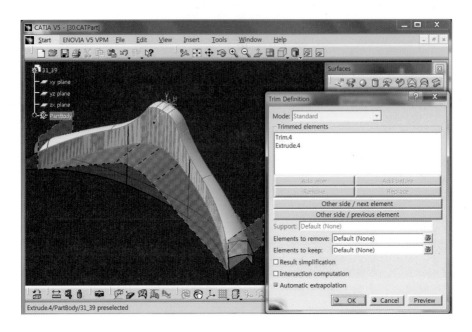

16 Start / Mechanical Design / Part Design으로 들어가 ⟨Close Surface⟩를 선택하고 다음 surface 를 클릭하여 안을 solid로 채운다.

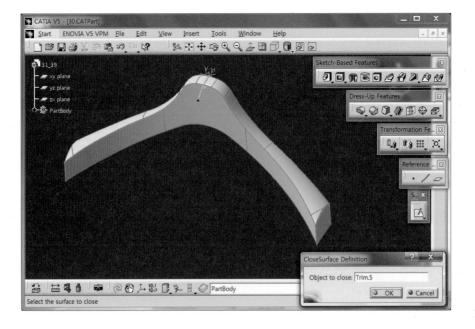

17 〈Draft Angle〉 기능으로 들어가 **구배각도** 3°를 입력하고, **구배면**으로 갈색 면을 선택하고 **중립면**으로 파란색 면을 클릭한 다음, **화살표 머리** 부분을 눌러 위로 향하게 한다.

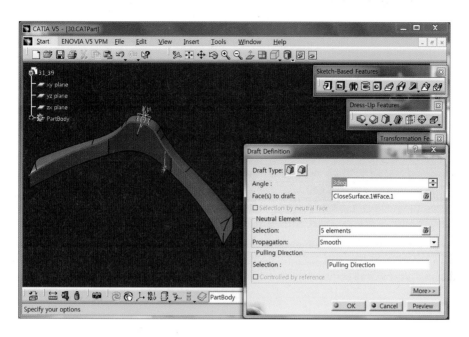

18 〈Draft Angle〉 기능으로 들어가 **구배각도** 2°를 입력하고, **구배면**으로 갈색 면을 선택하고 **중립면**으로 파란색 면을 클릭한 다음, **화살표 머리** 부분을 눌러 위로 향하게 한다.

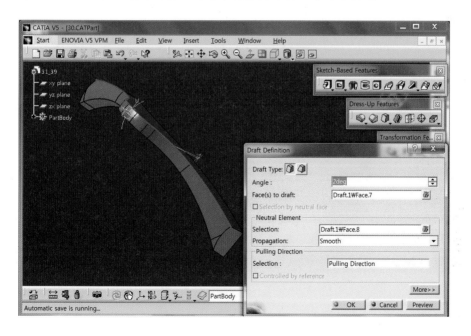

19 yz plane에 다음과 같이 3° 기울어진 직선을 스케치한다.

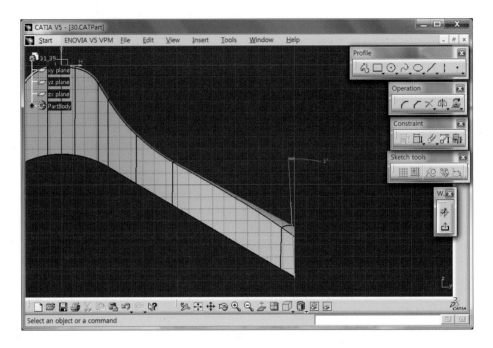

20 〈Pocket〉기능의 **Up to last Type**으로 바깥 부분을 제거한다.

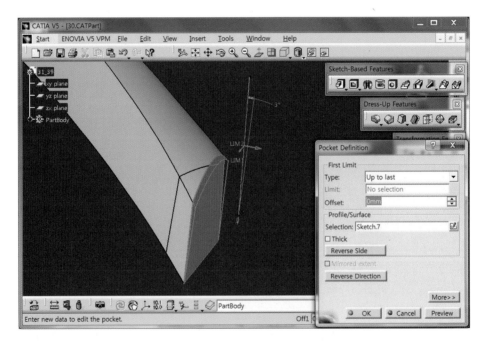

21 생성된 Pocket을 선택하고 〈Mirror〉 기능으로 들어가 **대칭면**으로 zx plane을 클릭하여 반대편에
대칭시킨다.

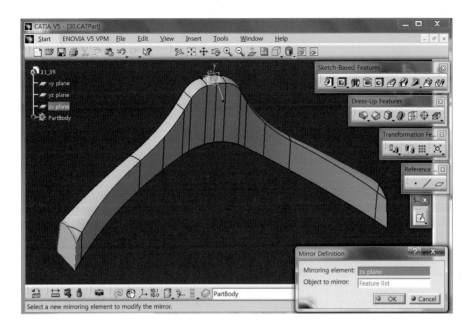

22 〈Edge Fillet〉 기능을 이용하여 양쪽 두 개의 모서리를 반지름 15mm로 라운딩한다.

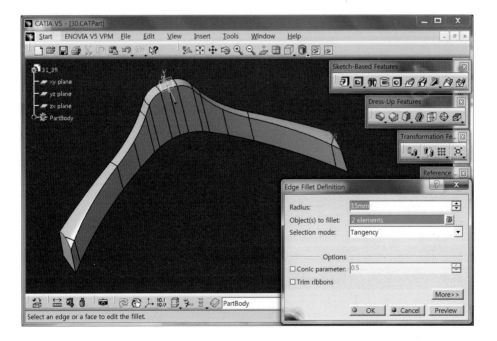

23 〈Edge Fillet〉 기능을 이용하여 연속된 한 개의 모서리에 반지름 5mm로 라운딩한다.

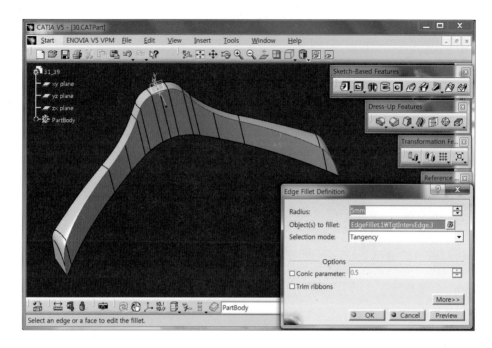

24 〈Edge Fillet〉 기능을 이용하여 뒷부분의 모서리에 반지름 8mm로 라운딩한다.

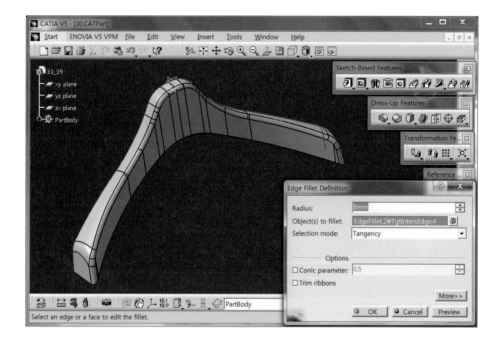

25 다음은 완성된 모델링 형상이다.

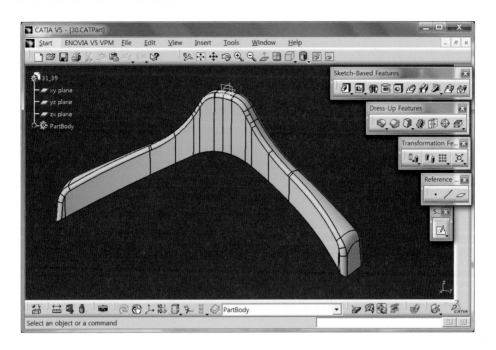

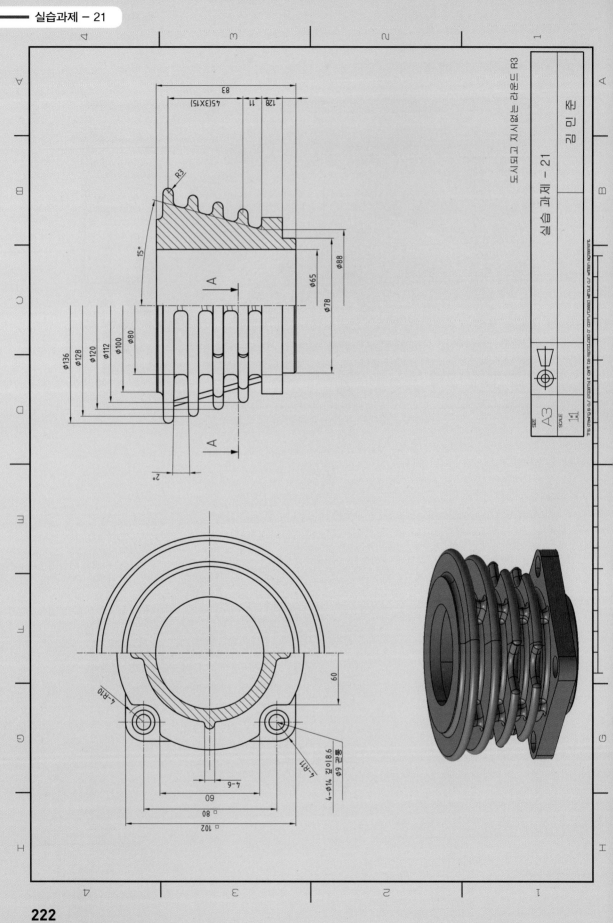

도시되고 지시없는 라운드 R3

실습 과제 - 21

김 인 권

SIZE A3

SCALE 1:1

21 실습과제 – 21

01 zx plane을 스케치 면으로 들어가 H축에 일치하는 〈축〉을 그리고 4개의 수직한 점선을 스케치한 다음 다음과 같이 완성한다. 이때 점선의 끝점과 호는 일치시킨다.

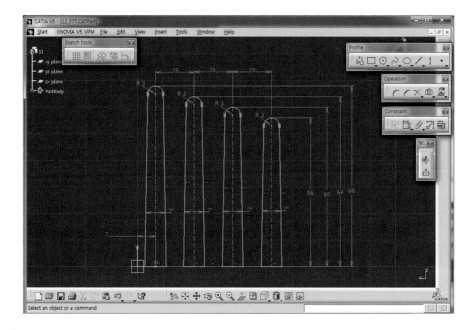

02 〈Shaft〉 기능으로 360° 회전시킨다.

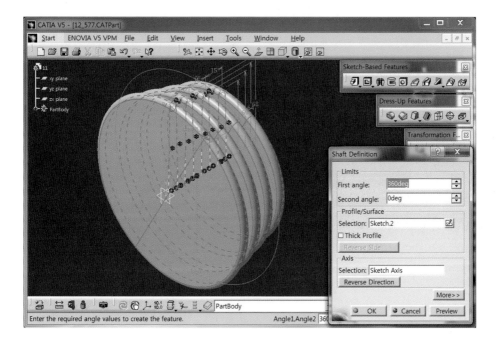

03 zx plane을 스케치 면으로 들어가 H축에 일치하는 축을 그리고 사각형의 회전단면을 스케치한다.

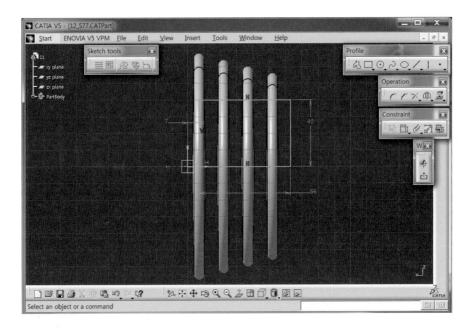

04 〈Shaft〉 기능으로 360° 회전시킨다.

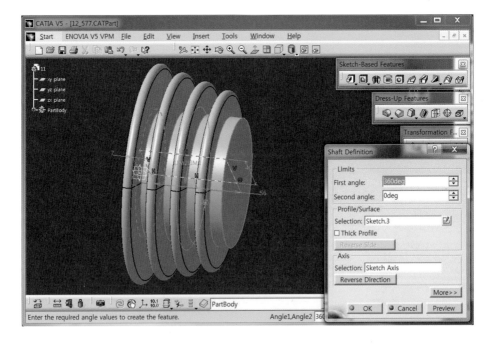

05 우측 원판 부분을 스케치 면으로 선택하여 정사각형을 스케치한다.

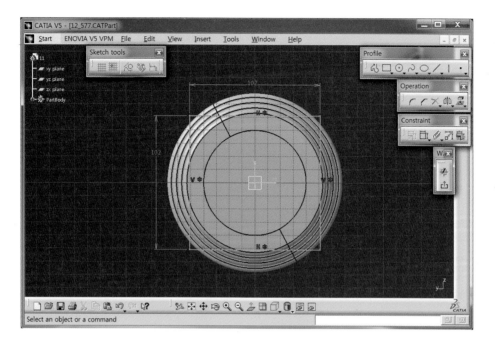

06 〈Pad〉 기능으로 들어가 두께 12mm를 생성한다.

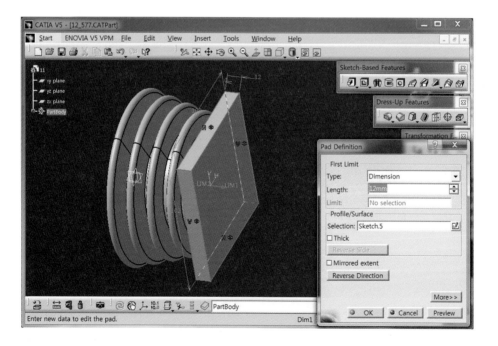

07 〈Edge Fillet〉 기능으로 들어가 반지름 11mm를 주고 4개의 모서리를 선택하여 라운딩한다.

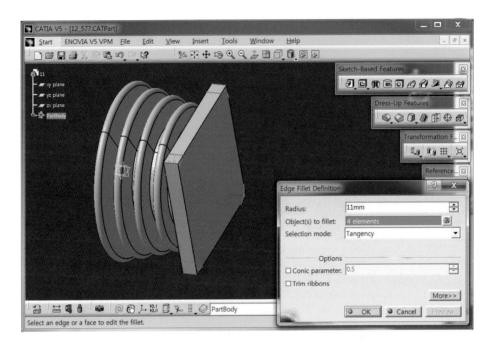

08 우측 면을 스케치 면으로 선택하여 지름 78mm인 원을 스케치한다.

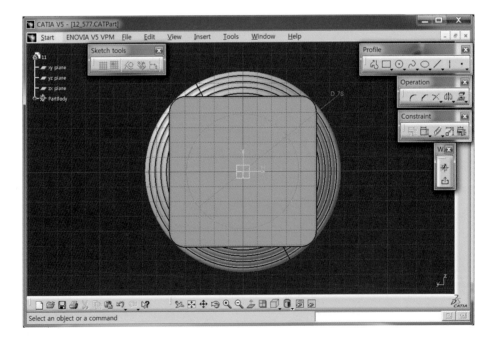

09 〈Pad〉 기능으로 들어가 두께 8mm를 생성한다.

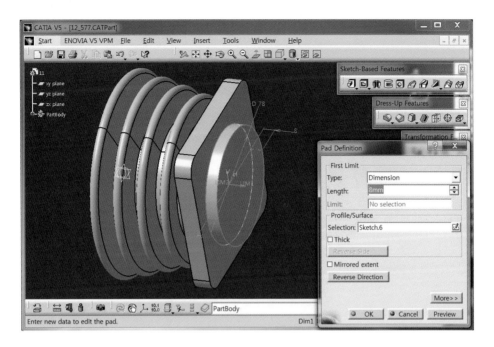

10 zx plane을 스케치 면으로 하여 다음을 스케치한다.

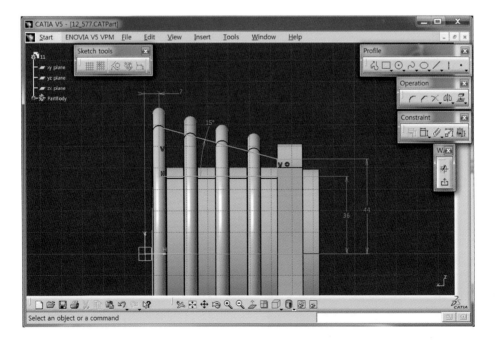

11 〈Pad〉 기능으로 들어가 두께 3mm를 입력하고 **Mirrored extent**를 선택하여 양방향으로 각각 생성한다.

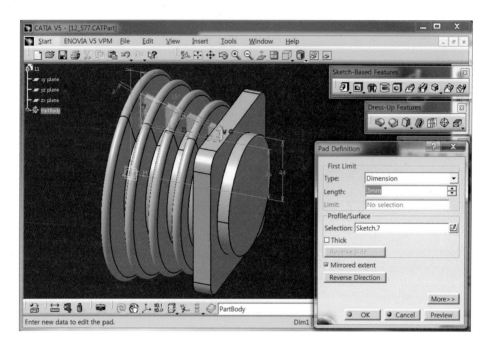

12 생성된 pad를 선택한 다음 〈Circular Pattern〉 기능으로 들어가 **No selection**을 클릭하고 원기둥의 곡면을 클릭한다. 그 다음 **Instance & angular spacing**을 설정하고 90° 간격으로 4개의 원형패턴을 생성한다.

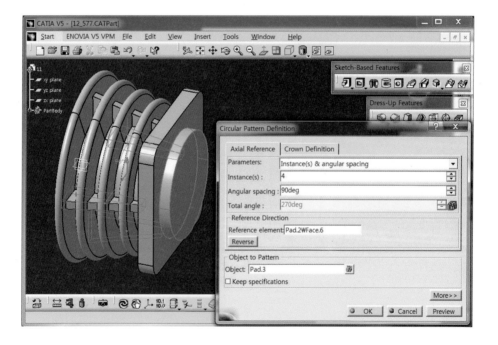

13 사각패널의 좌측 면을 스케치 면으로 하여 다음을 스케치한다.

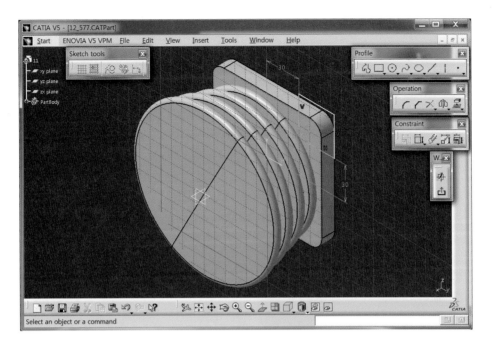

14 〈Pocket〉 기능으로 들어가 원판 두 개가 제거되도록 두께 약 30mm를 입력한다.

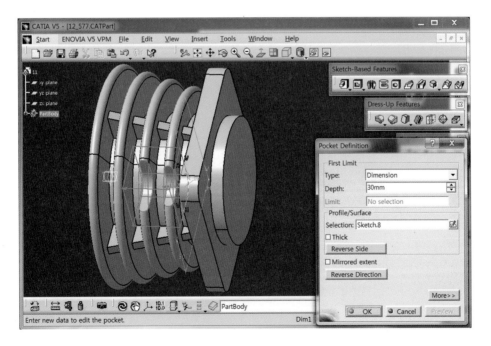

15 생성된 pocket을 선택한 다음 ⟨Circular Pattern⟩ 기능으로 들어가 **No selection**을 클릭하고 원기둥의 곡면을 클릭한다. 그 다음 **Instance & angular spacing**을 설정하고 90° 간격으로 4개의 원형 패턴을 생성한다.

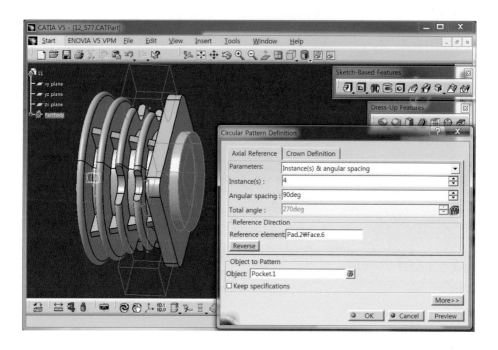

16 zx plane을 스케치 면으로 하여 H축에 일치하는 ⟨축⟩을 그리고 회전단면으로 사각형을 스케치한다.

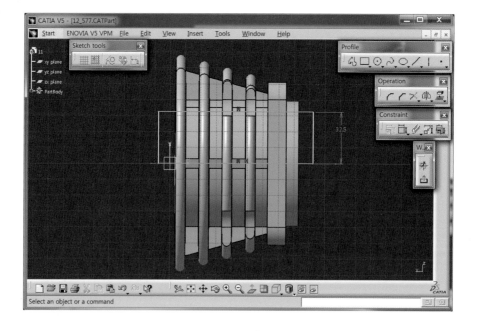

17 〈Groove〉 기능을 선택하여 360° 회전시켜 제거한다.

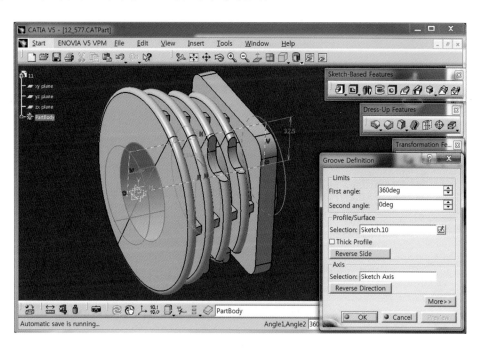

18 zx plane을 스케치 면으로 하여 H축에 일치하는 〈축〉을 그리고 회전단면으로 사각형을 스케치 한다.

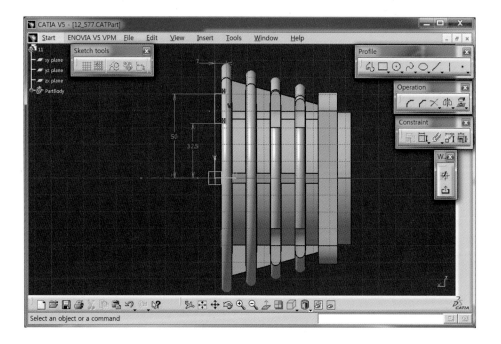

19 〈Shaft〉 기능을 선택하여 360° 회전시켜 생성한다.

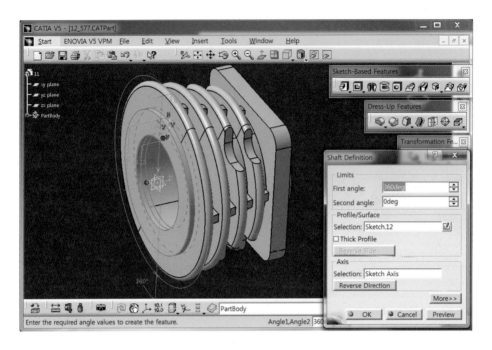

20 〈Edge Fillet〉 기능을 선택하여 그림의 8개의 모서리에 반지름 3mm인 라운딩을 생성한다.

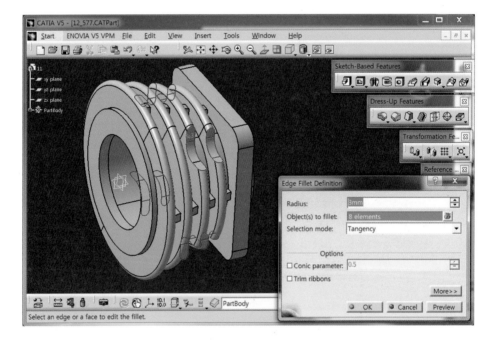

21 〈Edge Fillet〉 기능을 선택하여 그림의 56개의 모서리에 반지름 3mm인 라운딩을 생성한다.

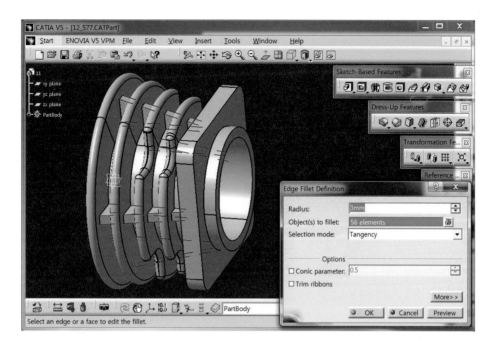

22 〈Edge Fillet〉 기능을 선택하여 그림의 8개에 반지름 3mm인 라운딩을 생성한다.

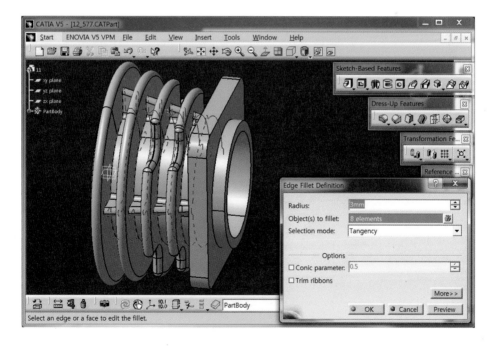

23 〈Hole〉 기능을 선택하고, **놓일 면**으로 사각패널의 좌측 면을 클릭한 다음 치수타입을 Blind로 설정하여 지름 9mm, 깊이 12mm를 입력한다.

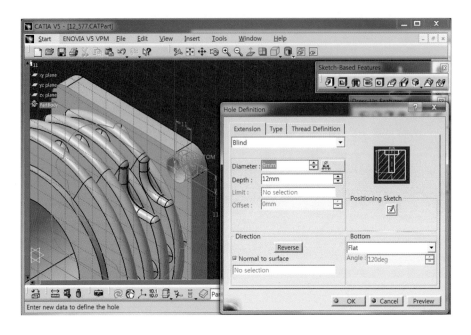

24 Positioning Sketch 버튼을 눌러 스케치 면으로 들어가 **초록색 점**에 치수를 생성한다. 좌표축에 치수를 기입하지 않도록 주의한다.

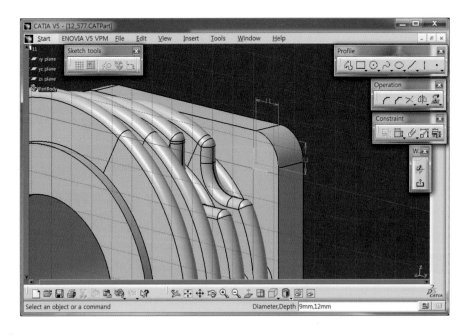

25 〈Edge Fillet〉기능을 선택하여 그림의 모서리에 반지름 3mm인 라운딩을 생성한다.

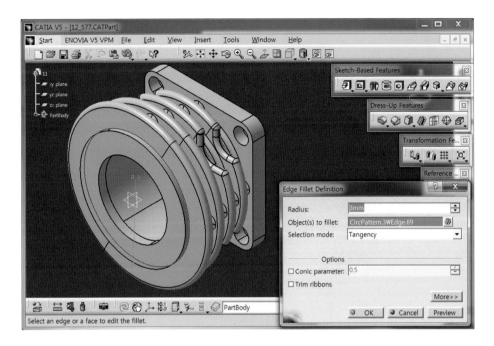

26 〈Chamfer〉기능을 선택하여 그림의 모서리에 모따기 1mm를 생성한다.

27 다음은 완성된 모델링 형상이다.

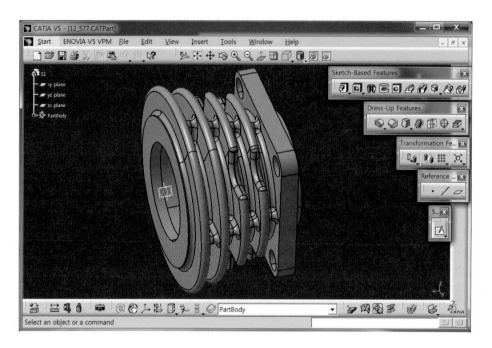

SECTION VIEW A-A

22 실습과제 - 22

01 xy plane에 다음의 정사각형을 스케치한다.

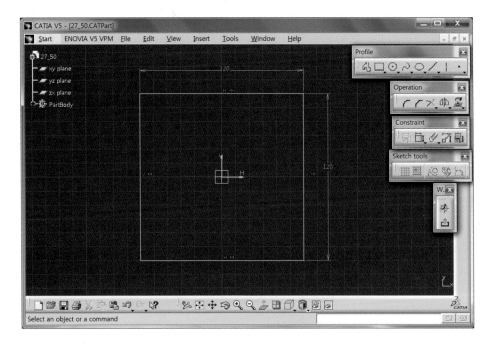

02 〈Pad〉 기능으로 들어가 두께 10mm를 생성한다.

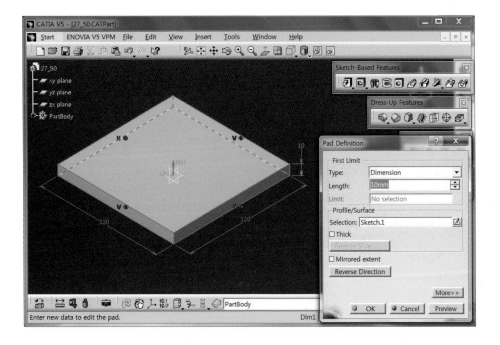

03 Start / Mechanical Design / Wireframe & Surface Design으로 들어가 갈색 면에 다음의 호를 스케치한다.

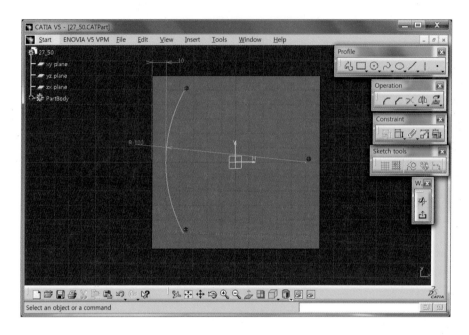

04 zx plane에 다음의 호를 스케치한다.

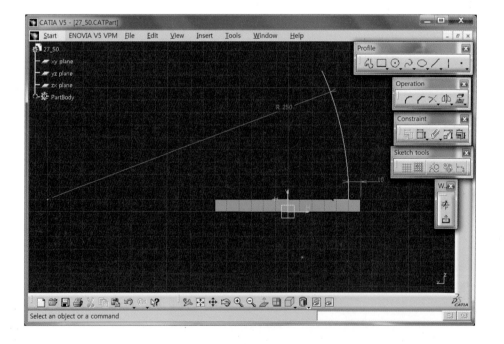

05 〈Sweep〉 기능을 선택하여 반지름 100mm인 호를 **단면 커브**로 선택하고 반지름 250mm인 커브를 Guide 커브로 선택하면 다음의 surface가 생성된다.

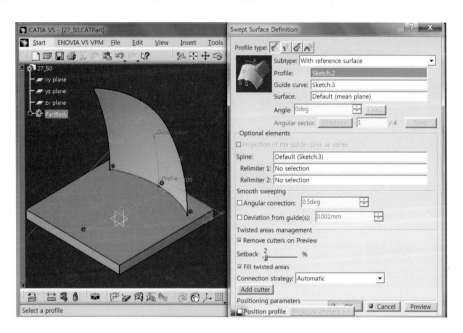

06 갈색 면에 반지름 320mm인 다음의 호를 스케치한다.

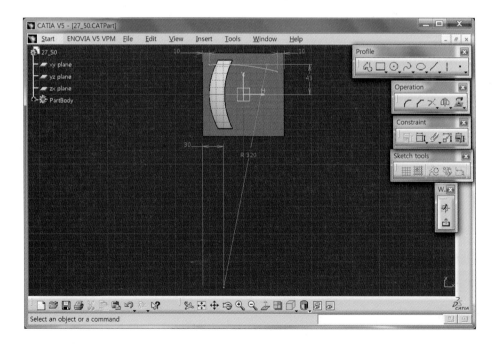

07 〈Plane〉 기능의 **Offset from plane Type**을 설정하고 **기준면**으로 뒷면을 선택한 다음 앞쪽으로 32mm만큼 plane을 생성한다.

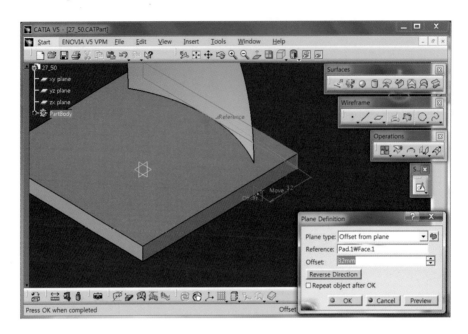

08 생성된 plane을 스케치로 들어가 반지름 350mm인 호를 스케치한다.

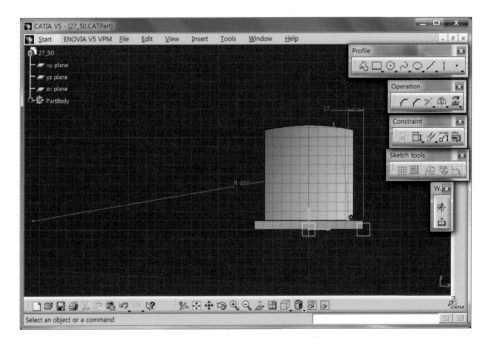

09 〈Sweep〉 기능을 선택하여 반지름 350mm인 호를 **단면 커브**로 선택하고 pad 위의 반지름 320mm인 커브를 Guide 커브로 선택하면 다음의 surface가 생성된다.

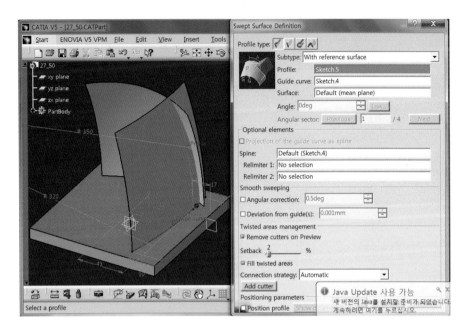

10 두 번째 Sweep surface를 선택하고 〈Symmetry〉 기능으로 들어가 **대칭면**으로 zx plane을 클릭하여 반대편에 생성한다.

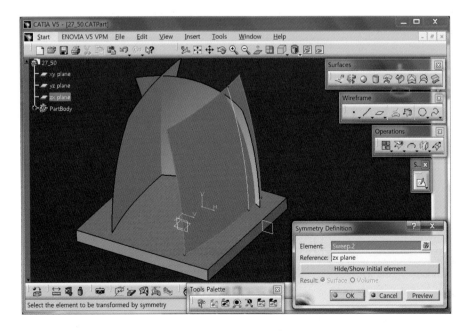

11 갈색 면에 반지름 65mm인 다음의 호를 스케치한다.

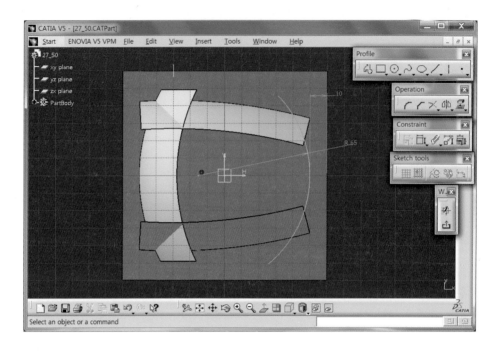

12 zx plane에 반지름 35mm인 호를 스케치하고 〈Construction / Standard Element〉 옵션을 선택한 다음 호 위에 〈Point〉를 생성하고 치수 102mm를 입력한다.

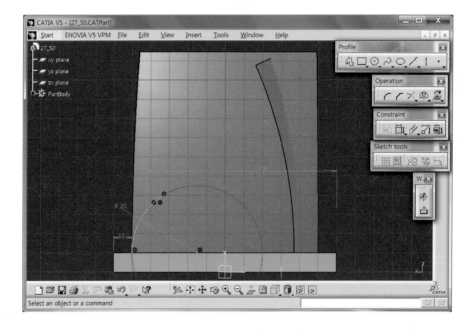

13 ⟨Sweep⟩ 기능을 선택하여 반지름 35mm인 호를 **단면 커브**로 선택하고, 반지름 65mm인 커브를 **Guide 커브**로 선택하면 다음의 surface가 생성된다.

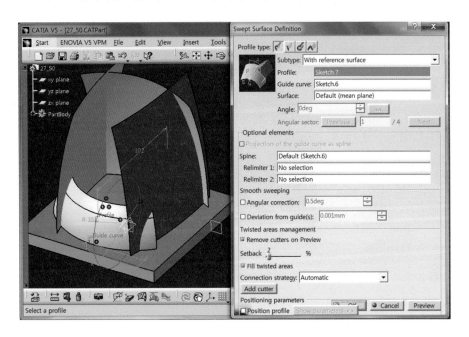

14 zx plane에 다음을 스케치하고 좌측 끝점은 반지름 35mm인 호 위의 점에 일치시킨다. 우측의 각 도는 90°−12°＝78°를 입력한다.

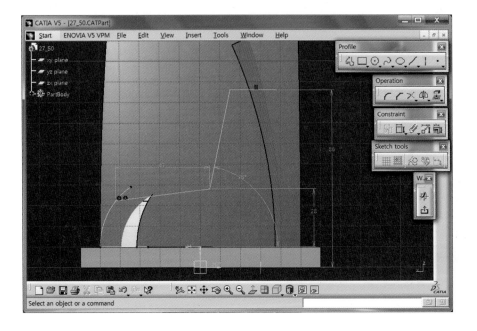

15 〈Extrude〉 기능을 선택하고 **Mirrored Extent** 옵션을 이용하여 양방향 45mm씩 생성한다.

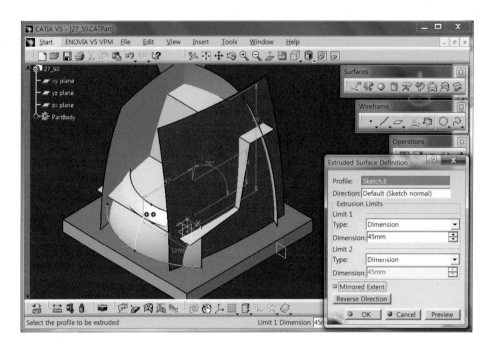

16 〈Trim〉 기능을 선택하고 세 개의 Sweep surface를 클릭한 다음 바깥 부분이 투명하게 되도록 대화창의 **Element**를 클릭하고 OK 한다.

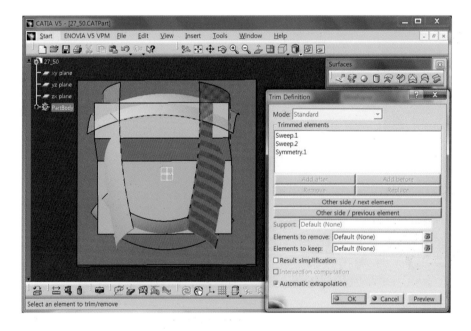

17 〈Trim〉 기능을 이용하여 같은 방법으로 Extrude surface와 sweep surface를 다듬어 준다.

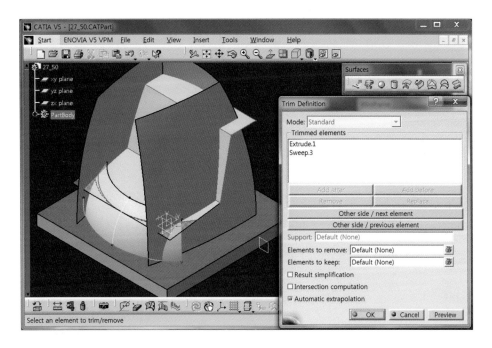

18 〈Trim〉 기능을 이용하여 같은 방법으로 두 Trim surface를 다듬어 준다.

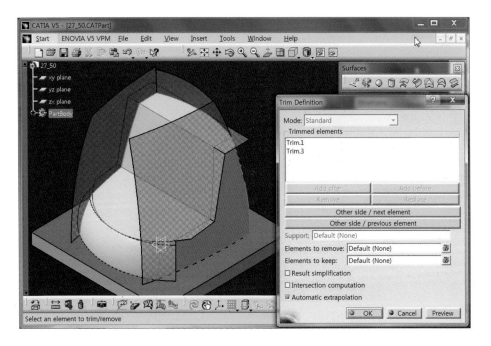

19 Start / Mechanical Design / Part Design으로 들어가 〈Close Surface〉를 선택하고 생성된 Trim surface를 클릭하여 solid로 채우고 surface는 〈Hide〉 한다.

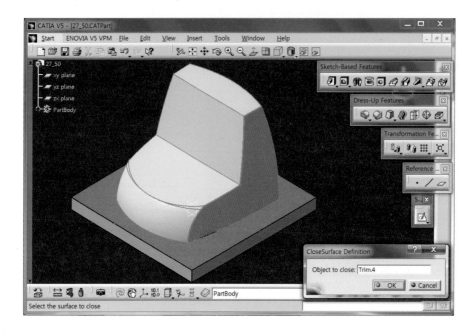

20 zx plane에 다음과 같이 스케치한다.

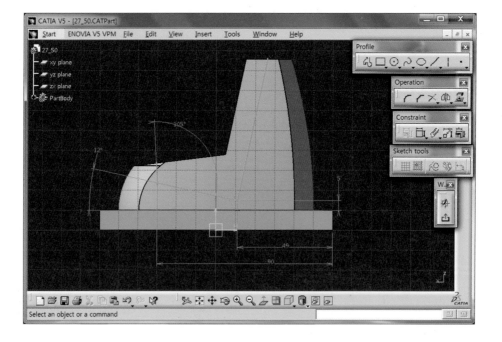

21 〈Pocket〉 기능을 선택하고 **Mirrored Extent** 옵션을 이용하여 양방향 22.5mm씩 제거한다.

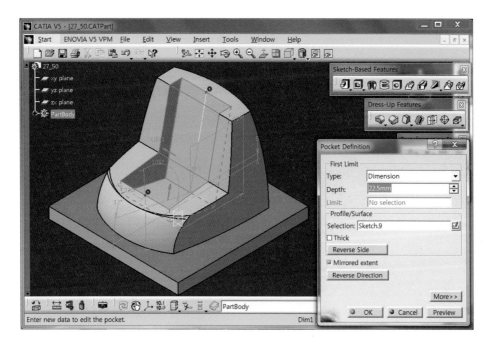

22 〈Draft Angle〉 기능을 선택하여 **구배각도 2°**를 입력한 다음, **구배면**으로 양 옆면을 지정한다. **중립면**으로 파란색의 바닥면을 클릭하고 **화살표 머리**를 눌러 방향이 위로 향하도록 한다.

23 〈Edge Fillet〉 기능을 선택하여 두 모서리에 반지름 20mm인 라운딩을 생성한다.

24 〈Edge Fillet〉 기능으로 두 모서리에 반지름 15mm인 라운딩을 생성한다.

25 〈Edge Fillet〉기능으로 세 모서리에 반지름 3mm인 라운딩을 생성한다.

26 〈Edge Fillet〉기능으로 연속된 한 개의 모서리에 반지름 5mm인 라운딩을 생성한다.

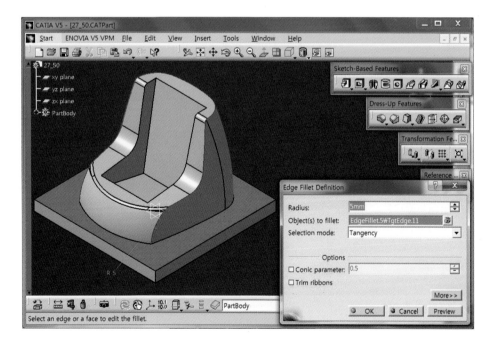

27 〈Edge Fillet〉 기능으로 12개의 모서리에 반지름 3mm인 라운딩을 생성한다.

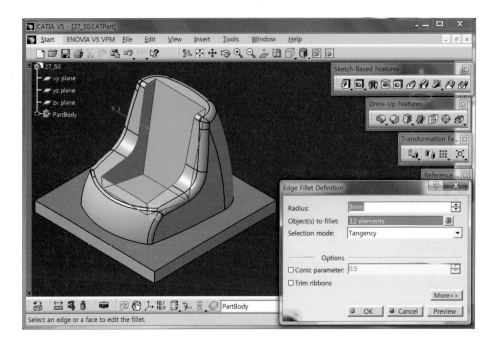

28 다음은 완성된 모델링 형상이다.

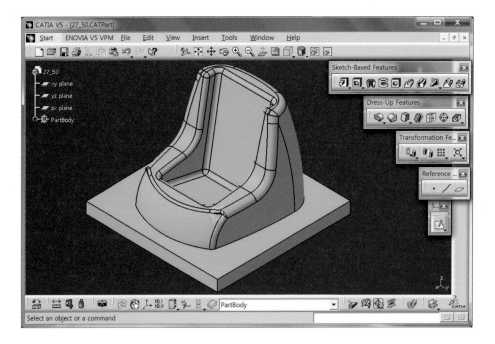

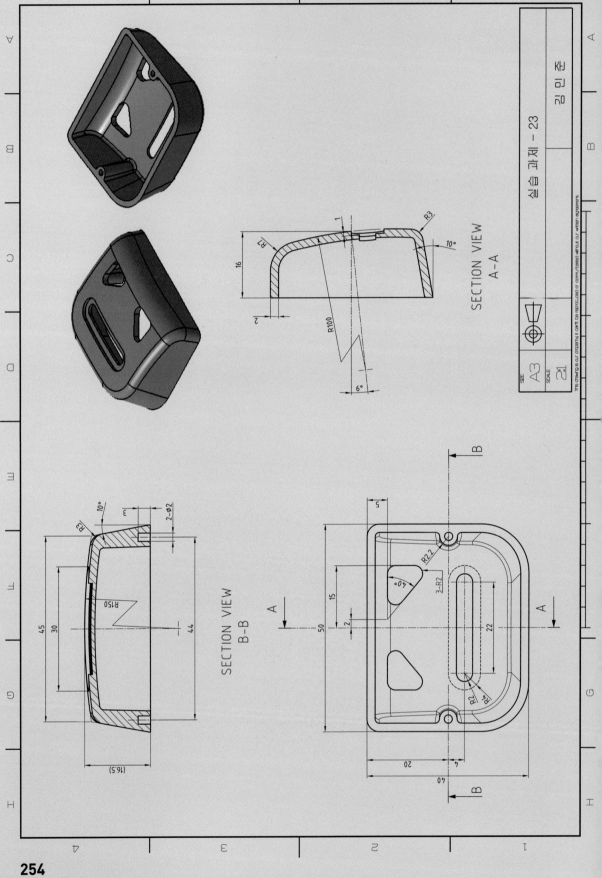

SECTION VIEW
A-A

SECTION VIEW
B-B

23 실습과제 – 23

01 xy plane에 좌우대칭인 다음의 사각형을 스케치한다.

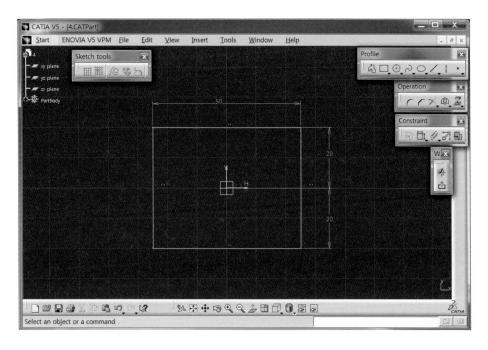

02 zx plane에 호의 중심이 V축과 일치하도록 반지름 150mm인 호를 스케치한다. 호의 길이는 Sketch.1보다 약간 크게 한다.

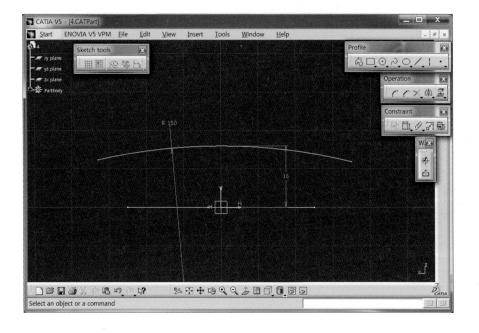

03 yz plane을 스케치 면으로 들어가 〈Intersect 3D Element〉 기능을 선택하고 반지름 150mm인 호를 클릭하여 점을 생성한다.

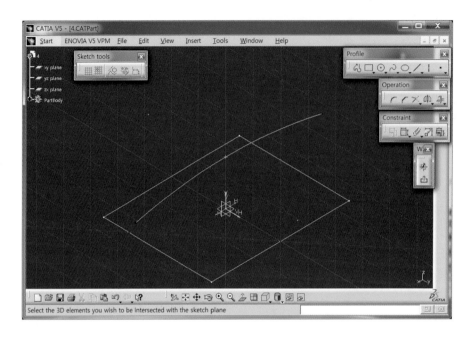

04 생성된 점을 지나도록 반지름 100mm인 호를 그리고 생성된 점과 호의 중심점을 잇는 점선을 스케치하여 각도 6°를 만든다.

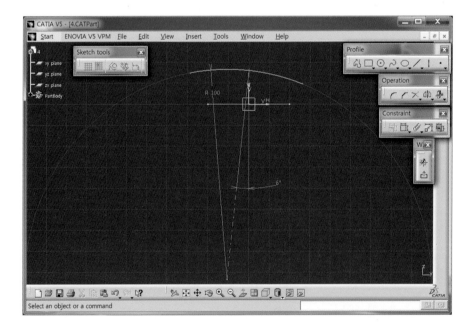

05 Start / Mechanical Design / Wireframe & Surface Design으로 들어가 〈Sweep〉 기능을 선택하고, 반지름 100mm인 호를 Profile로, 반지름 150mm인 호를 Guide curve로 지정하여 surface를 생성한다.

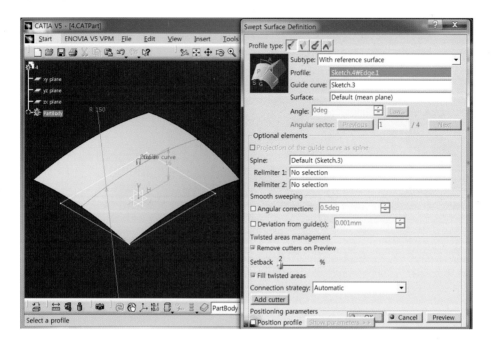

06 Start / Mechanical Design / Part Design으로 들어가 〈Pad〉 기능을 선택하고, Up to surface Type을 설정한 다음 스케치 단면으로 Sketch.1을 지정한다.

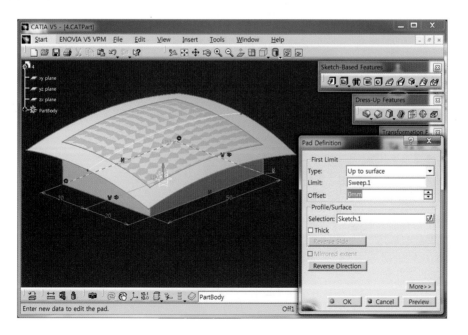

07 Surface를 〈Hide〉하고 〈Draft Angle〉기능을 선택하여 **구배각도** 10°를 입력한 다음, **구배면**으로 세 개의 옆면을 지정한다. **중립면**으로 바닥면을 클릭하고 **화살표 머리**를 눌러 방향이 위로 향하도록 한다.

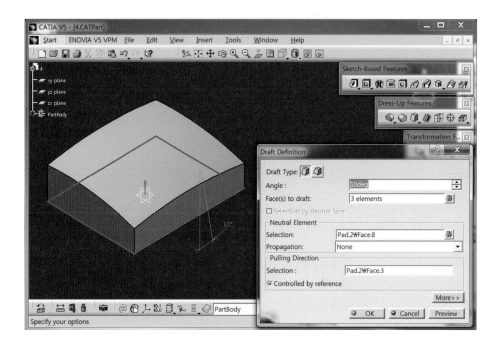

08 〈Edge Fillet〉기능을 선택하여 두 모서리에 반지름 12mm인 라운딩을 생성한다.

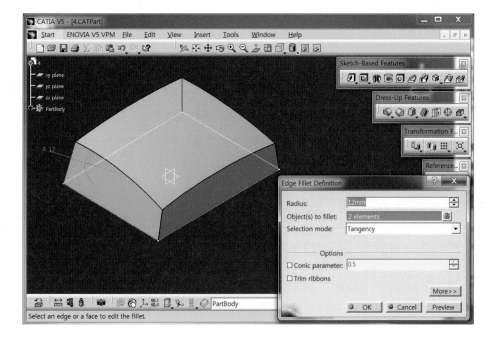

09 〈Edge Fillet〉 기능을 선택하여 한 개의 모서리에 반지름 7mm인 라운딩을 생성한다.

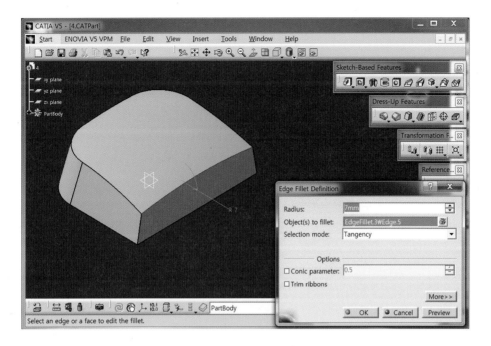

10 〈Edge Fillet〉 기능을 선택하여 tangent하게 연결된 모서리에 반지름 3mm인 라운딩을 생성한다.

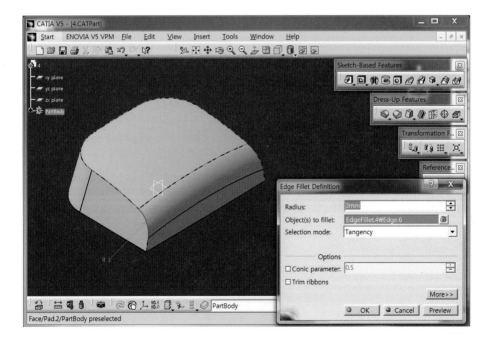

11 〈Shell〉 기능을 선택하여 안쪽 두께 2mm를 입력하고 **제거할 면**으로 바닥면을 지정한다.

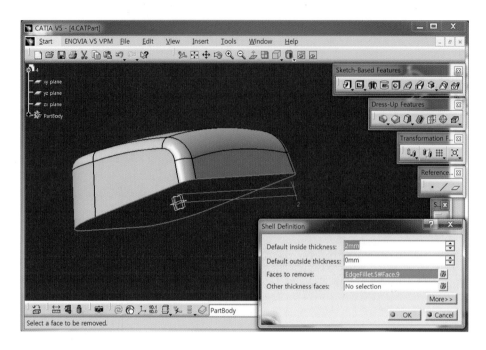

12 Wireframe & Surface Design으로 들어가 〈Offset〉 기능을 선택하고 **기준면**으로 맨 위의 곡면을 클릭한 다음 간격 1mm를 입력한다.

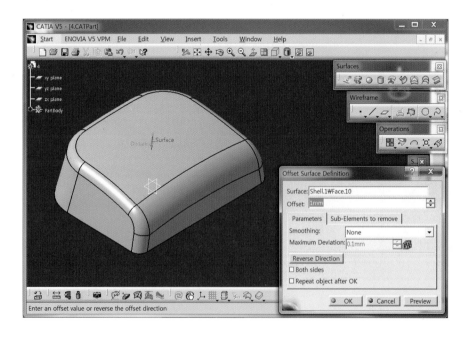

13 〈Plane〉 기능을 이용하여 xy plane의 위 방향으로 20mm 평행한 지점에 plane을 생성한다.

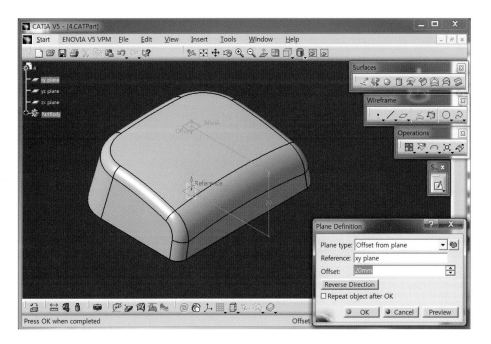

14 생성된 plane에 〈Profile〉 기능으로 다음을 스케치하고 좌우 **대칭조건**을 준다.

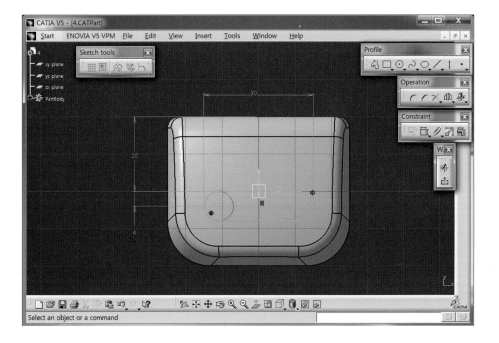

15 Part Design으로 들어가 〈Pocket〉 기능을 선택하고 Up to surface Type을 설정한 다음 Offset surface를 지정하여 곡면까지 제거한다.

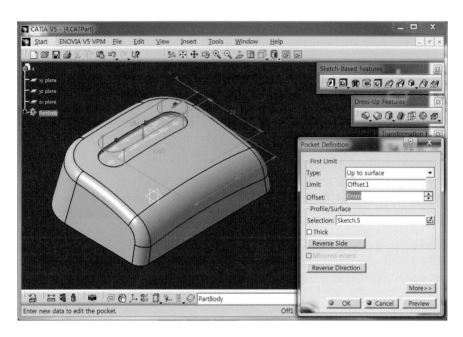

16 생성된 plane을 스케치 면으로 하여 〈Profile〉 기능으로 다음을 스케치하고 간격 2mm를 입력한다.

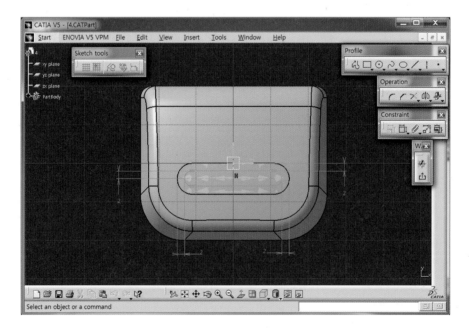

17 offset surface를 〈Hide〉 하고 〈Pocket〉 기능을 선택하여 **Up to last Type**으로 제거한다.

18 생성된 plane을 스케치 면으로 하여 〈Profile〉 기능과 〈Corner〉 기능으로 다음을 스케치한다.

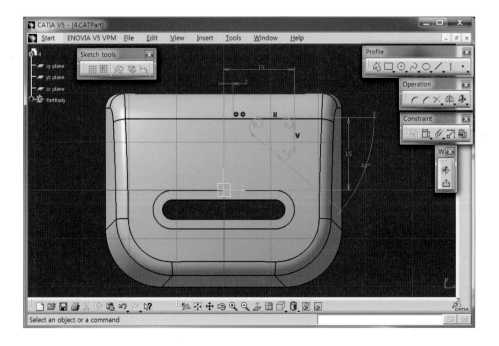

19 〈Pocket〉 기능의 **Up to last Type**으로 다음과 같이 제거한다.

20 19번에서 생성된 pocket을 선택하고 〈Mirror〉 기능을 클릭한 다음 **대칭면**으로 yz plane을 지정한다.

21 Wireframe & Surface Design으로 들어가 〈Extract〉 기능을 선택하고, **전파유형**을 Tangent Continuity로 설정하고 곡면을 클릭하면 다음과 같이 surface가 복사된다.

22 Part Design으로 들어가 zx plane을 스케치 면으로 하여 다음의 회전단면을 스케치하고 좌측 수직선에 일치하는 Axis를 그려준다.

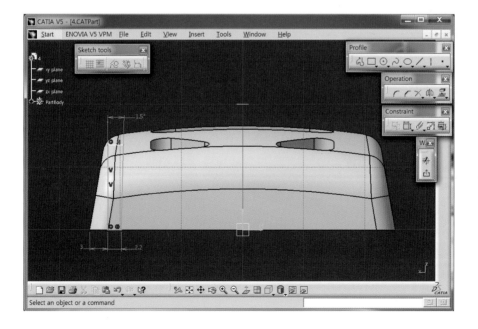

23 〈Shaft〉 기능으로 360° 회전시킨다.

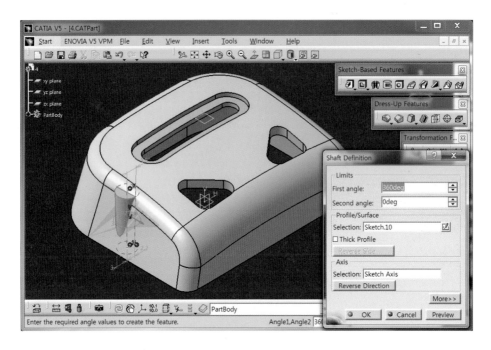

24 Shaft로 생성된 형상을 선택하고 〈Mirror〉 기능을 클릭한 다음 **대칭면**으로 yz plane을 지정하여 반대편에 대칭시킨다.

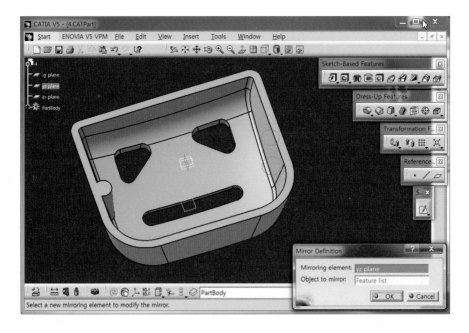

25 〈Split〉 기능을 선택하고 Extract surface를 클릭하여 **화살표 머리**를 누르고 **남길 부분**이 내부를 향하도록 하여 튀어나온 형상을 제거한다.

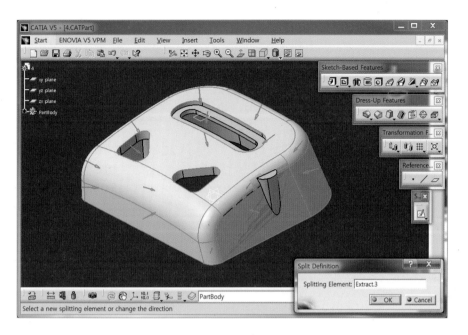

26 Extract surface를 〈Hide〉 하고 xy plane을 스케치 면으로 하여 두 개의 원을 그린다. 〈Symmetry〉 조건과 〈Concentricity〉 조건을 활용하여 다음과 같이 완성한다.

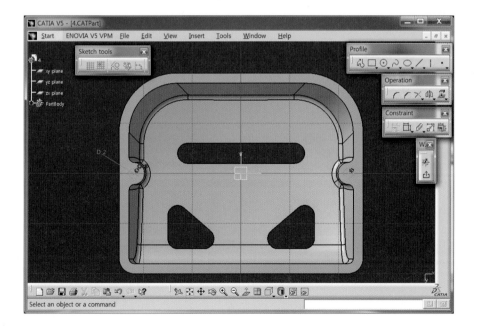

27 〈Pocket〉 기능으로 깊이 3mm를 제거한다.

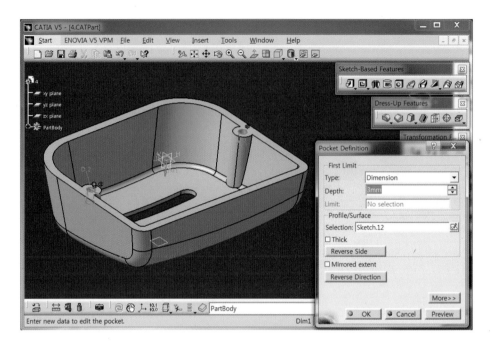

28 〈Edge Fillet〉 기능으로 연속된 두 모서리에 1mm씩 라운딩한다.

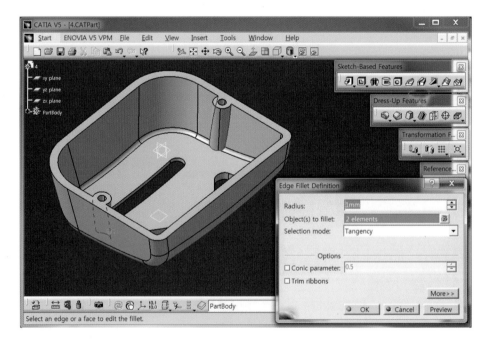

29 다음은 완성된 모델링 형상이다.

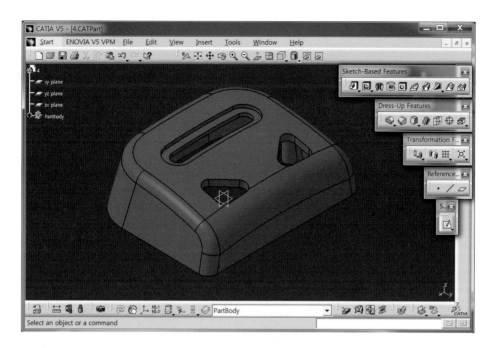

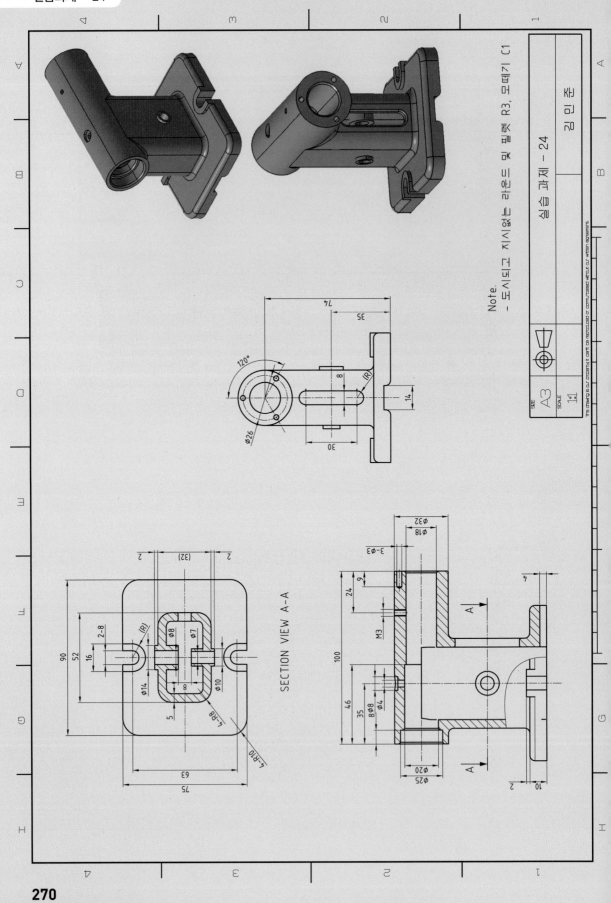

SECTION VIEW A-A

Note.
- 도시되고 지시없는 라운드 및 필렛 R3, 모떼기 C1

실습 과제 – 24

김 인 준

SIZE A3
SCALE 1:1

24 실습과제 – 24

01 xy plane에 다음과 같이 대칭인 단면을 스케치한다.

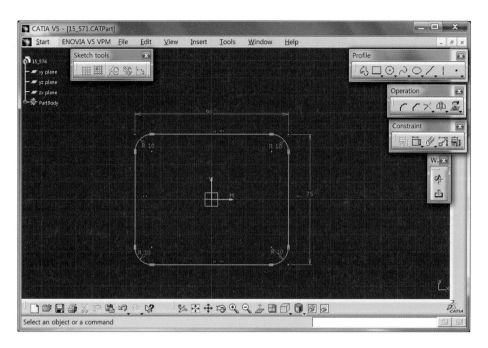

02 〈Pad〉 기능으로 들어가 두께 10mm를 생성한다.

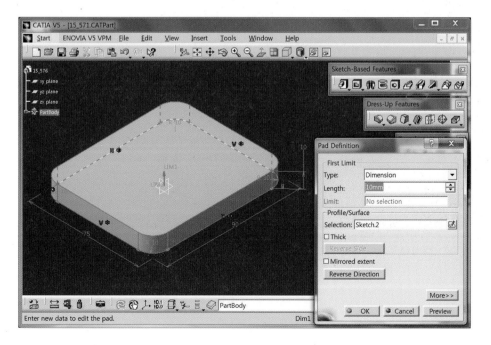

03 zx plane에 다음의 회전단면을 스케치하고 높이 74mm인 지점에 회전축을 생성한다.

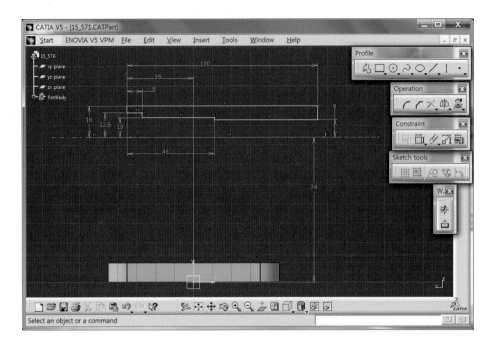

04 〈Shaft〉 기능을 이용하여 360° 회전시켜 생성한다.

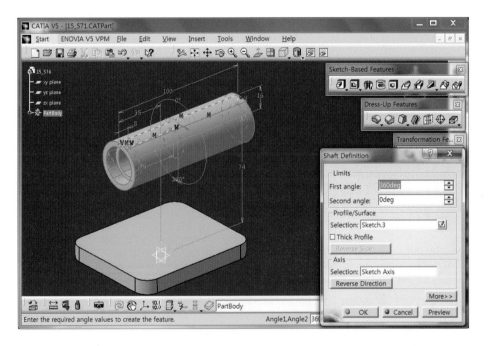

05 Pad의 윗면에 다음의 스케치를 완성한다.

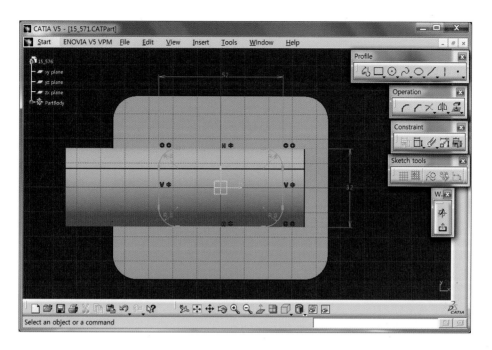

06 〈Pad〉 기능으로 들어가 원기둥 방향으로 **Up to next Type**을 생성하고, 단면 프로파일은 **Thick** 버튼을 눌러 안쪽 방향으로 5mm의 두께를 입력한다.

07 〈View〉 도구막대에서 Shading 상태를 〈Wireframe〉으로 하고, 〈Project 3D Elements〉 기능을 선택한 다음, 노란색 선을 모두 클릭한다.

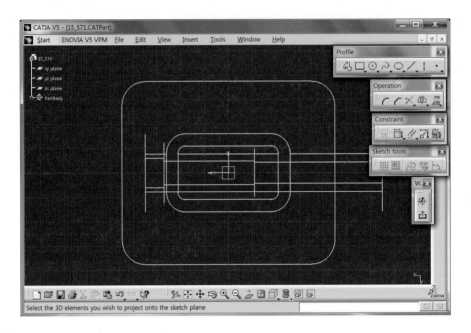

08 Shading 상태를 〈Shading with Edge〉로 설정을 변경하고, 〈Pocket〉 기능으로 원기둥 중심축까지의 높이인 74mm까지 제거한다.

09 xy plane에 다음과 같이 상하 대칭인 단면을 스케치한다. 양쪽 끝단의 치수는 기입하지 않아도 된다.

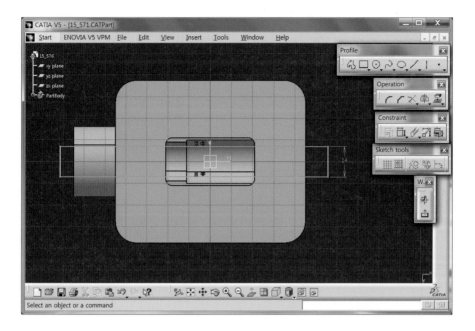

10 〈Pocket〉 기능으로 들어가 위 방향으로 두께 4mm만큼 제거한다.

11 패널의 윗면에 다음을 스케치하고, 호의 중심을 V축에 일치시킨다.

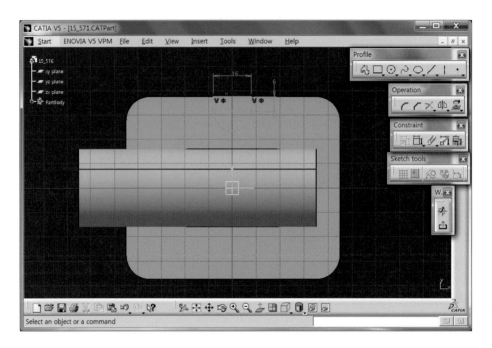

12 〈Pad〉 기능으로 들어가 두께 2mm를 생성한다.

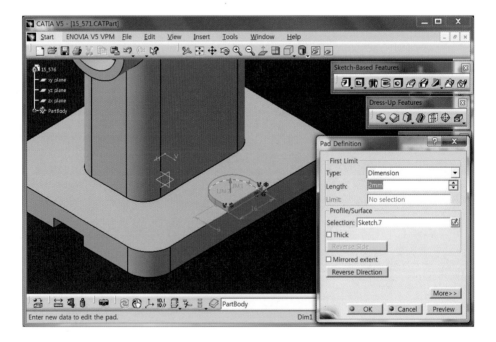

13 생성된 Pad의 윗면을 스케치 면으로 들어가 〈Offset〉 기능을 이용하여 4mm 간격으로 다음과 같이
생성한다.

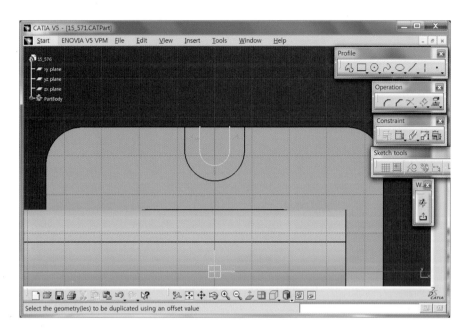

14 Ctrl 버튼을 누르고 생성된 pad와 pocket을 선택한 다음 〈Mirror〉 아이콘을 누르고 **대칭면**으로 zx
plane을 선택한다.

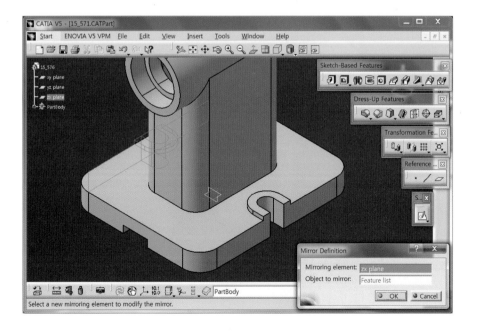

15 갈색 면을 스케치 면으로 하여 〈Elongated Hole〉 기능으로 다음과 같이 스케치한다.

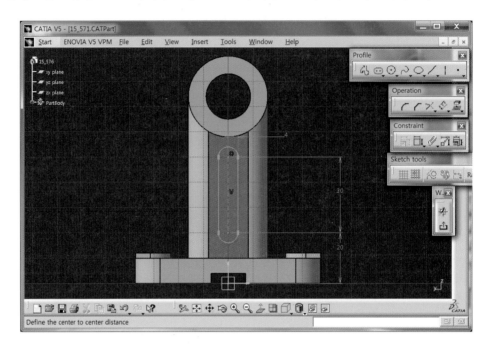

16 〈Pocket〉 기능의 **Up to next Type**으로 다음 면까지 제거한다.

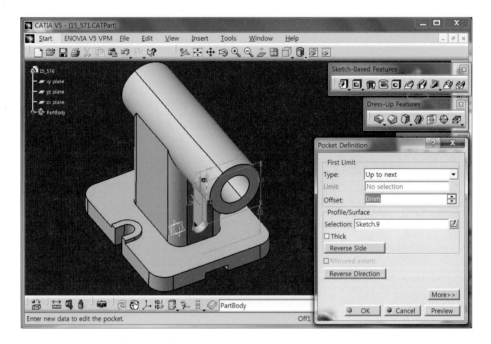

17 zx plane에 다음의 회전단면을 스케치하고, 우측의 24mm인 지점에 회전축을 생성한다.

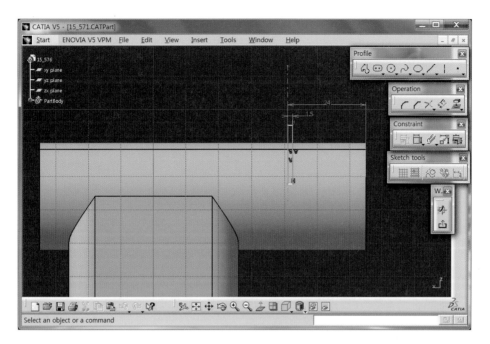

18 ⟨Groove⟩ 기능을 이용하여 360° 회전시켜 제거한다.

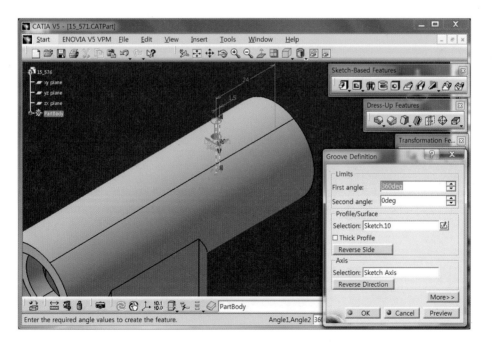

19 같은 방법으로 zx plane에 다음의 회전단면을 스케치하고, 〈Groove〉 기능으로 360° 회전시켜 제 거한다.

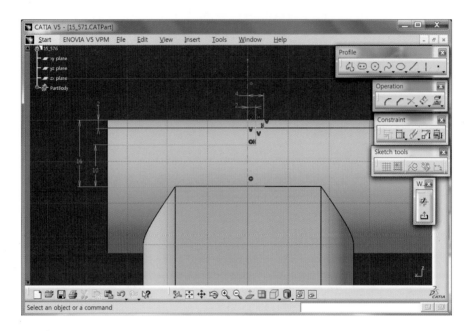

20 원기둥 우측 면에 점선으로 된 원을 스케치하고, 바깥쪽 원과 〈Concentricity〉 조건을 준 다음 중 심이 일치하는 작은 원을 생성하고 〈Pocket〉 기능으로 9mm 파낸다.

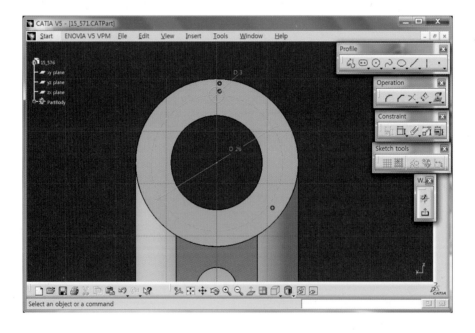

21 Pocket을 선택한 다음 〈Circular Pattern〉 기능으로 들어가 **No selection**을 클릭하고 원기둥의 내부나 외부 곡면을 클릭한다. 그 다음 **Instance & angular spacing**을 설정하고 120° 간격으로 3개의 원형 패턴을 생성한다.

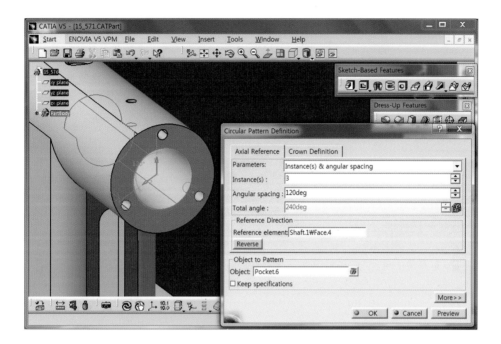

22 〈Edge Fillet〉 기능으로 들어가 홈 내, 외부의 두 모서리에 1mm로 라운딩한다.

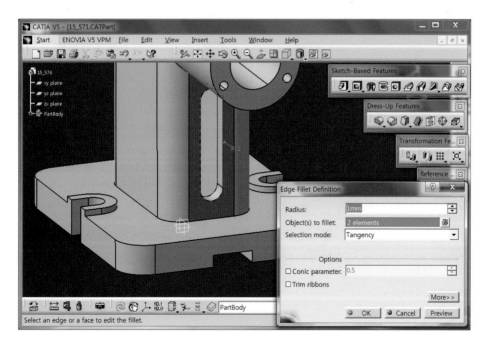

23 〈Edge Fillet〉 기능으로 다음 9개의 모서리에 3mm로 라운딩한다.

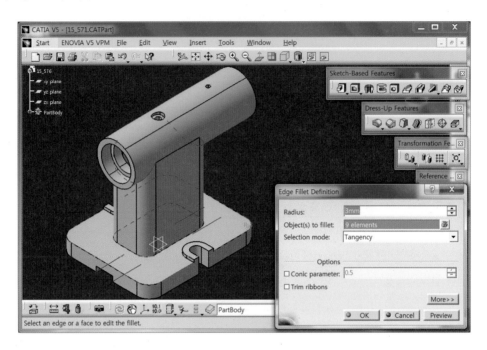

24 〈Chamfer〉 기능을 선택하여 구멍 안쪽 세 모서리에 **Length1 / Angle** 타입으로 1mm의 모따기를 생성한다.

25 사각기둥 옆면에 다음과 같이 원을 스케치한다.

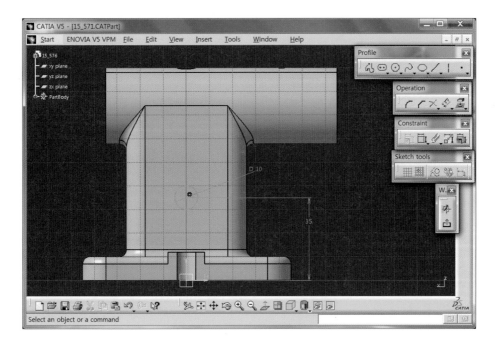

26 〈Pad〉 기능으로 들어가 안쪽으로 12mm, 바깥쪽으로 2mm인 원기둥을 생성한다.

27 생성된 원기둥의 평면 부분에 원을 스케치하고 두 원에 〈Concentricity〉 조건을 준다.

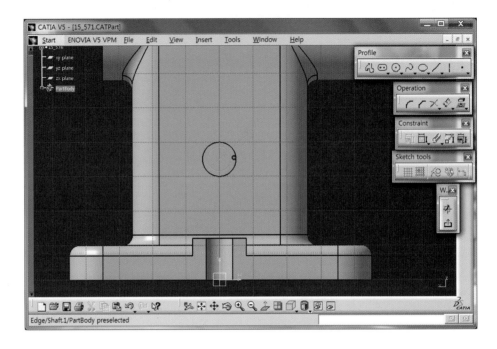

28 〈Pocket〉 기능의 **Up to next Type**으로 다음 면까지 제거한다.

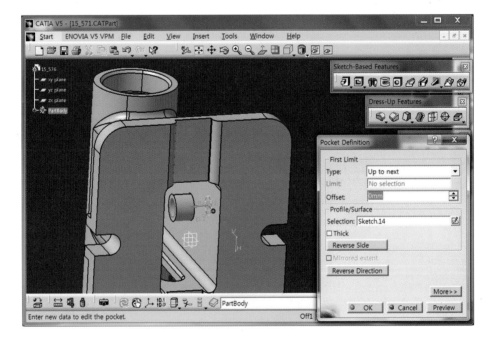

29 사각기둥의 반대편에 다음과 같이 원을 스케치한다.

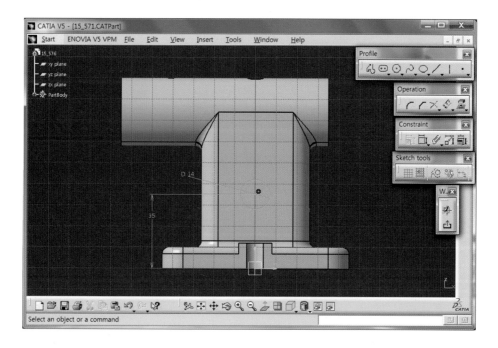

30 〈Pad〉 기능으로 들어가 안쪽으로 12mm, 바깥쪽으로 2mm인 원기둥을 생성한다.

31 생성된 원기둥의 평면 부분에 원을 스케치하고 두 원에 〈Concentricity〉 조건을 준다.

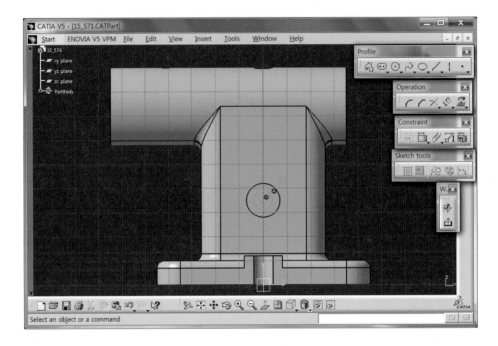

32 〈Pocket〉 기능의 **Up to next Type**으로 다음 면까지 제거한다.

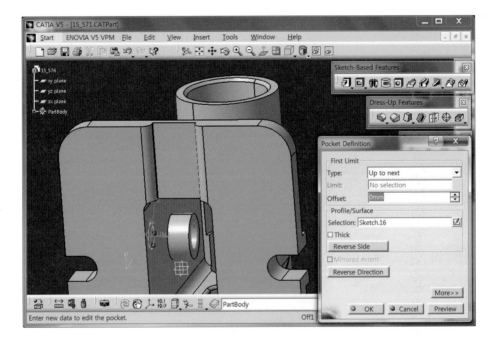

33 다음은 완성된 모델링 형상이다.

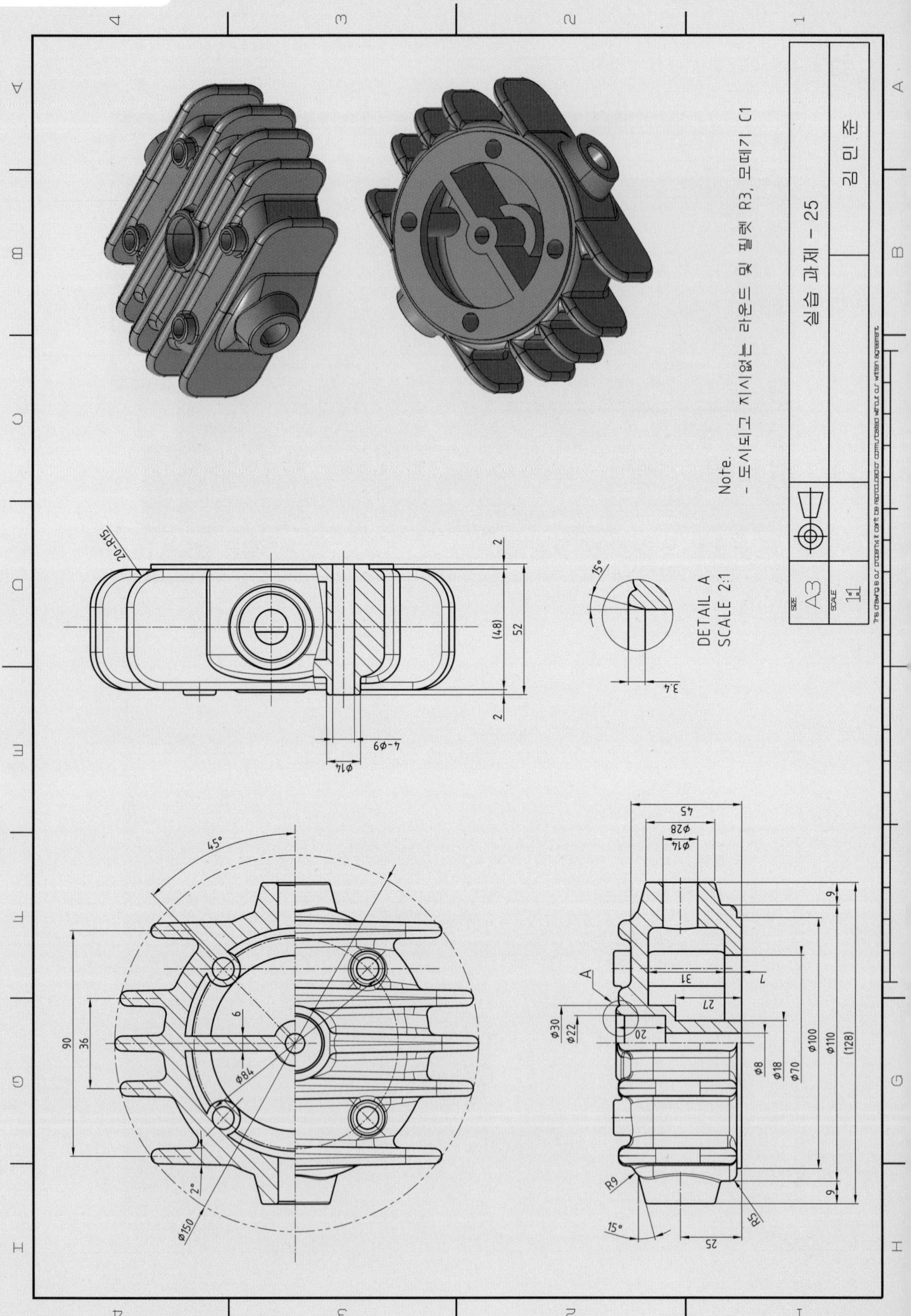

Note.
- 도시되고 지시없는 라운드 및 필렛 R3, 모떼기 C1
실습 과제 - 25
김 민 준
SIZE
A3
SCALE
1:1
DETAIL A
SCALE 2:1
20-R15
4-Ø9
Ø14
Ø150
Ø84
45°
90
36
2°
15°
R9
R5
Ø30
Ø22
Ø28
Ø100
Ø110
(128)
Ø70
Ø18
Ø8
(48)
52
3.4

25 실습과제 – 25

01 xy plane에 지름 150mm인 원과 세 개의 직선을 점선으로 스케치한다.

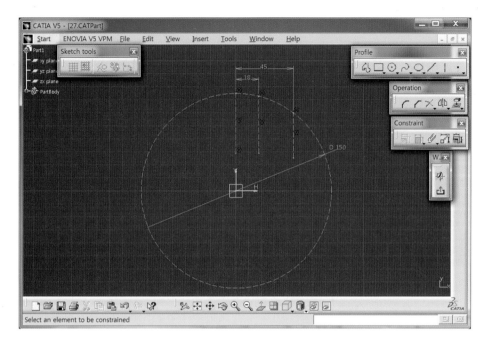

02 〈Profile〉 기능으로 다음의 사각형을 그리고 양쪽의 사선에 **대칭조건**을 준 다음, 윗변과 점선의 끝 점에 **일치조건**을 준다.

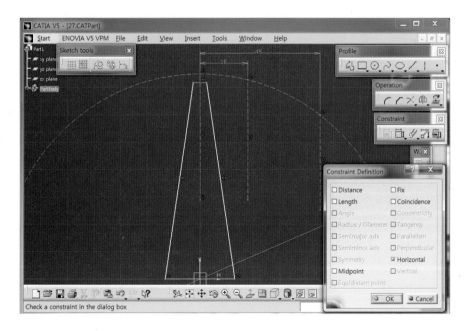

03 두 선의 사잇각 2°를 입력하고, 〈Tri – Tangent Circle〉 기능으로 원이 접하는 사각형의 세 모서리를 클릭하여 점선으로 된 원을 생성한다.

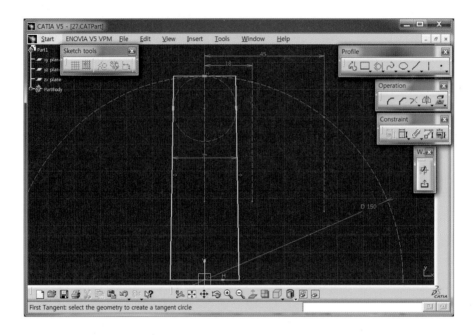

04 원의 반지름 3mm를 입력한다.

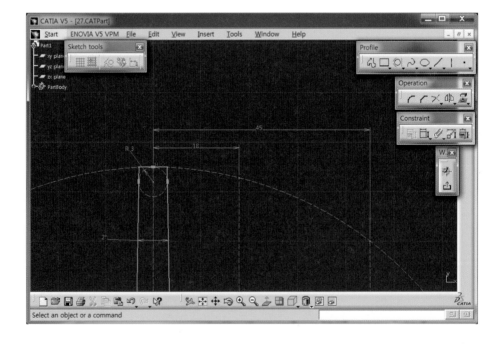

05 같은 방법으로 두 군데를 스케치한다.

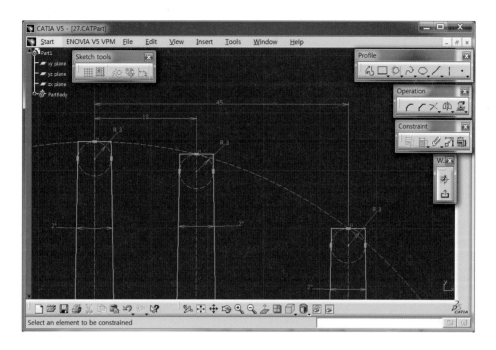

06 그림의 주황색 부분을 드래그하여 선택한 다음, 〈Mirror〉 기능을 클릭하고 **대칭축**으로 V축을 선택하여 반대편에도 같은 것을 생성한다.

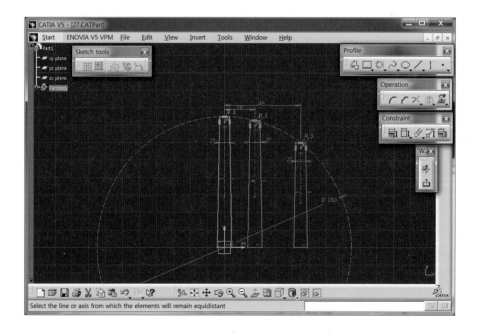

07 사각형의 밑변을 삭제한다.

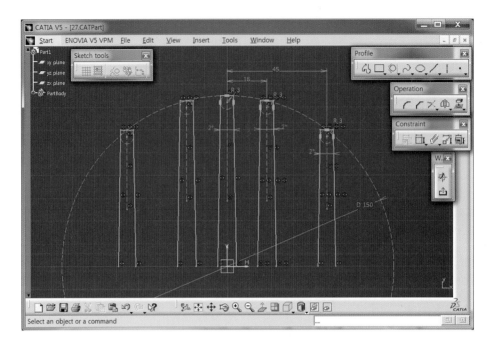

08 H축을 기준으로 전체를 아래쪽에 대칭시킨다.

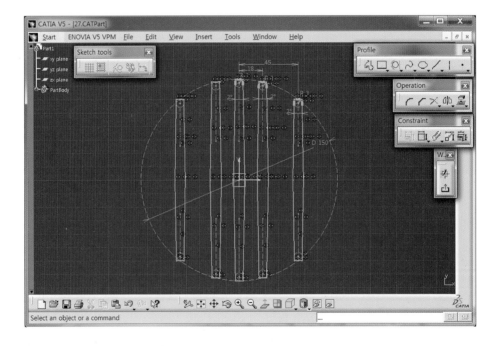

09 〈Pad〉 기능으로 들어가 두께 48mm를 생성한다.

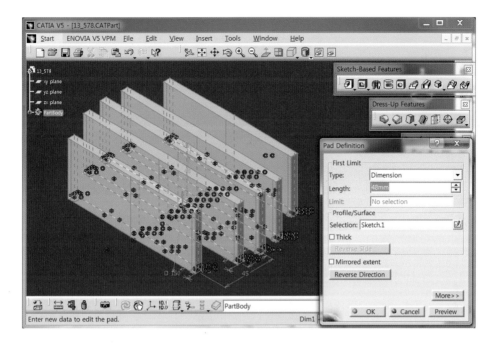

10 〈Edge Fillet〉 기능을 선택하여 다음의 모서리에 반지름 15mm인 라운딩을 생성한다.

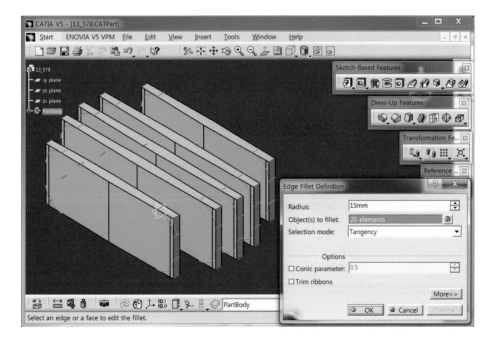

11 다음의 전체 모서리에 〈Edge Fillet〉 기능으로 반지름 3mm인 라운딩을 생성한다.

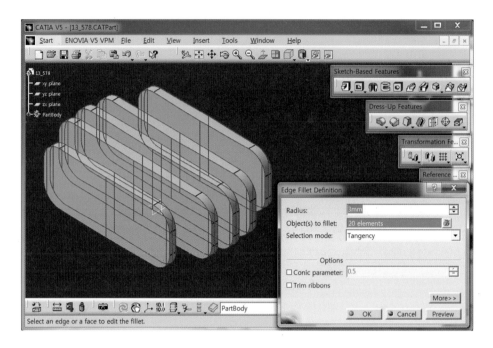

12 zx plane에 다음의 회전단면을 스케치하고 V축에 일치하는 축을 생성한다.

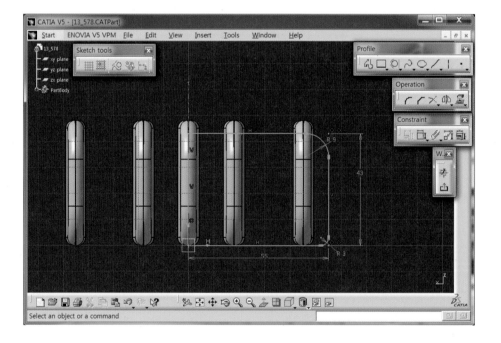

13 〈Shaft〉 기능을 이용하여 360° 회전시켜 생성한다.

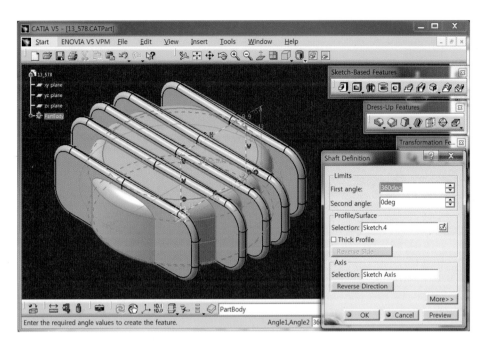

14 zx plane에 회전단면으로 사각형을 스케치하고, 그 밑변에 일치하는 회전축을 그린다.

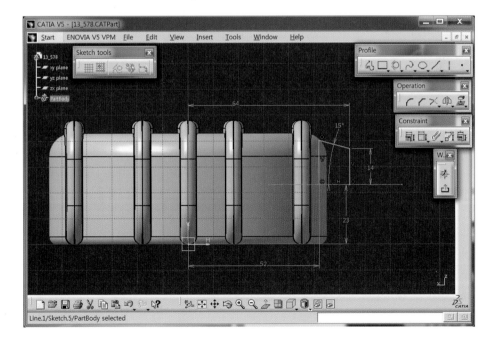

15 〈Shaft〉 기능을 이용하여 360° 회전시켜 생성한다.

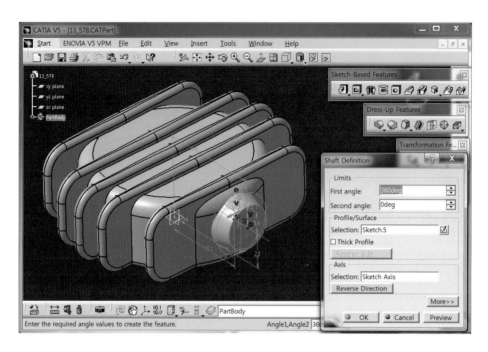

16 생성된 shaft를 선택하고 〈Mirror〉 기능을 클릭한 다음, **대칭면**으로 yz plane을 선택하여 반대편에도 생성한다.

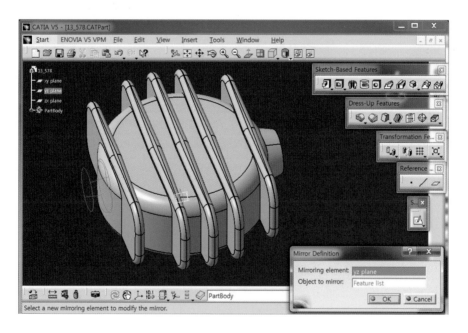

17 원기둥의 바닥면에 지름이 100mm인 원을 스케치한다.

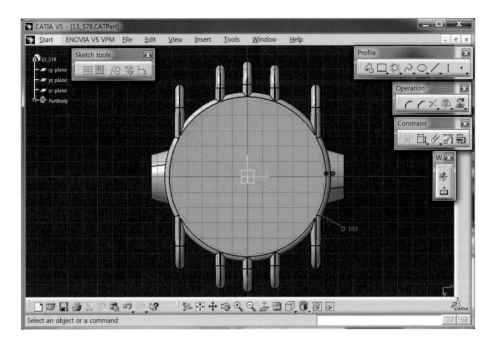

18 바닥쪽으로 두께 2mm를 생성한다.

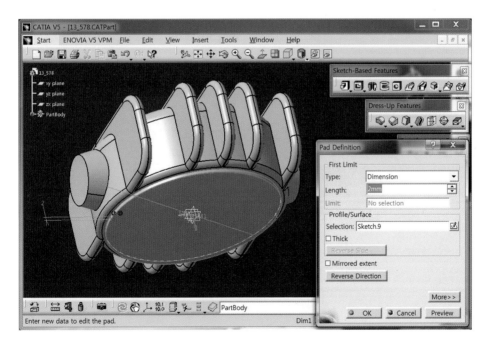

19 zx plane에 다음의 회전단면을 스케치하고 V축에 일치하는 회전축을 그린다.

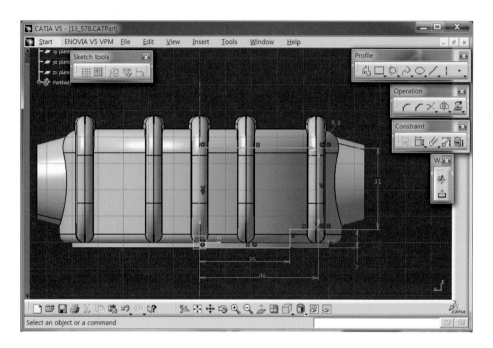

20 〈Groove〉 기능을 이용하여 360° 회전시켜 제거한다.

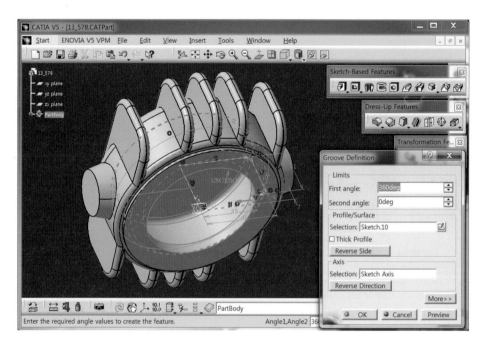

21 다음의 바닥면에 반지름 42mm인 원을 점선으로 스케치하고, 그 원에 중심이 일치하는 작은 원을 생성한다.

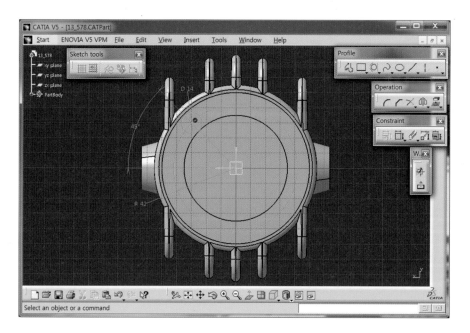

22 zx plane에 다음의 회전단면을 스케치하고, V축에 일치하는 회전축을 그린다.

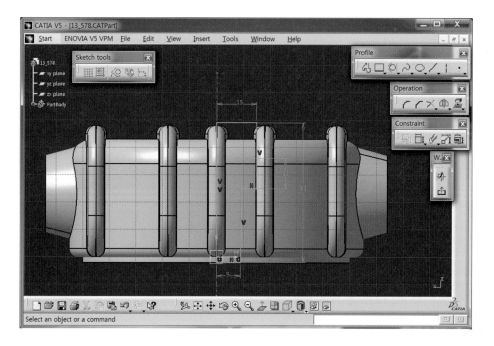

23 〈Shaft〉 기능을 이용하여 360° 회전시켜 생성한다.

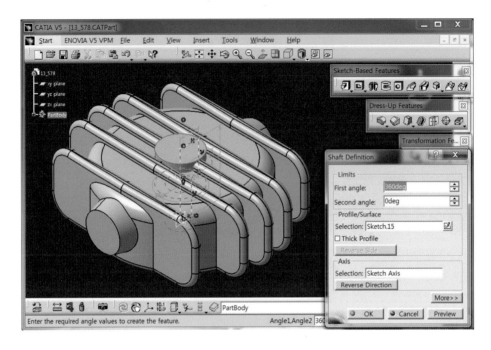

24 〈Edge Fillet〉 기능을 이용하여 다음의 모서리에 반지름 3mm인 라운딩을 생성한다.

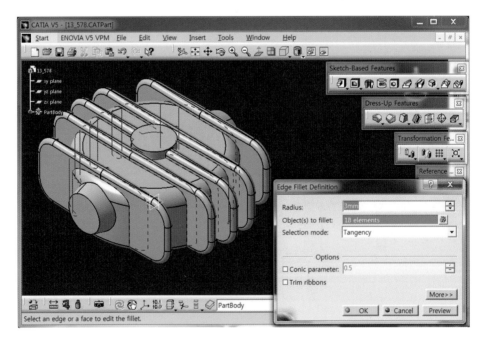

25 윗면 모서리에 반지름 2mm로 라운딩한다.

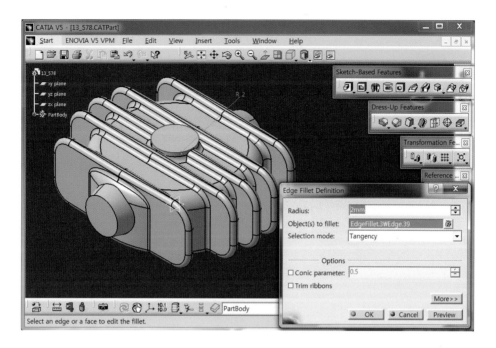

26 다음의 연결 부분에 반지름 3mm로 라운딩한다.

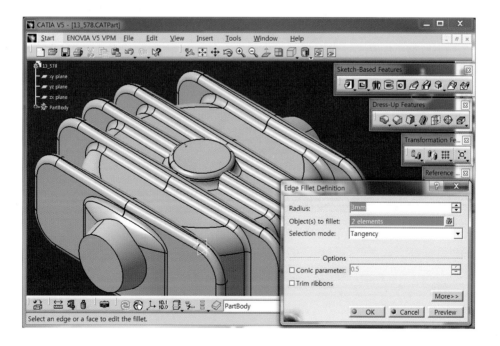

27 작은 원기둥의 윗면에 원을 스케치한다.

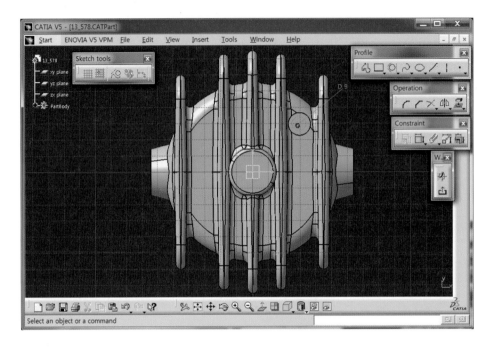

28 〈Pocket〉 기능의 **Up to last Type**으로 관통시킨다.

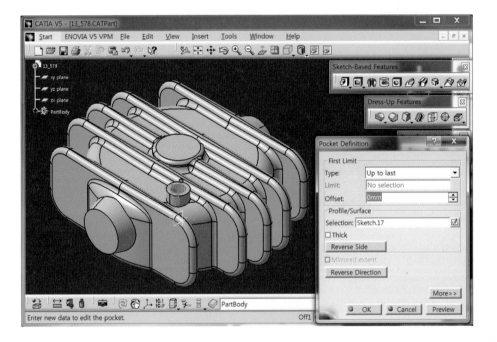

29 Ctrl 버튼을 누르고 생성된 pad와 pocket을 선택한 다음, 〈Circular Pattern〉 기능으로 들어가 No selection을 클릭하고 원기둥의 곡면을 클릭한다. 그 다음 Instance & angular spacing을 설정하고 90° 간격으로 4개의 원형 패턴을 생성한다.

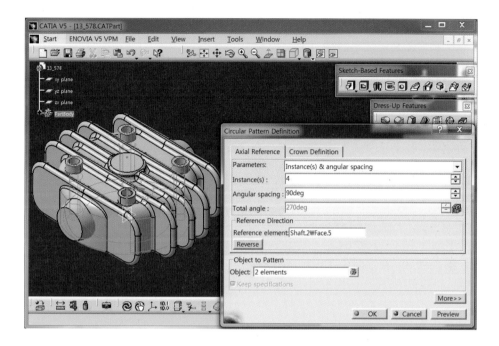

30 옆면에 다음의 원을 스케치한다.

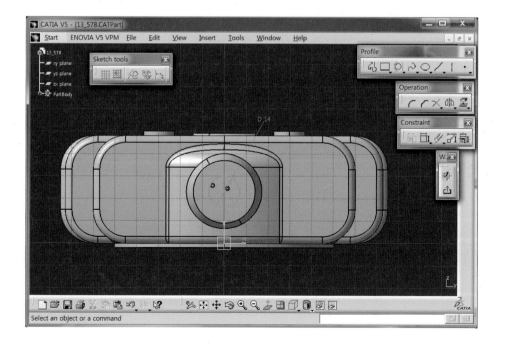

31 〈Pocket〉 기능의 **Up to next Type**으로 좌측을 관통시킨다.

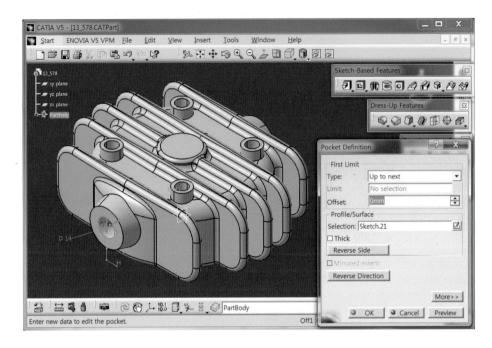

32 생성된 pocket을 선택하고 〈Mirror〉 기능을 클릭한 다음, **대칭면**으로 yz plane을 선택하여 반대편에도 생성한다.

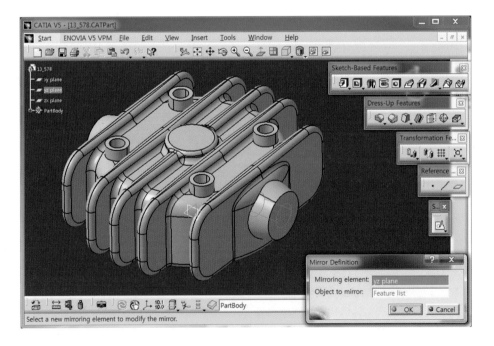

33 zx plane에 들어가 V축에 일치하는 직선을 스케치한다.

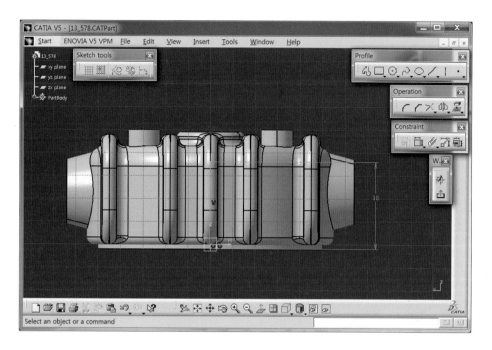

34 〈Pad〉 기능으로 들어가 Mirrored extent로 두께 46mm를 입력하고 Thick 버튼을 눌러 Thickness1, 2에 3mm를 준다.

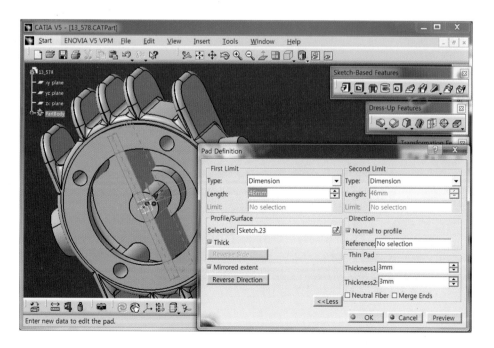

35 zx plane에 다음의 회전단면을 스케치하고 V축에 일치하는 회전축을 그린다.

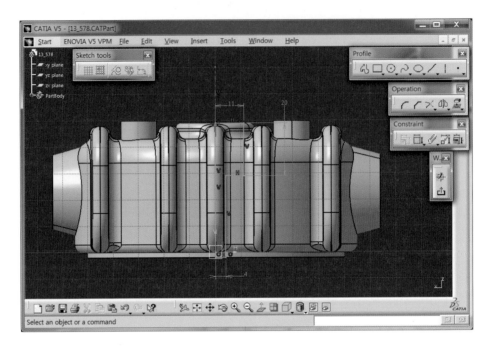

36 〈Groove〉 기능을 이용하여 360° 회전시켜 제거한다.

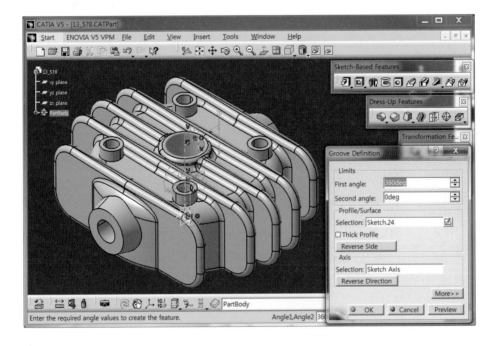

37 〈Chamfer〉 기능을 선택하여 구멍의 안쪽에 **Length1 / Angle** 타입으로 거리 3.4mm, 각도 15°를 입력한다.

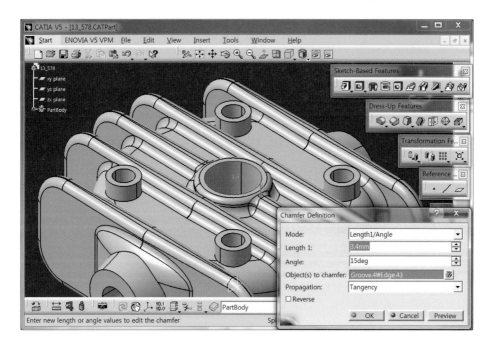

38 〈Edge Fillet〉 기능을 이용하여 다음의 모서리에 반지름 1mm인 라운딩을 생성한다.

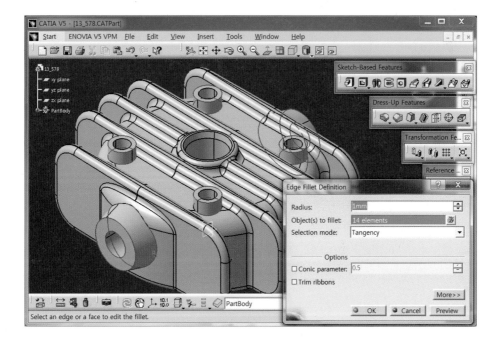

39 다음은 완성된 모델링 형상이다.

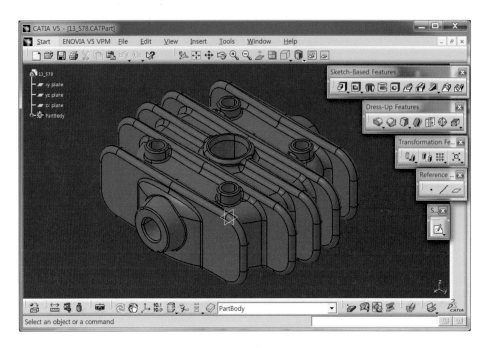

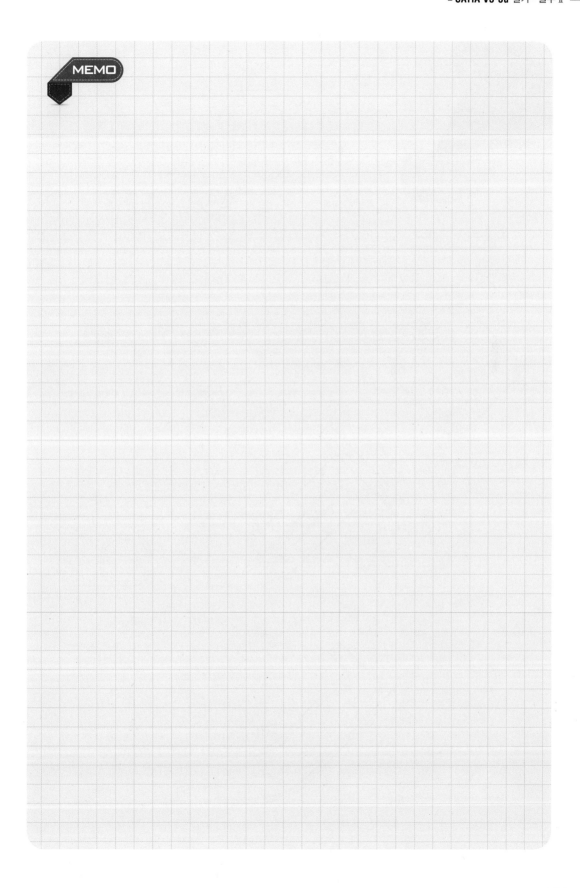

MEMO

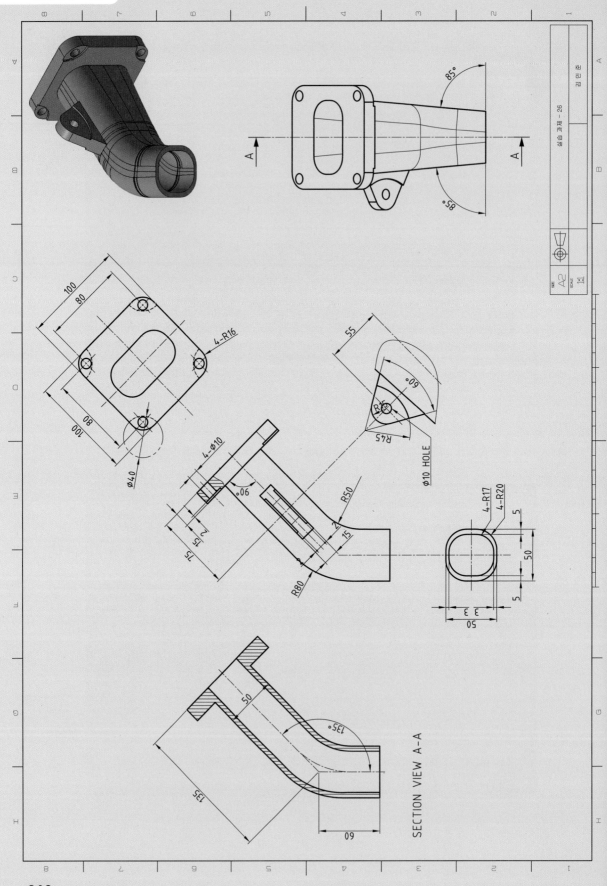

SECTION VIEW A–A

26 실습과제 – 26

01 xy plane에 다음의 커브를 스케치한다.

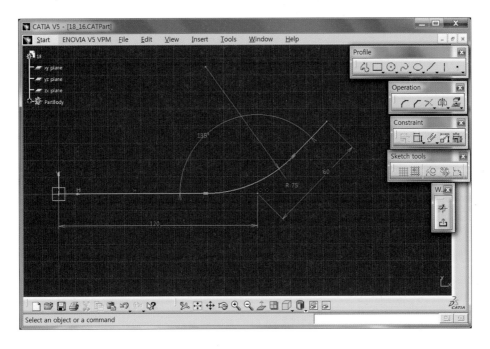

02 다시 xy plane에 들어가 간격이 25mm가 되도록 다음의 커브를 스케치한다. 우측 끝부분에는 〈Construction / Standard Element〉 버튼을 누르고 선을 그려 점선으로 만든 후 **평행조건**과 **직각조건**을 준다.

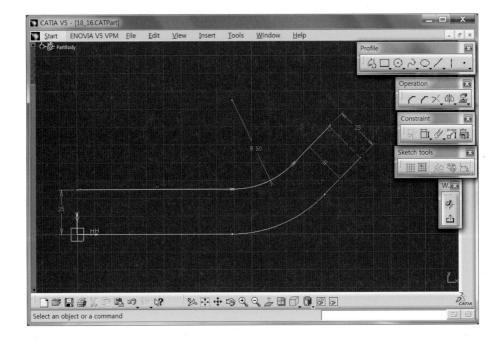

03 같은 방법으로 바깥쪽 방향으로 커브를 생성한다.

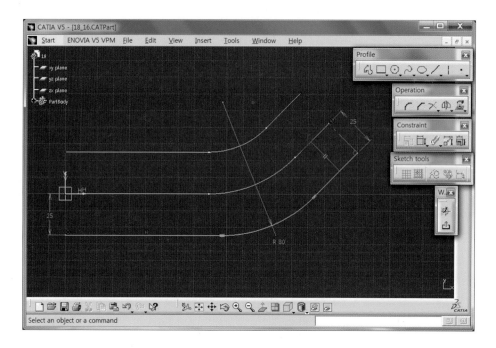

04 〈Plane〉 기능을 선택하여 **Normal to curve Type**을 설정하고 중간 커브를 클릭한 다음, plane이 놓일 위치로 그림의 끝점을 선택한다.

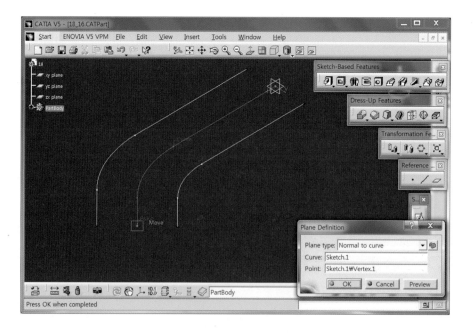

05 생성된 plane을 스케치 면으로 하여 사각형을 그리고 상하 직선은 **대칭조건**을 준다.

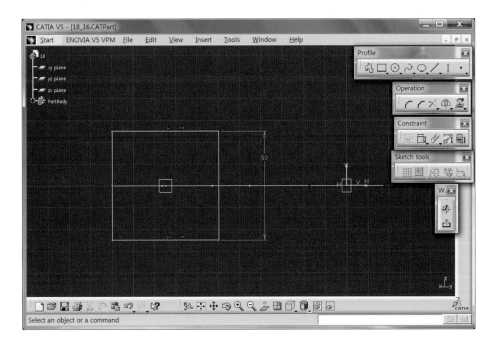

06 좌우 수직선은 화면을 회전시켜 양쪽 커브의 끝점과 **Coincidence**로 일치시킨다.

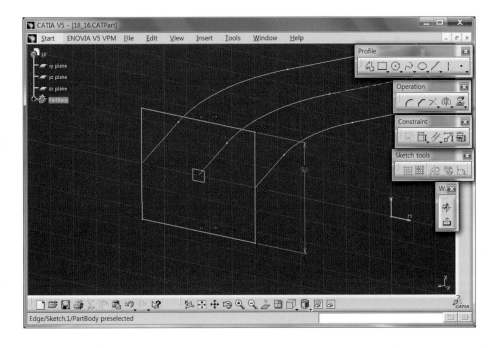

07 생성된 plane에 들어가 중간 커브의 끝점에서 수직하게 점선을 그어 사각형과 만나는 지점에
〈Point〉 기능으로 점을 만든다.

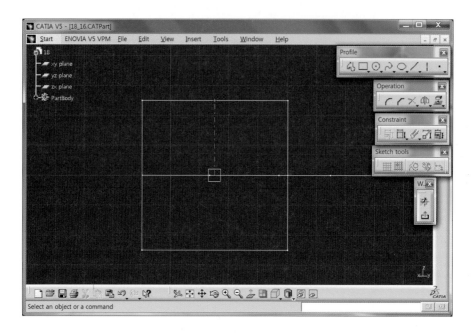

08 〈Plane〉 기능으로 들어가 **Through point and line Type**을 설정하여, 생성된 point와 중간 커브의
직선 부분을 선택하여 두 요소를 지나는 plane을 생성한다.

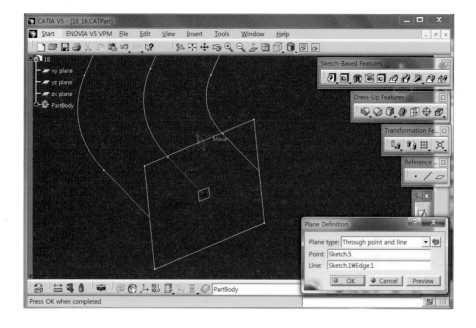

09 생성된 plane에 5° 기울어진 선을 그리고 양 끝점을 각각 V축과 Point에 일치시킨다.

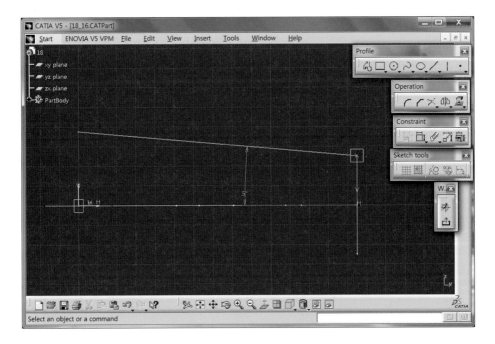

10 Start / Mechanical Design / Wireframe & Surface Design으로 들어가 〈Extrude〉 기능을 선택하여 뒤로 123mm인 surface를 생성한다.

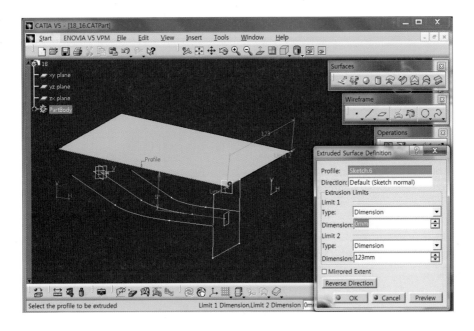

11 yz plane을 스케치 면으로 들어가 사각형을 그리고 사각형 윗변의 중간에 〈Point〉를 생성한 다음 V축과 **일치조건**을 준다. 양쪽의 수직선은 화면을 회전시켜 바깥쪽 커브의 끝점과 일치시키고, **상하 대칭조건**을 준다.

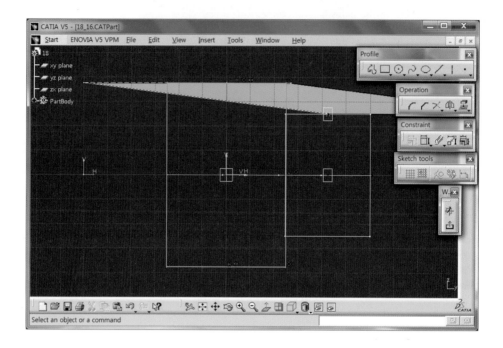

12 〈Projection〉 기능을 선택하고 **Along a direction Type**을 설정한 다음, **투영되는 커브**는 중간 커 브, **투영되는 면**은 Extrude surface, **방향**은 xy plane을 선택하여 투영 커브를 생성한다.

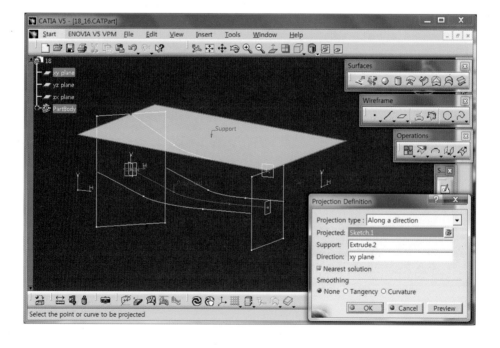

13 투영된 커브를 선택하고 〈Symmetry〉 기능으로 들어가 대칭면으로 xy plane을 선택하여 아래쪽
에 커브를 생성하고 surface는 〈Hide〉 한다.

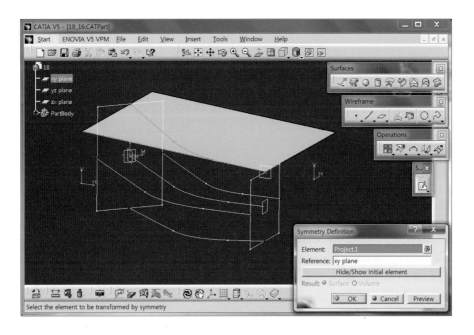

14 Start / Mechanical Design / Part Design으로 들어가 〈Multi – Sections Solid〉 기능을 선택하고,
단면으로 두 사각형을 클릭한 다음 Guide로는 중점을 잇는 4개의 커브를 선택한다. 단면이 꼬이
지 않도록 Closing point1, 2의 위치와 방향을 맞추어 준다.

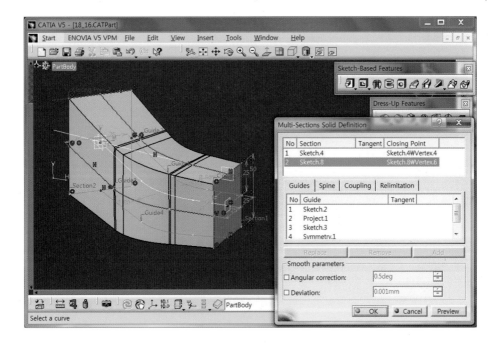

15 〈Shell〉 기능을 선택하고 두께 5mm를 입력한 다음, 제거할 면으로 양쪽 면을 클릭하고 상하의 갈색 면을 선택하여 두께 3mm를 준다.

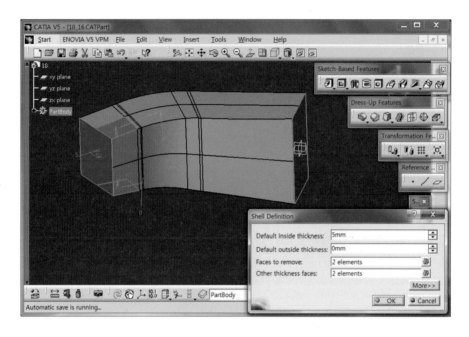

16 〈Edge Fillet〉 기능으로 안쪽 4개의 모서리에 17mm로 라운딩한다.

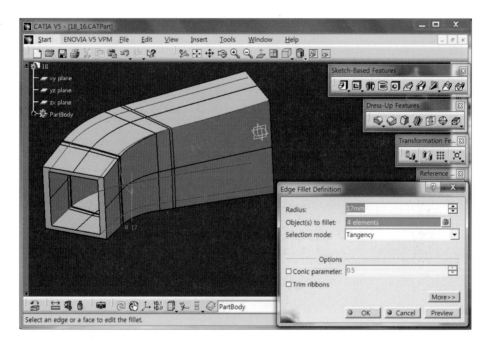

17 〈Edge Fillet〉 기능으로 바깥쪽 4개의 모서리에 20mm로 라운딩한다.

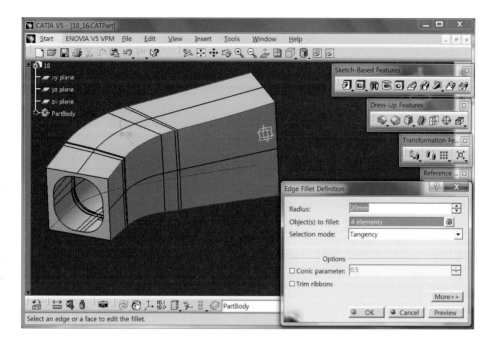

18 yz plane을 스케치 면으로 하여 대칭인 다음의 사각형을 스케치한다.

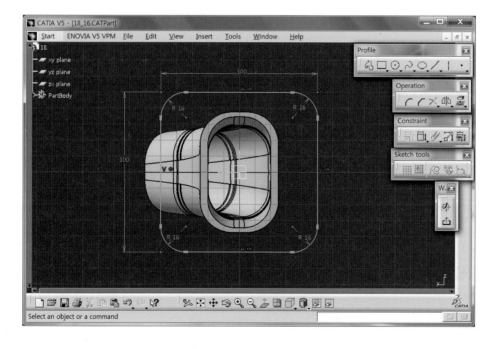

19 Start / Mechanical Design / Wireframe & Surface Design으로 들어가 〈Extract〉 기능을 선택하고
전파유형을 Tangent continuity로 설정한 다음, Shell 안쪽 면을 클릭하여 surface로 복사한다.

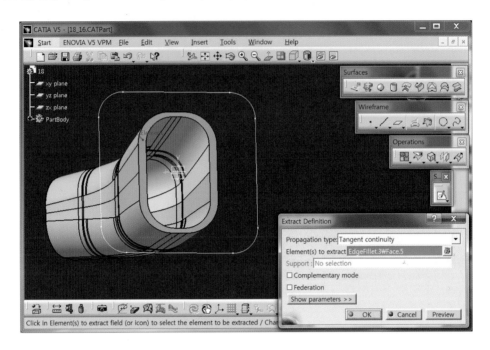

20 다시 〈Extract〉 기능을 이용하여 같은 방법으로 아래쪽에도 생성한다.

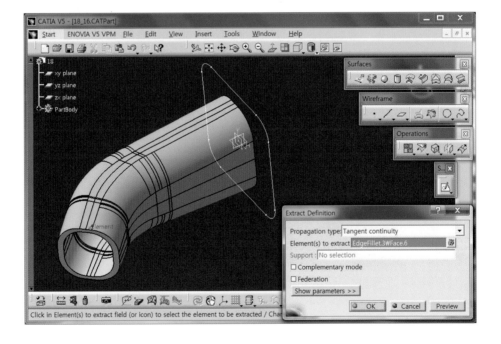

21 〈Join〉 기능을 클릭하고 두 개의 Extract surface를 선택하여 한 개의 요소로 통합시킨다. 안쪽 면이 한 개의 Extract surface로 생성된다면 Join 과정은 하지 않아도 된다.

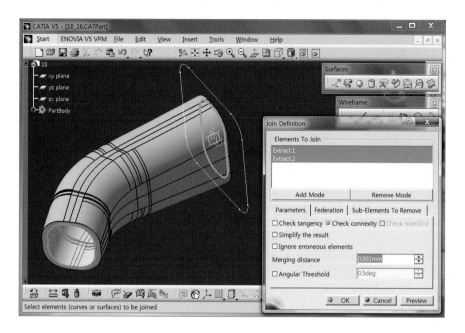

22 〈Extrapolate〉 기능을 선택하고 Boundary로 우측 모서리를 클릭한 다음, Length type으로 20mm를 입력하고 **전파모드**를 Tangency continuity로 하여 다음과 같이 연장한다.

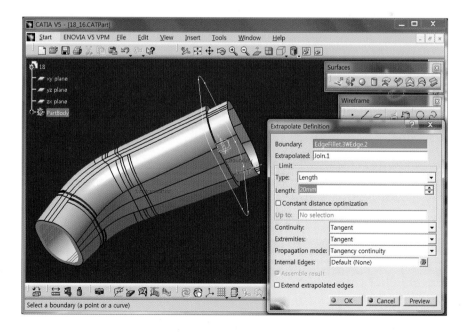

23 yz plane을 스케치 면으로 하여 Solid보다 약간 크게 사각형을 스케치한다.

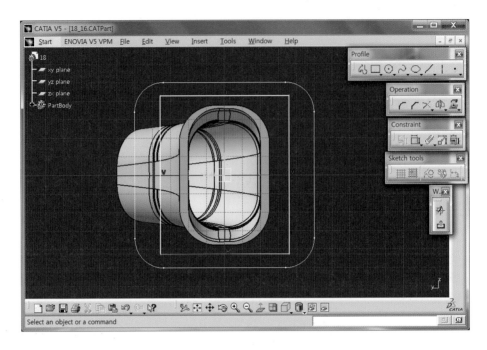

24 ⟨Fill⟩ 기능을 선택하고 생성된 스케치 형상을 **Boundary**로 클릭하여 사각형의 surface를 생성한다.

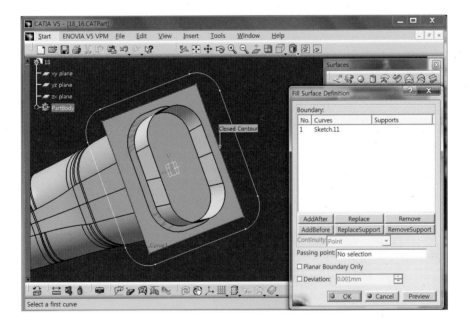

25 〈Trim〉 기능을 클릭하여 서로 교차하는 Fill surface와 Extrapolate surface를 선택한 다음, 두 개의 Element 버튼을 눌러 다음과 같이 노란색의 surface 부분이 남도록 하고 OK 버튼을 누른다.

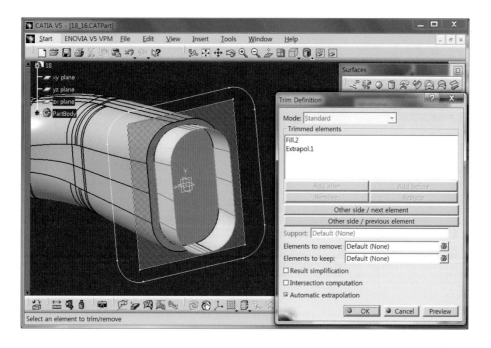

26 Start / Mechanical Design / Part Design으로 들어가 〈Pad〉 기능을 선택하여 우측으로 15mm의 두께를 생성한다.

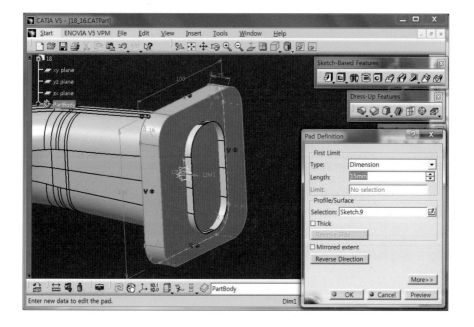

27 〈Split〉 기능을 선택하여 Trim surface를 클릭한 다음 **화살표 머리** 부분을 눌러 **남길 부분**이 바깥쪽을 향하도록 하여 안쪽을 파낸다.

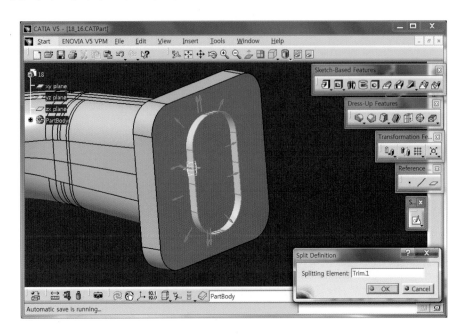

28 Split surface를 〈Hide〉 하고 갈색 면을 스케치 면으로 하여 다음의 원을 스케치한다.

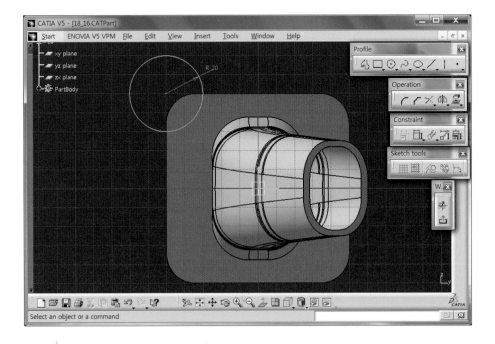

29 〈Pocket〉 기능으로 깊이 2mm를 제거한다.

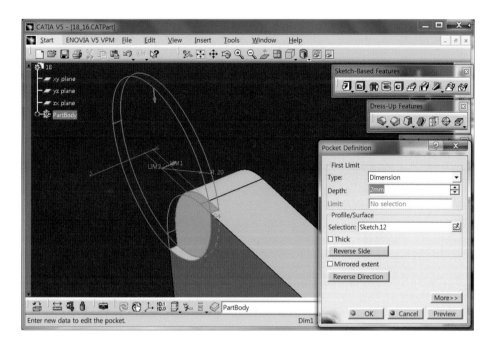

30 생성된 pocket을 선택한 다음 〈Circular Pattern〉 기능으로 들어가 **No selection**을 클릭하고 패널의 갈색 면을 클릭한다. **Instance & angular spacing**을 설정하고 90° 간격으로 4개의 원형 패턴을 생성한다.

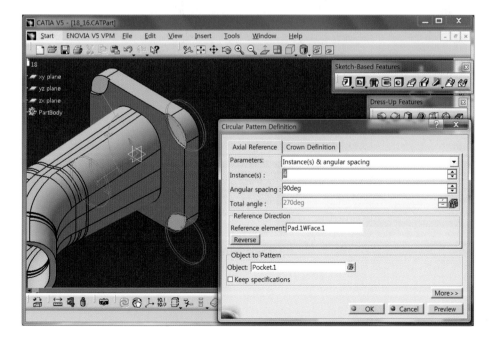

31 갈색 면을 스케치 면으로 하여 다음의 원을 스케치하고 〈Pocket〉의 **Up to last Type**으로 관통한다.

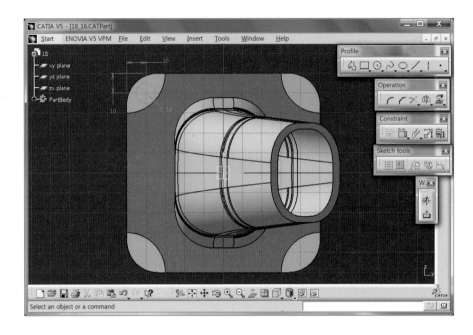

32 〈Circular Pattern〉으로 4개의 구멍을 생성한다. 이때 pad와 pocket을 한번에 원형 패턴하여도 된다.

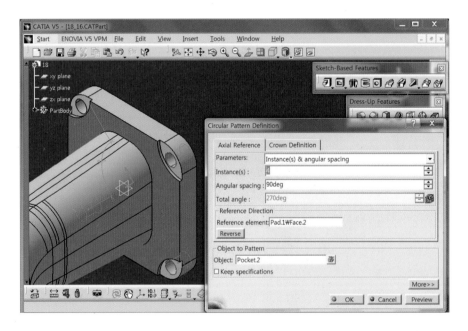

33 zx plane에 좌우 대칭인 다음을 스케치하고 밑변은 solid에 약간 겹치도록 한다.

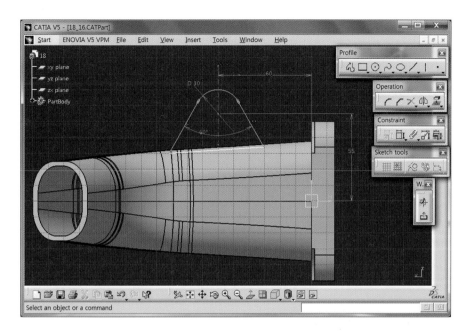

34 〈Pad〉 기능으로 두께 7.5mm를 입력하고 **Mirrored extent** 옵션을 클릭하여 양방향 전체 15mm 의 두께를 생성한다.

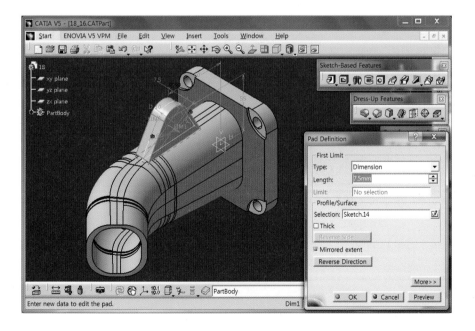

35 생성된 pad의 한 면을 선택하여 Construction / Standard Element를 클릭한 다음, 사선을 스케치하여 점선이 되도록 한 다음, 그 교차점에 중심이 일치하는 원을 스케치한다.

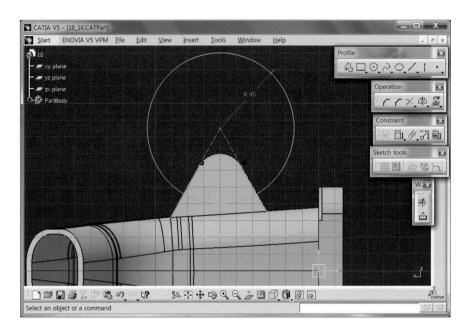

36 〈Pocket〉 기능으로 2mm를 제거한다.

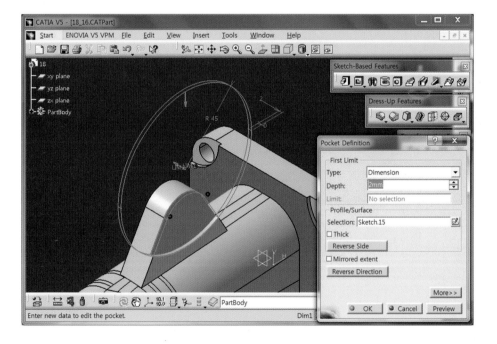

37 생성된 pocket을 선택하고 〈Mirror〉 기능을 클릭한 다음 대칭면으로 zx plane을 선택하여 반대편
에 대칭시킨다.

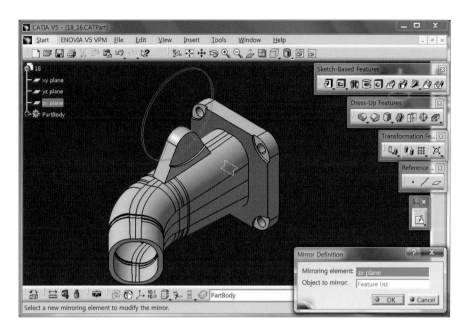

38 노란색 면을 스케치 면으로 하여 원을 스케치하고, 윗부분의 호와 〈Concentricity〉 조건을 주어 중
심을 일치시킨 다음 〈Pocket〉 기능으로 관통시킨다.

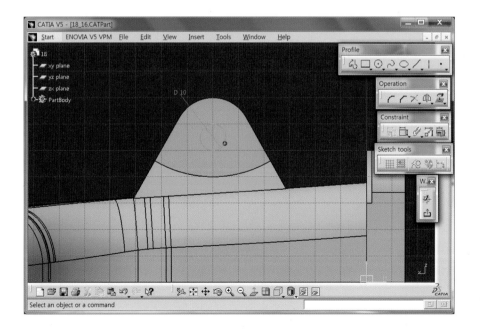

39 다음은 완성된 모델링 형상이다.

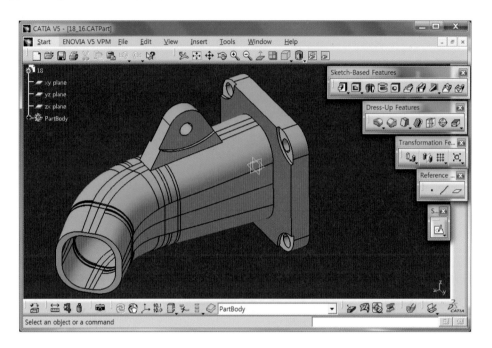

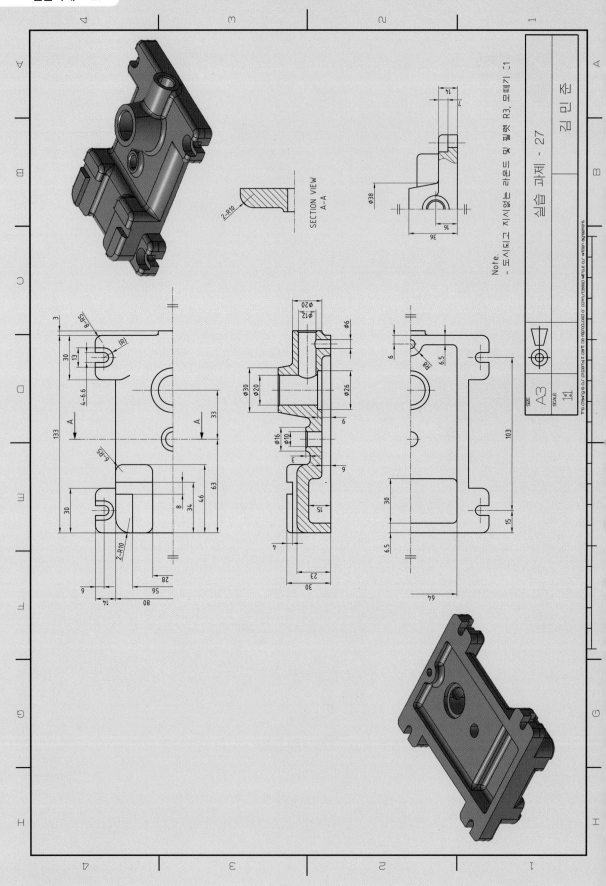

SECTION VIEW
A-A

2-R10

Note.
- 도시되고 지시없는 라운드 및 필렛 R3, 모따기 C1

실습 과제 - 27

김 민 준

SIDE A3
SCALE 1:1

27 실습과제 – 27

01 xy plane에 다음과 같이 스케치한다.

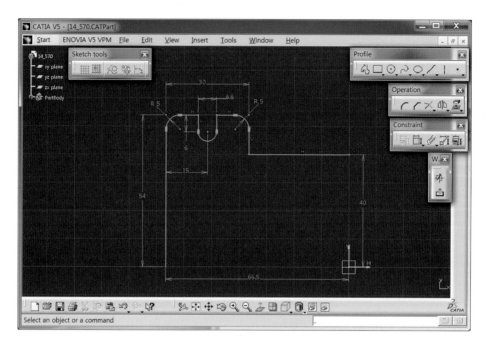

02 좌측에 스케치한 것을 선택하고 〈Mirror〉 기능을 누른 다음 **대칭축**으로 V축을 선택하여 다음과 같이 생성한다.

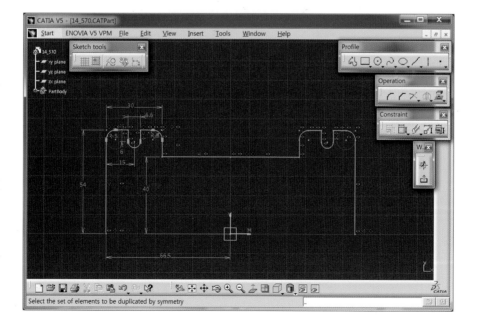

03 같은 방법으로 다음과 같이 아래쪽으로 〈Mirror〉 시킨다.

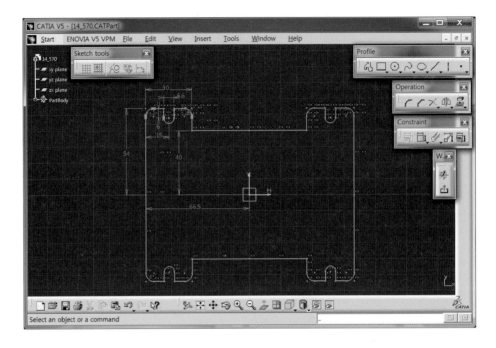

04 〈Pad〉 기능으로 들어가 두께 8mm를 생성한다.

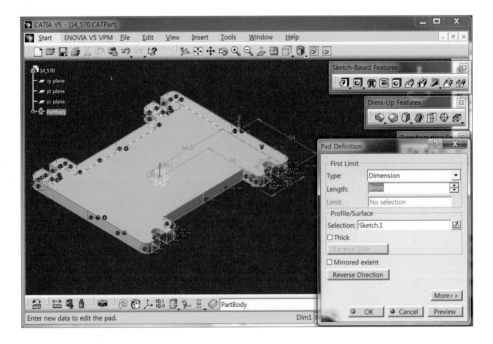

05 생성된 pad의 윗면을 스케치 면으로 하여 각 모서리에 일치하도록 사각형을 스케치한다.

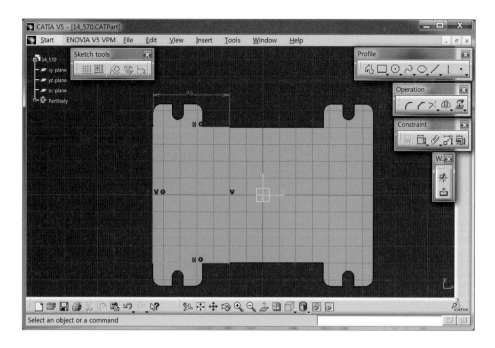

06 〈Pad〉 기능으로 들어가 두께 9mm를 생성한다.

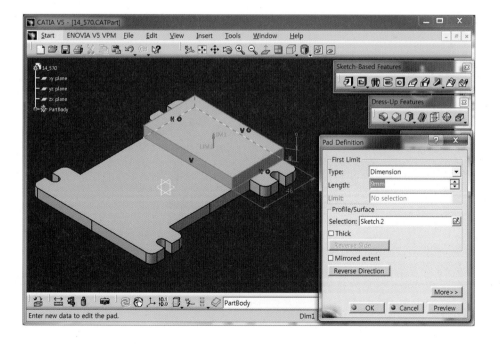

07 xy plane을 스케치 면으로 하여 각 모서리에 일치하는 사각형을 스케치한다.

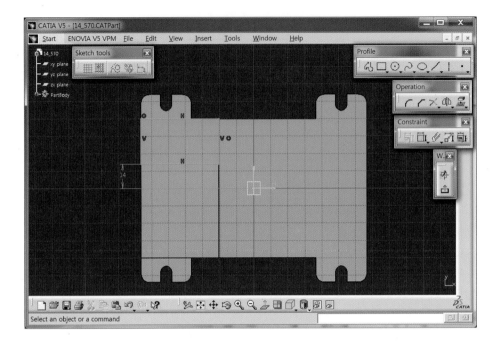

08 ⟨Pad⟩ 기능으로 들어가 두께 24mm를 생성한다.

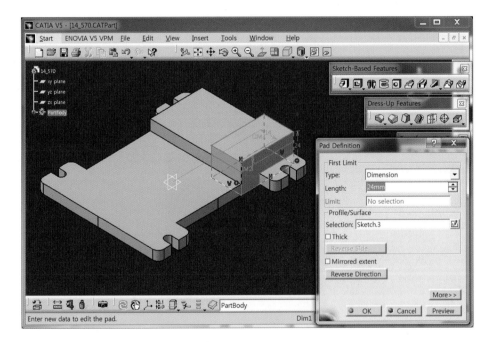

09 생성된 pad의 윗면에 다음을 스케치한다.

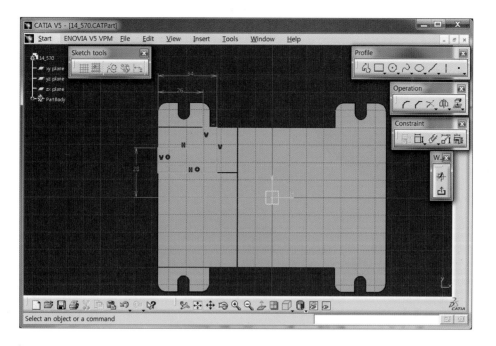

10 〈Pocket〉 기능으로 깊이 4mm를 제거한다.

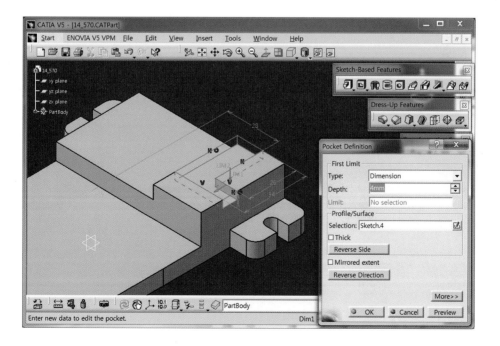

11 Ctrl 버튼을 누르고 생성된 pad와 pocket을 선택한 다음 〈Mirror〉 아이콘을 누르고 대칭면으로 zx plane을 선택한다.

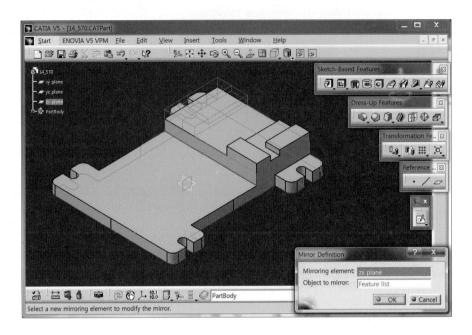

12 갈색 면에 다음을 스케치하고 간격 3.2mm를 입력한다.

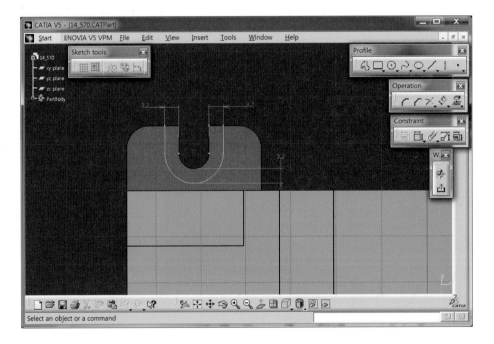

13 〈Pocket〉 기능으로 깊이 7mm를 제거한다.

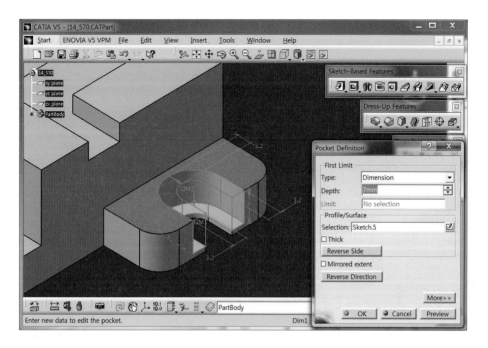

14 같은 방법으로 반대편에 pocket을 생성한다.

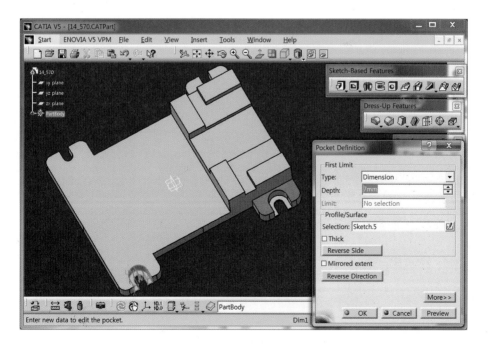

15 Ctrl 버튼을 이용하여 생성된 두 pocket을 선택한 다음 〈Mirror〉 기능을 클릭하고, zx plane을 **대 칭면**으로 하여 반대편에도 홈을 생성한다.

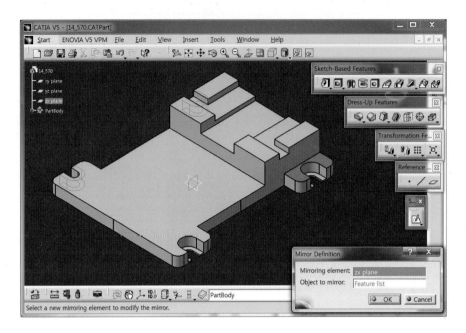

16 xy plane을 스케치 면으로 들어가 〈Project 3D Elements〉 기능을 누르고 바닥면을 누르면 다음과 같이 노란색으로 모서리 선이 모두 선택된다. 그 다음 사각형을 스케치하고 **대칭조건**을 주어 다음 을 완성한다.

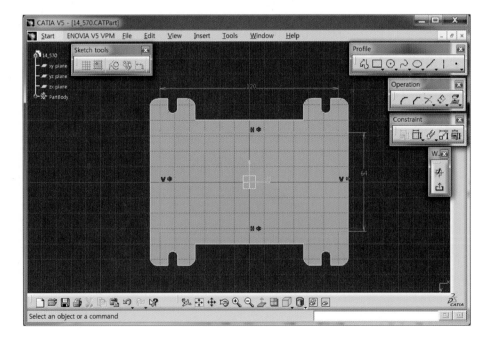

17 〈Pad〉 기능을 이용하여 아래쪽으로 두께 6mm를 생성한다.

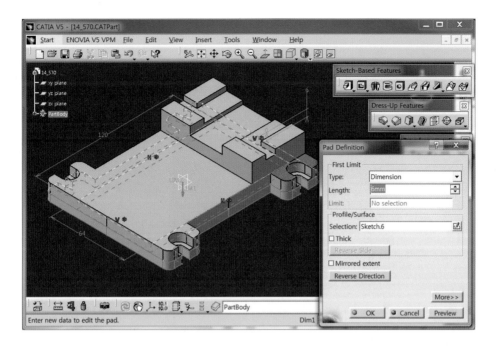

18 생성된 pad의 바닥면을 스케치 면으로 하여 각 모서리에 일치하는 사각형을 스케치한다.

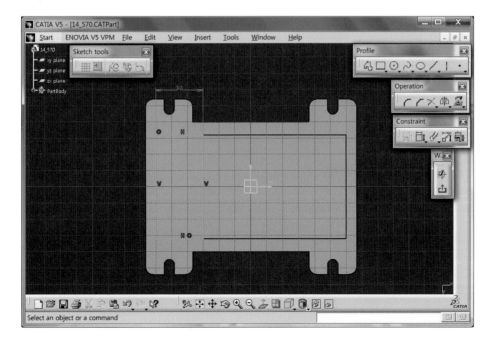

19 〈Pocket〉 기능으로 깊이 15mm를 제거한다.

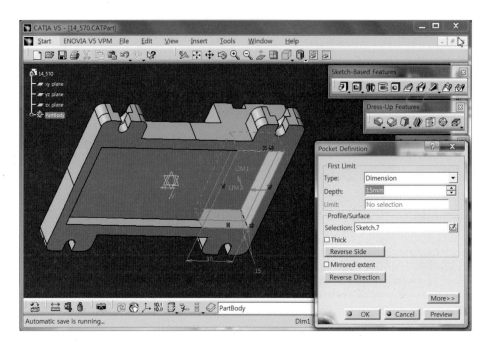

20 갈색 면에 다음과 같이 원을 스케치한다.

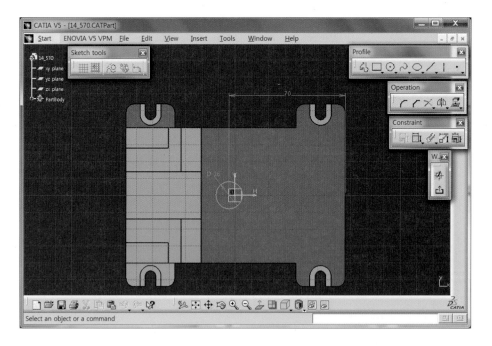

21 ⟨Pad⟩ 기능으로 높이 3mm를 생성한다.

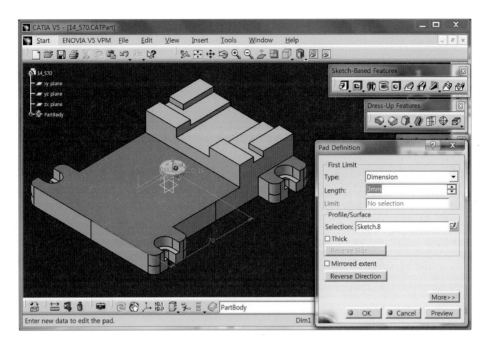

22 원기둥 윗면에 원을 스케치하고 ⟨Concentricity⟩ 조건을 주어 두 원의 중심을 일치시킨 다음 ⟨Pocket⟩ 기능을 이용하여 관통시킨다.

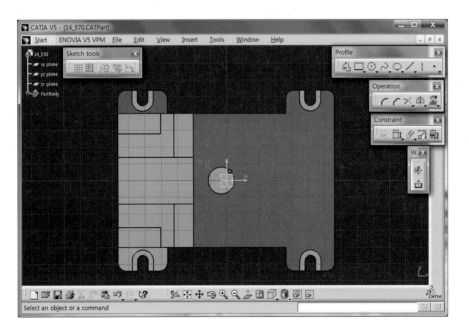

23 zx plane에 다음의 회전단면을 스케치하고 우측 수직선에 일치하는 회전축을 생성한다.

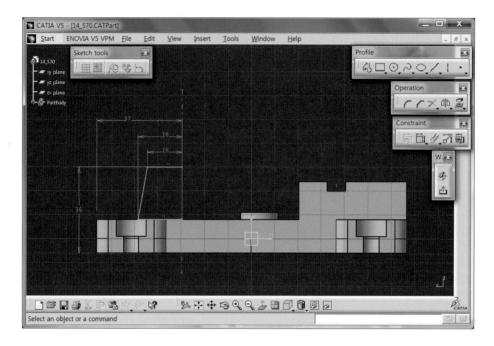

24 〈Shaft〉 기능을 이용하여 360° 회전시켜 생성한다.

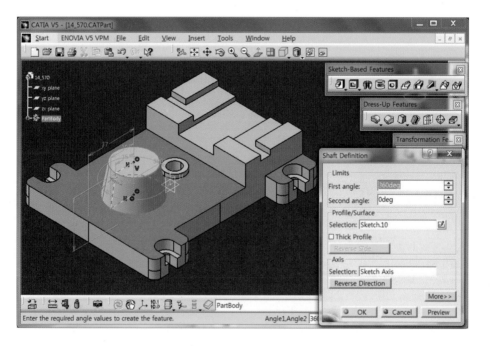

25 그림의 노란색 옆면에 원을 스케치한다.

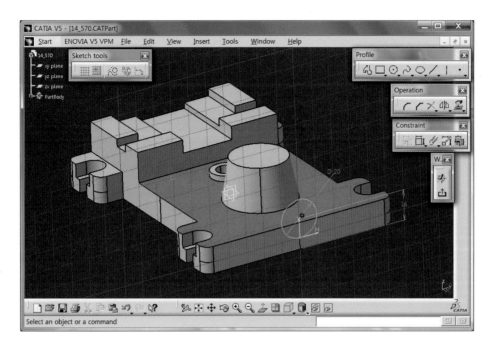

26 〈Pad〉 기능으로 들어가 원기둥 방향은 **Up to next Type**으로 생성하고, 반대 방향은 두께 3mm를 생성한다.

27 생성된 Pad의 옆면에 원을 그리고 〈Concentricity〉 조건을 주어 두 원의 중심을 일치시킨다.

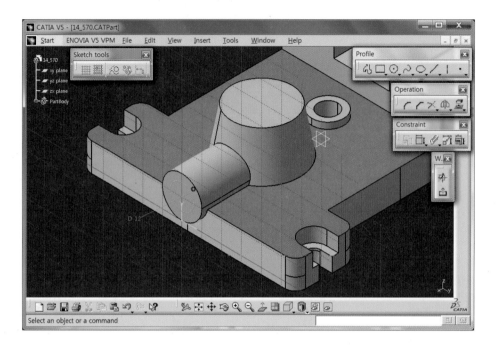

28 〈Pocket〉 기능을 이용하여 원뿔의 중심까지 40mm를 제거한다.

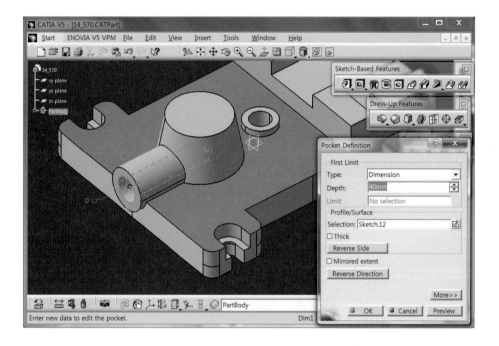

29 zx plane에 다음의 회전단면을 스케치하고, 우측 수직선에 일치하는 회전축을 생성한다.

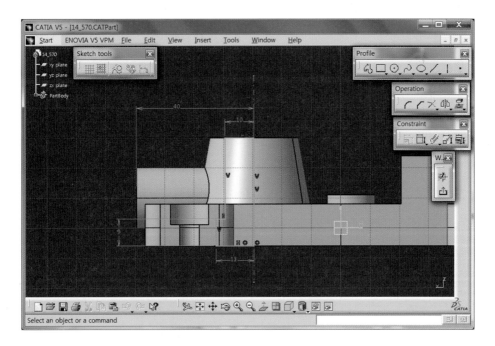

30 〈Groove〉 기능을 이용하여 360° 회전시켜 제거한다.

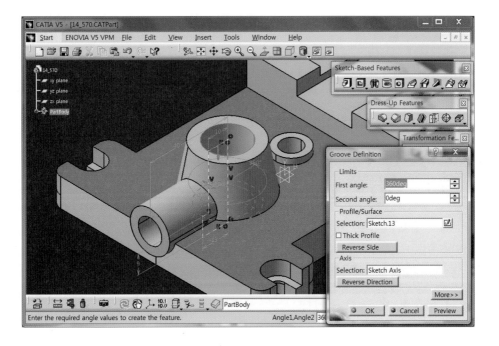

31 그림의 갈색 바닥면에 반원을 스케치한다.

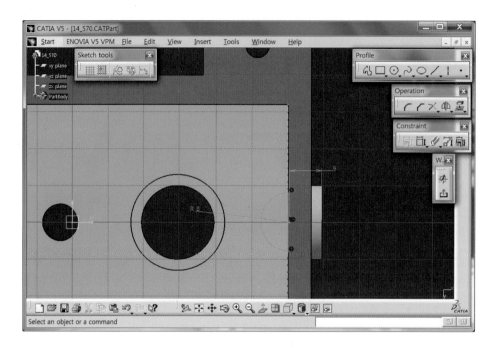

32 〈Pad〉 기능으로 들어가 Up to next Type으로 다음과 같이 생성한다.

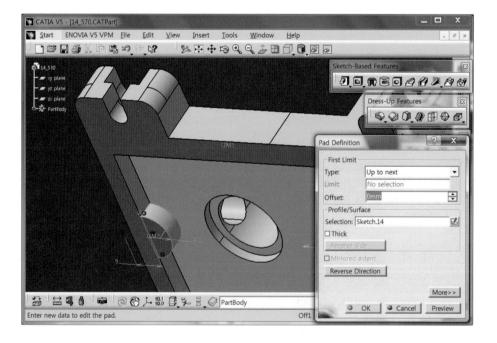

33 그림의 갈색 바닥면에 원을 그리고 바깥쪽의 원과 〈Concentricity〉 조건을 주어 두 원의 중심을 일
치시킨다.

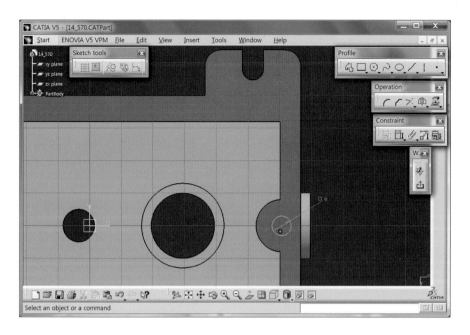

34 〈Pad〉 기능으로 들어가 위쪽 원기둥 방향으로 Up to next Type을 선택하여 그림과 같이 한 면만
관통시킨다.

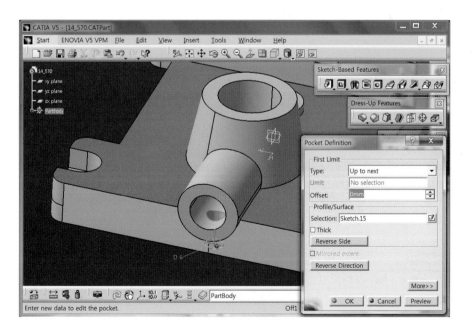

35 〈Edge Fillet〉 기능으로 그림의 빨간색 두 모서리에 10mm로 라운딩한다.

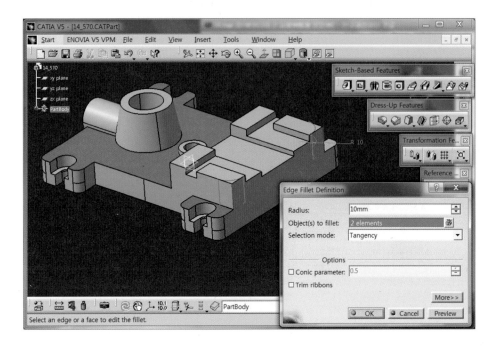

36 〈Edge Fillet〉 기능으로 6개의 모서리에 5mm로 라운딩한다.

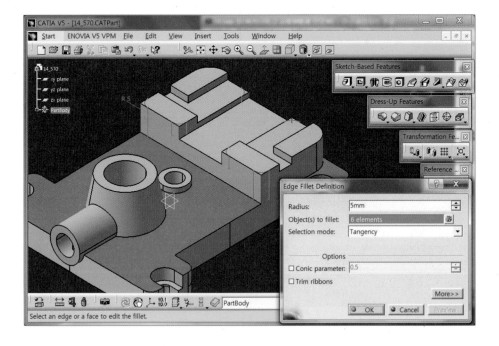

37 〈Edge Fillet〉 기능으로 옆면에 반지름 10mm를 라운딩하고, 연속된 3개의 모서리에 반지름 3mm로 라운딩한다.

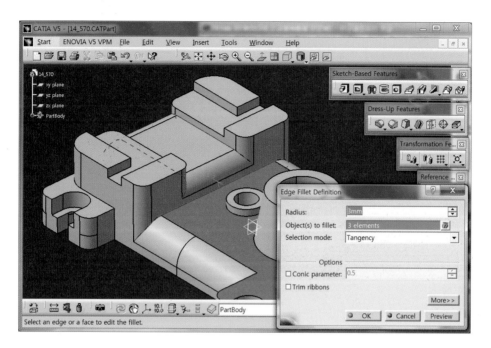

38 〈Edge Fillet〉 기능으로 8개의 모서리에 3mm로 라운딩한다.

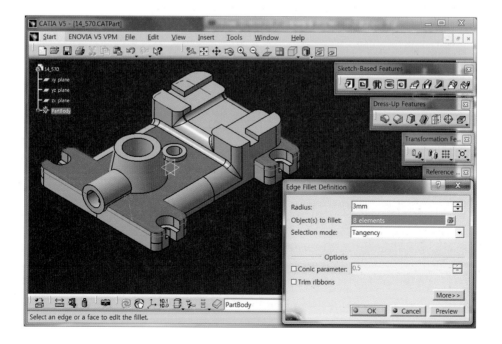

39 〈Edge Fillet〉 기능으로 8개의 모서리에 3mm로 라운딩한다.

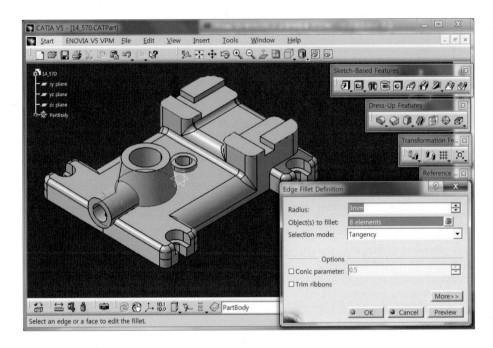

40 〈Edge Fillet〉 기능으로 6개의 모서리에 3mm로 라운딩한다.

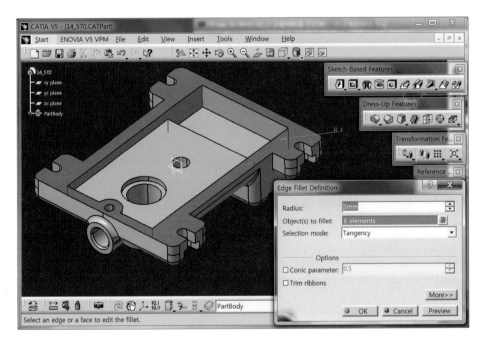

41 〈Edge Fillet〉 기능으로 7개의 모서리에 3mm로 라운딩한다.

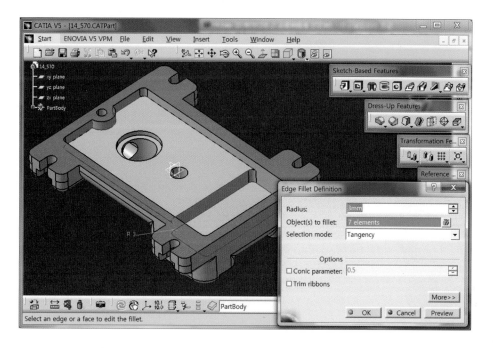

42 다음은 완성된 모델링 형상이다.

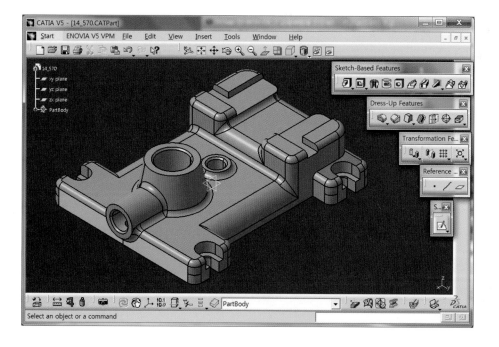

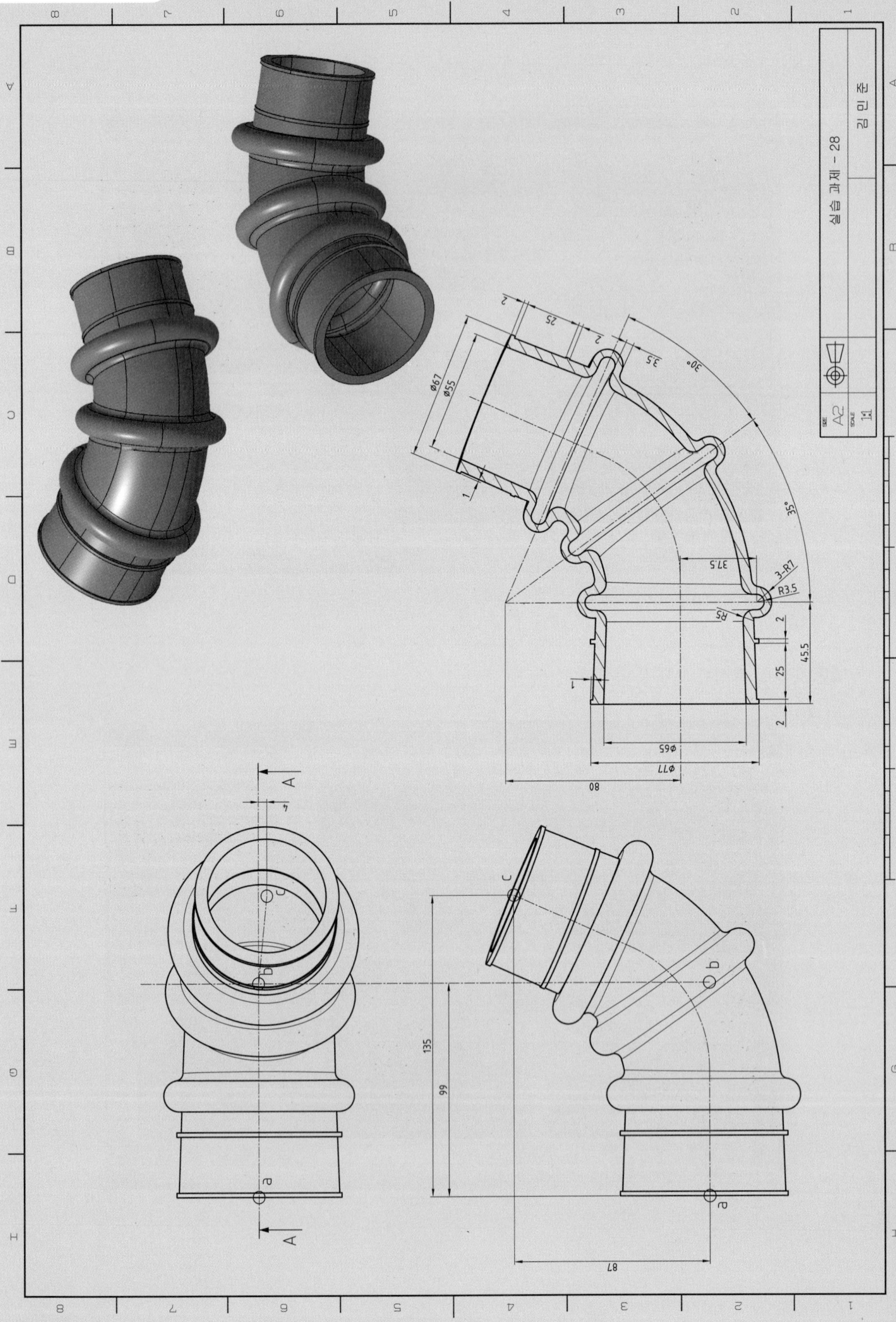

실습 과제 - 28
김 민 준
A2
1:1
Ø67
Ø55
25
2
3.5
30°
35°
37.5
3-R7
R3.5
R5
45.5
Ø65
Ø77
80
A
A
a
b
c
135
99
87

01 Start / Mechanical Design / Wireframe & Surface Design으로 들어가 〈Point〉 기능을 선택하고 Coordinates type으로 x, y, z 좌푯값 0, 0, 0을 입력한다.

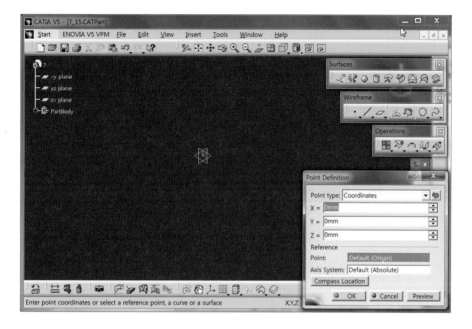

02 〈Point〉 기능의 Coordinates type으로 x, y, z 좌푯값 0, 99, 0을 입력한다.

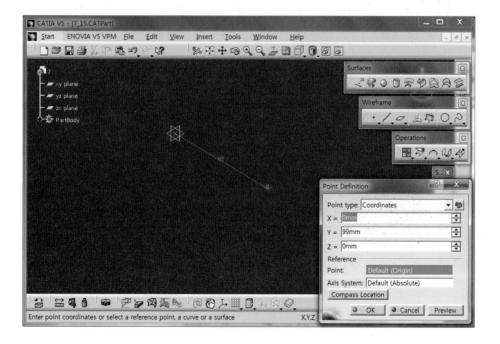

03 〈Point〉 기능의 Coordinates type으로 x, y, z 좌푯값 −87, 135, 4를 입력한다.

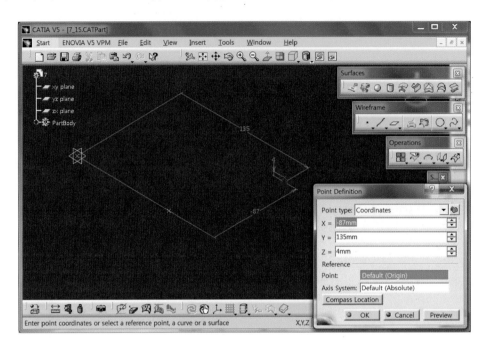

04 〈Line〉 기능을 선택하고 Point − Point type을 설정한 후 다음 두 개의 점을 클릭한다.

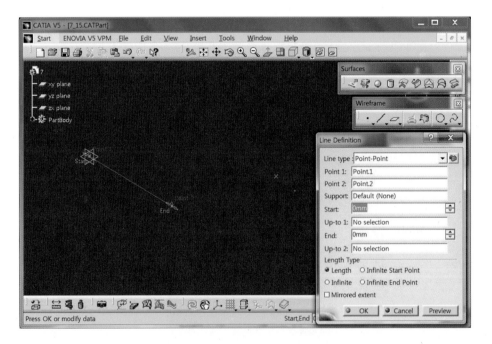

05 〈Line〉 기능의 **Point - Point type**으로 다음 두 개의 점을 클릭한다.

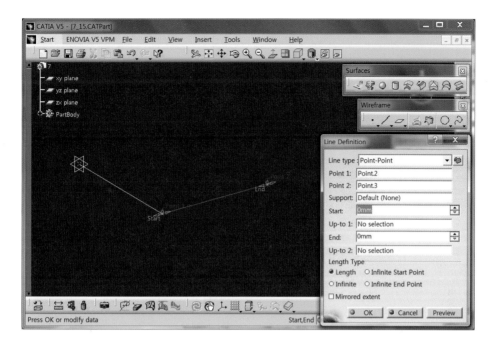

06 〈Corner〉 기능의 **3D Corner Type**을 선택하고, Line.1과 2를 두 요소로 클릭한 다음 반지름 80mm 를 입력한다.

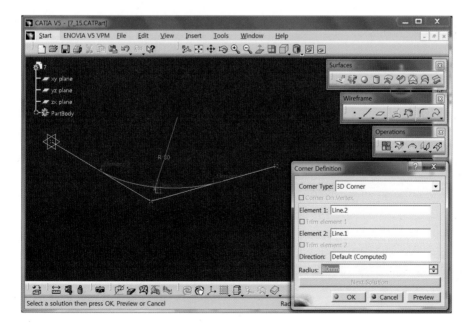

07 〈Split〉 기능을 선택하고 **자를 요소**로 첫 번째 선을 클릭한 다음, **자르는 도구**로 Corner를 지정하고 대화창의 **Other side** 버튼을 이용하여 다음과 같이 생성한다.

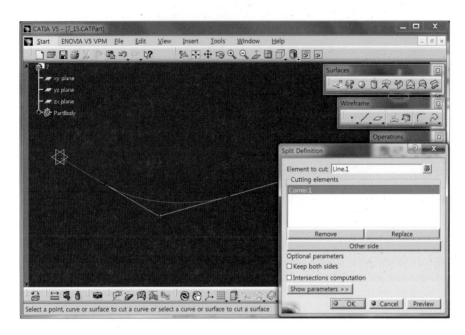

08 〈Split〉 기능을 이용하여 두 번째 선도 같은 방법으로 생성한다.

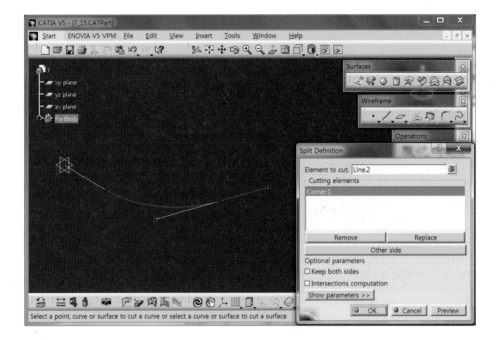

09 zx plane에 다음의 원을 스케치한다.

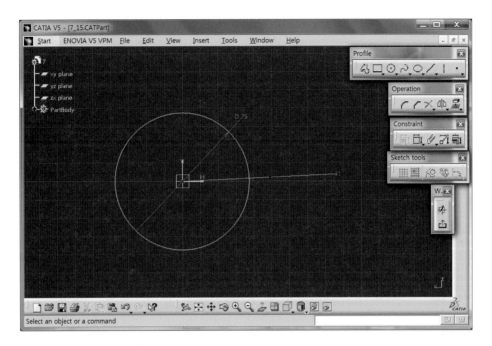

10 〈Plane〉 기능의 **Offset from plane type**을 선택하고 zx plane을 클릭하여 우측으로 45.5mm 위치에 plane을 생성한다.

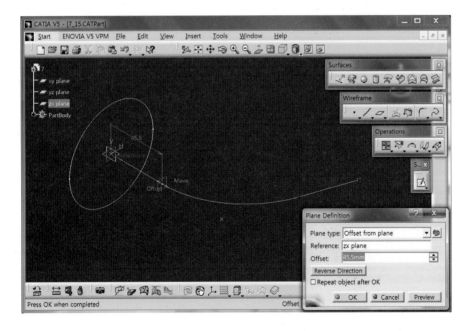

11 〈Plane〉 기능의 Normal to curve type을 선택한 다음, 우측 직선을 클릭하고 끝점을 생성 위치로
지정한다.

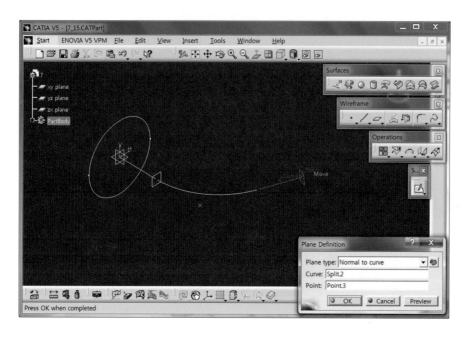

12 xy plane에 한 개의 축선과 두 개의 직선을 다음과 같이 스케치한다.

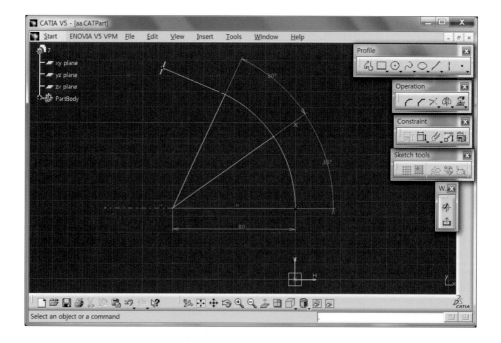

13 〈Extrude〉 기능을 선택하고 위쪽으로 높이 약 10mm 정도 생성한다.

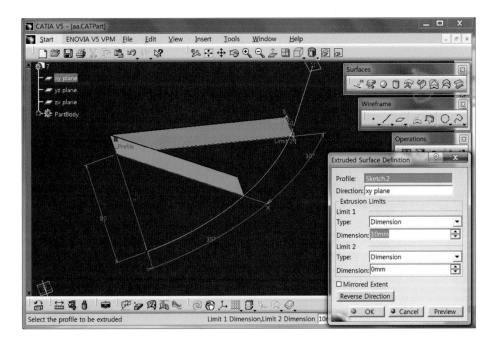

14 〈Intersection〉 기능으로 들어가 교차하는 Extrude surface와 Corner curve를 선택하여 **교차점**
을 생성한다.

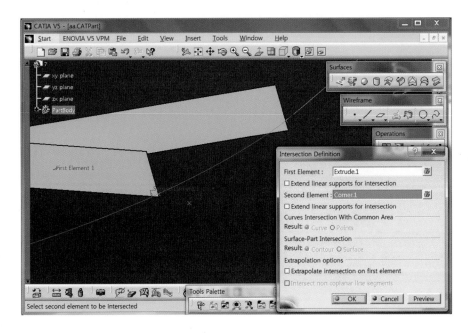

15 ⟨Plane⟩ 기능의 **Normal to curve type**을 선택한 다음, 우측 커브를 클릭하고 plane이 놓일 위치로 생성된 좌측 점을 지정한다.

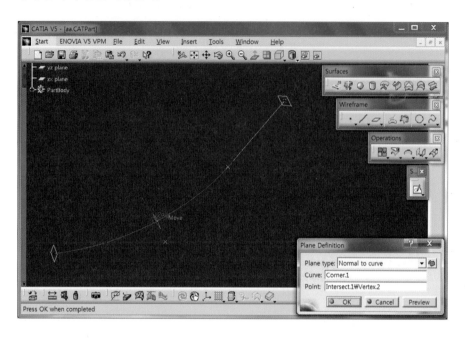

16 같은 방법으로 우측 점에 plane을 생성한다.

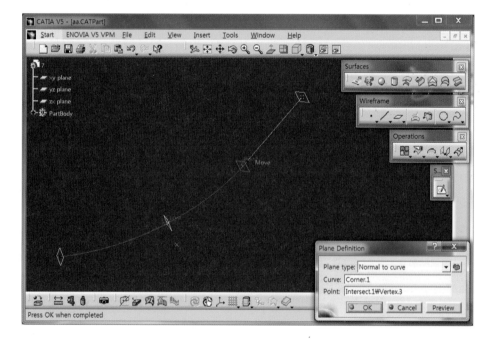

17 15번에서 생성된 plane을 스케치로 들어가, point에 일치하며 선에 접하는 약 10mm인 직선을 스케치한다.

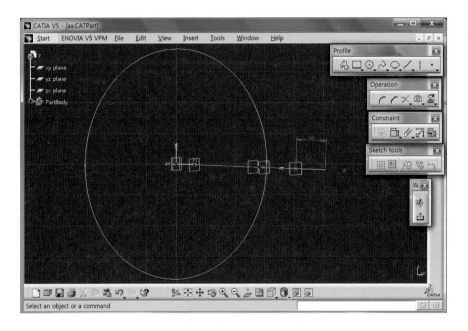

18 〈Plane〉 기능의 **Angle / Normal to plane type**을 설정하고 **회전축**으로는 10mm인 직선을, **기준면**으로는 point를 지나는 plane을 각각 선택하고 **회전각** 90°를 입력한다.

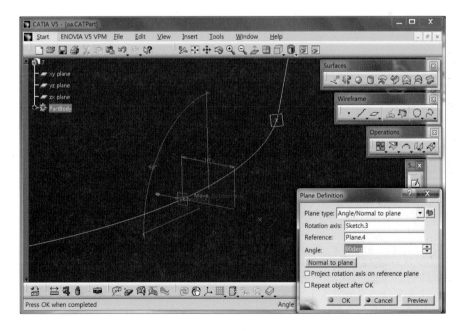

19 16번에서 생성된 plane을 스케치로 들어가, point에 일치하며 선에 접하는 약 10mm인 직선을 스케치한다.

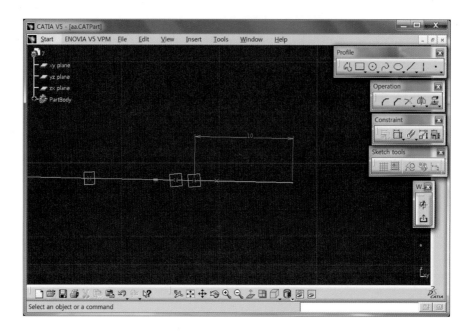

20 〈Plane〉 기능의 Angle / Normal to plane type을 설정하고 **회전축**으로는 10mm인 직선을, **기준면**으로는 point를 지나는 plane을 각각 선택하고 **회전각** 90°를 입력한다.

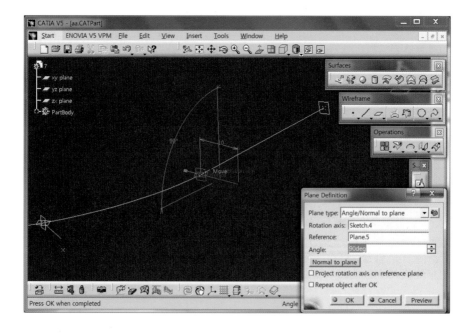

21 맨 우측 plane을 스케치로 들어가 지름 65mm인 원을 스케치한다.

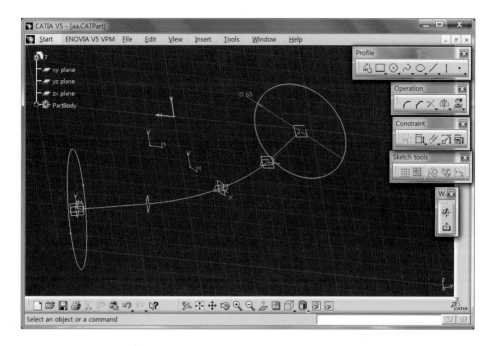

22 〈Join〉 기능으로 들어가 연속된 세 개의 커브를 선택하여 한 개로 통합시킨다.

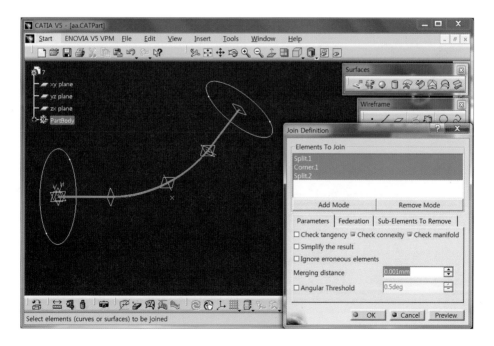

23 〈Multi – Sections Surface〉 기능으로 들어가 **단면**으로 두 원을 선택하고, **닫기점**의 위치와 방향을 맞춘 다음 **Spine 탭**을 눌러 **No selection**을 클릭하고 Join 시킨 중심커브를 선택한다.

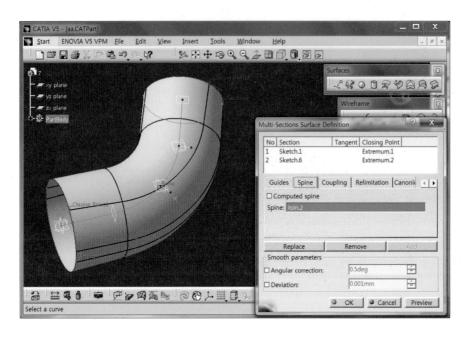

24 xy plane에 다음의 회전축과 회전단면을 스케치한다. surface는 일시적으로 〈Hide〉 한다.

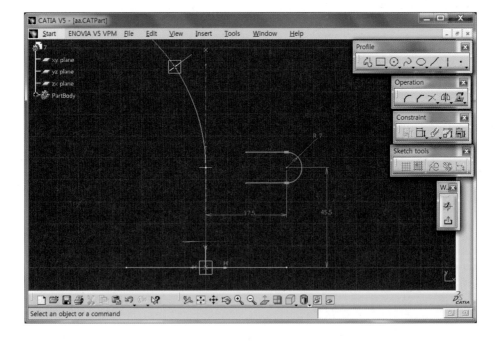

25 〈Revolve〉 기능으로 360° 회전시켜 surface를 생성한다.

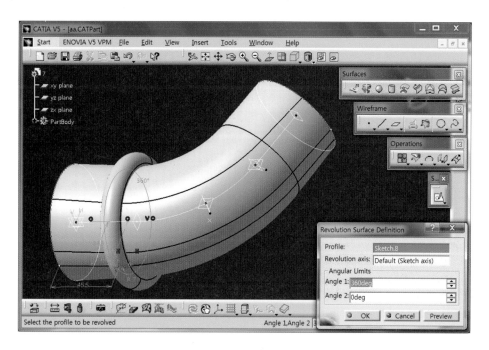

26 18번에서 생성한 plane에 다음의 회전축과 회전단면을 스케치를 한다. 이때 회전축은 point와 **일치**하며 곡선 커브에 **tangent**하게 구속조건을 생성한다.

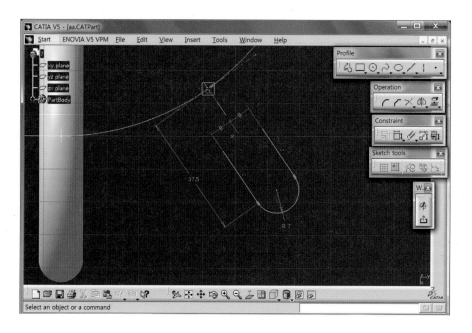

27 〈Revolve〉기능으로 360° 회전시켜 surface를 생성한다.

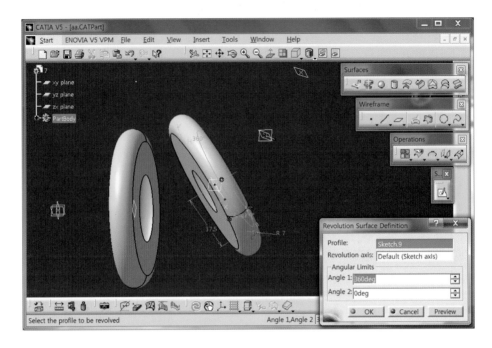

28 20번에서 생성한 plane에 다음의 회전축과 회전단면을 스케치한다. 이때 회전축은 point와 **일치**
하며 10mm의 직선 커브에 tangent하게 구속 조건을 생성한다.

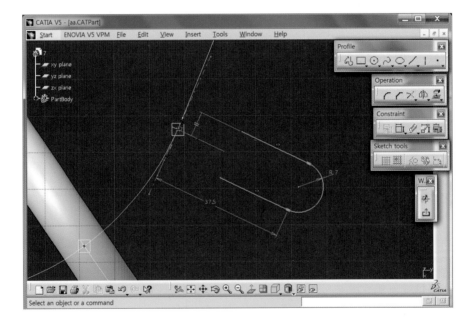

29 〈Revolve〉 기능으로 360° 회전시켜 surface를 생성한다.

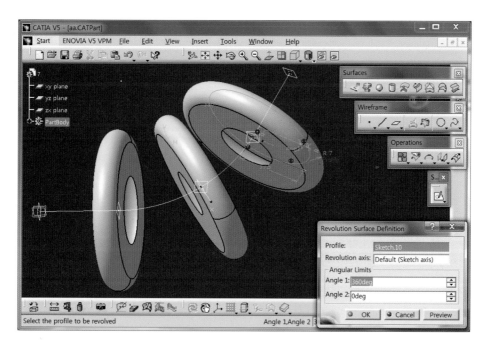

30 〈Trim〉 기능을 선택하고 4개의 surface를 클릭한 다음 **Element 탭** 버튼을 눌러 surface 안쪽을 잘라낸다.

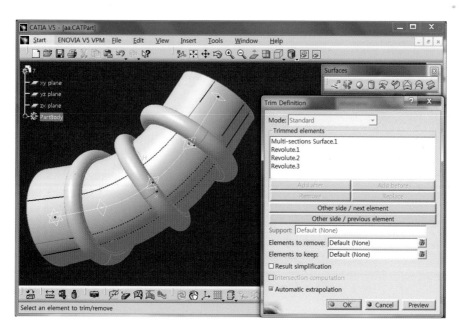

31 Trim surface를 〈Hide〉 하고, 우측 plane에 원을 스케치한다.

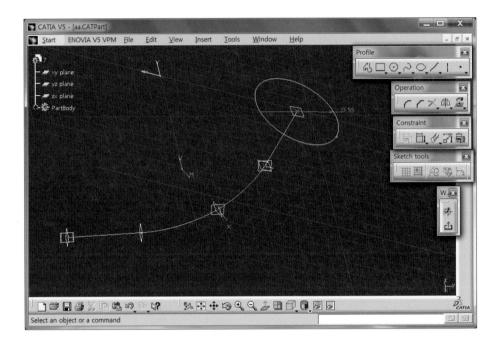

32 좌측 plane에 원을 스케치한다.

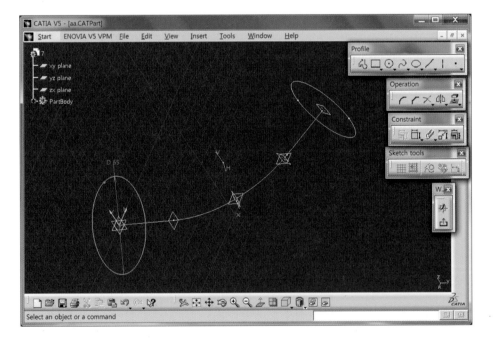

33 〈Multi – Sections Surface〉 기능으로 들어가 **단면**으로 두 원을 선택하고, **닫기점**의 위치와 방향을 맞춘 다음 **Spine 탭**을 눌러 **No selection**을 클릭하고 Join 시킨 중심커브를 선택한다.

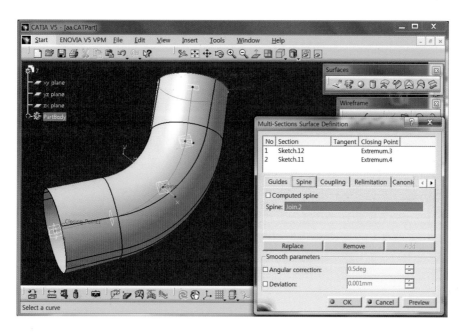

34 네 번째 plane에 다음의 회전축과 회전단면을 스케치한다.

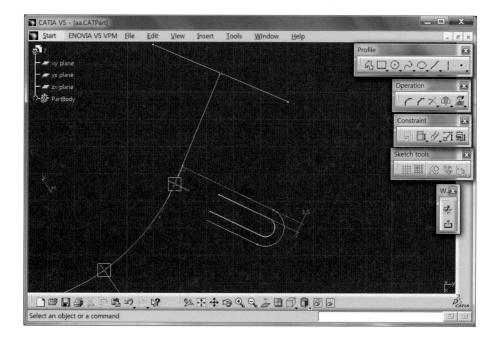

35 〈Revolve〉기능으로 360° 회전시켜 surface를 생성한다.

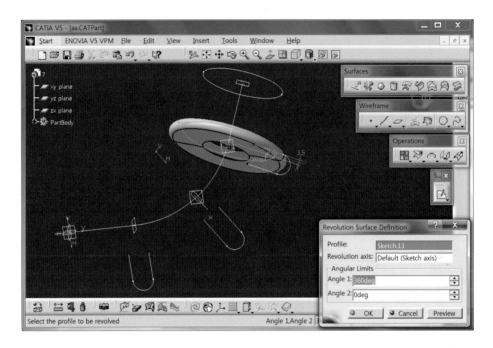

36 세 번째 plane에 다음의 회전축과 회전단면을 스케치한다.

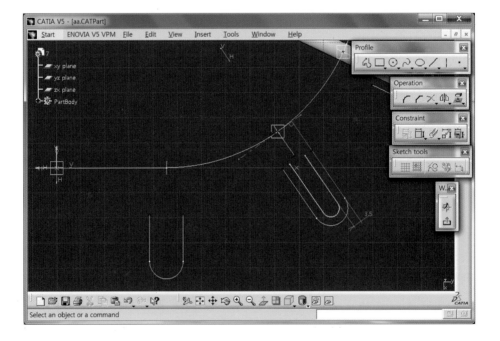

37 〈Revolve〉 기능으로 360° 회전시켜 surface를 생성한다.

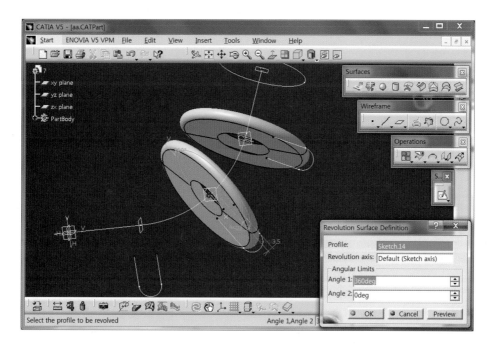

38 xy plane에 다음의 회전축과 회전단면을 스케치한다.

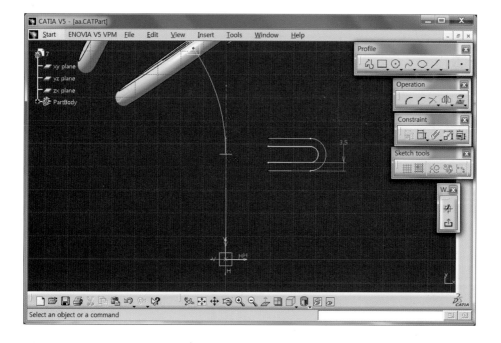

39 〈Revolve〉 기능으로 360° 회전시켜 surface를 생성한다.

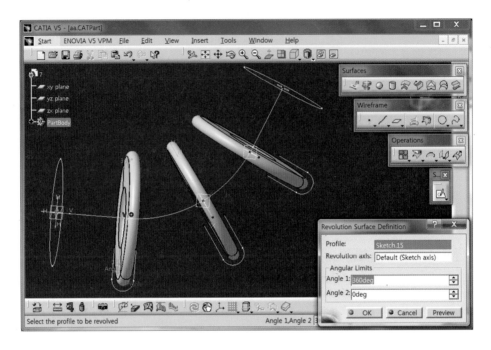

40 Multi - Sections Surface를 〈Show〉 시키고, 〈Trim〉 기능을 선택하여 4개의 surface를 클릭한 다음 **Element 탭** 버튼을 눌러 surface 안쪽을 잘라낸다.

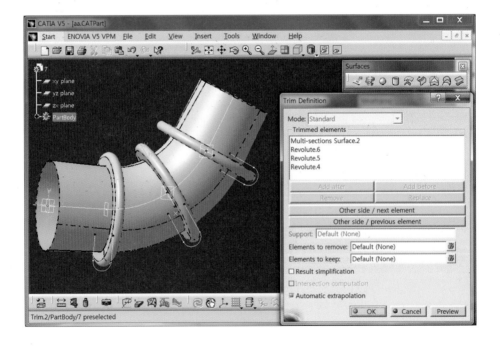

41 맨 우측 plane에 안쪽 원과 일치하는 원을 스케치한다.

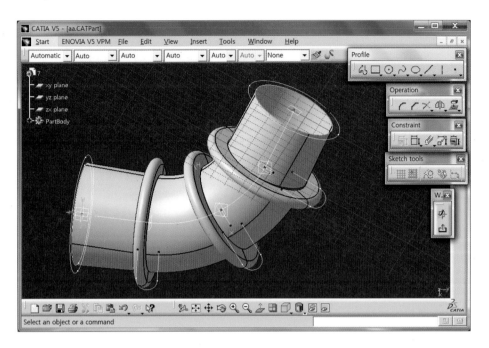

42 〈Fill〉 기능을 선택하고 생성된 원을 클릭하여 원형 surface를 생성한다.

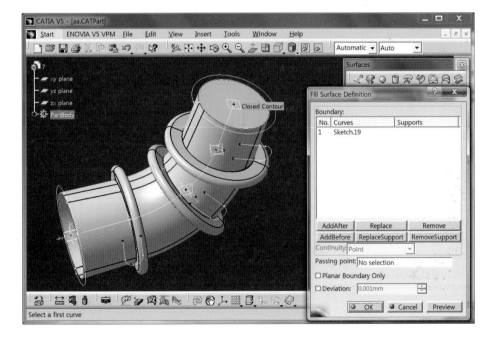

43 zx plane에 안쪽 원과 일치하는 원을 스케치한다.

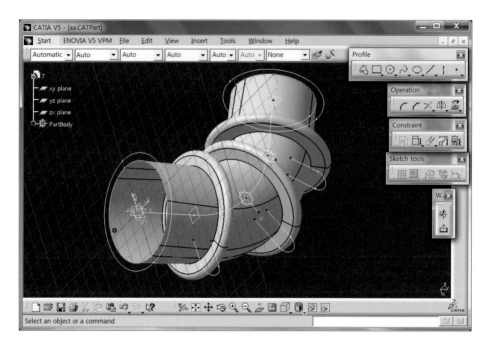

44 〈Fill〉 기능을 선택하고 생성된 원을 클릭하여 원형 surface를 생성한다.

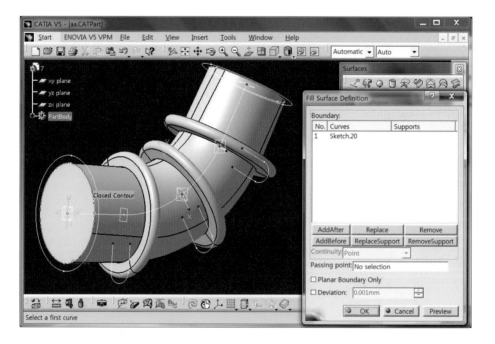

45 ⟨Join⟩ 기능을 선택하고 아래의 세 surface를 선택하여 한 개로 통합시킨다.

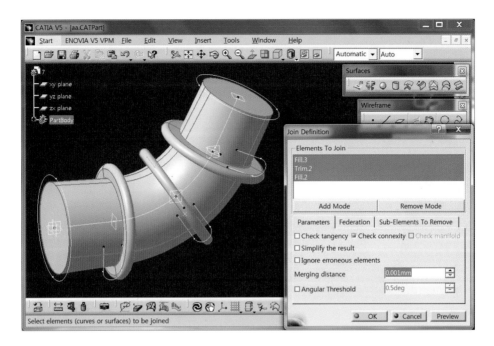

46 Start / Mechanical Design / Part Design으로 들어가 ⟨Close Surface⟩를 선택하고 바깥쪽 Trim surface를 선택하여 안을 solid로 채운다.

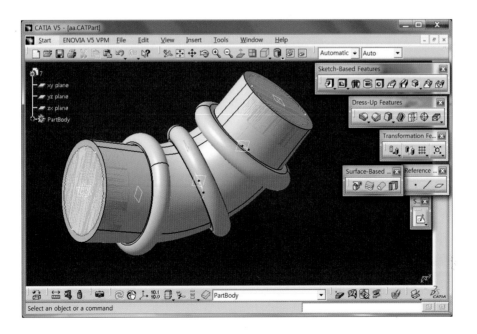

47 좌측 트리에서 Trim surface를 〈Hide〉 하고, 〈Split〉 기능을 선택하여 트리에서 Join surface를 클릭한 다음 **화살표 머리** 부분을 눌러 **남길 부분**이 바깥이 되도록 한다.

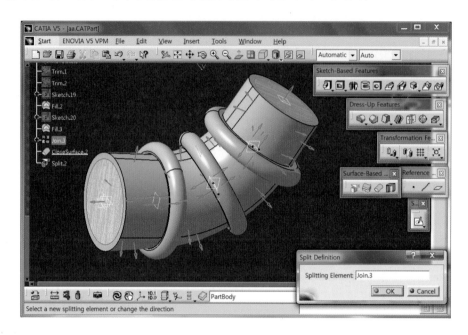

48 xy plane에 다음의 회전축과 회전단면을 스케치한다.

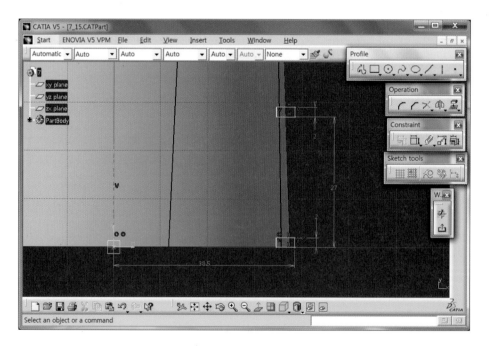

49 〈Shaft〉 기능으로 360° 회전시켜 생성한다.

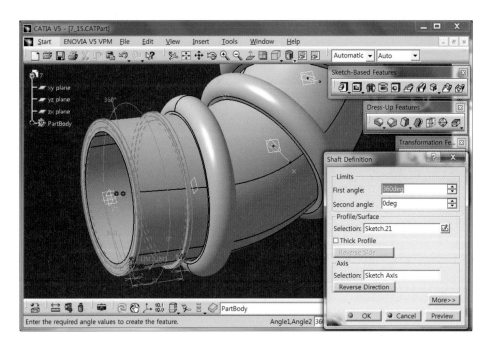

50 맨 우측 plane을 스케치 면으로 들어가 직선을 스케치하고, point에 끝점을 일치시키고 중심커브
에 직각을 이루도록 구속조건을 준다.

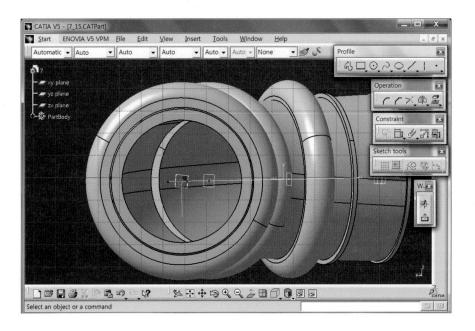

51 〈Plane〉 기능의 Through two line type을 설정하고 다음의 두 선을 클릭하여 두 선을 지나는 plane을 생성한다.

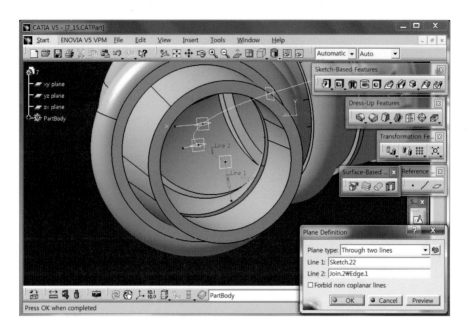

52 생성된 plane에 다음의 회전축과 회전단면을 스케치한다.

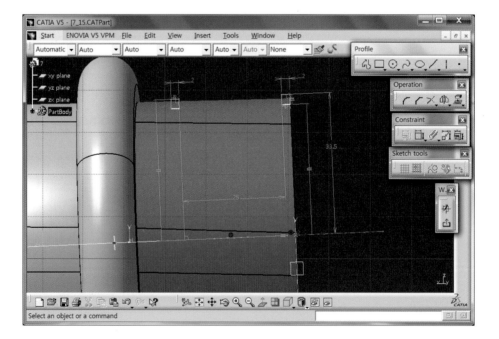

53 〈Shaft〉 기능으로 360° 회전시켜 생성한다.

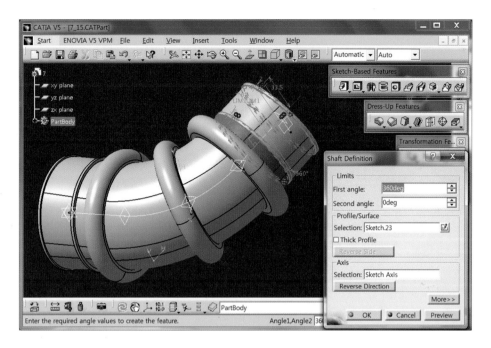

54 〈Edge Fillet〉 기능을 선택하여 반지름 3.5mm를 다음의 두 곡면을 클릭하여 가장자리에 라운딩
을 생성한다.

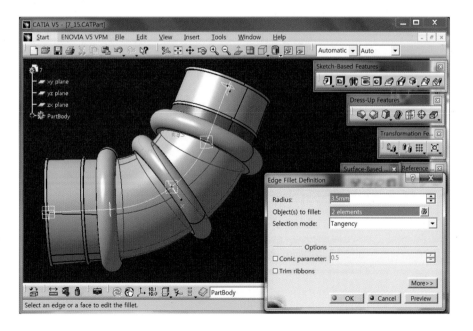

55 〈Edge Fillet〉 기능으로 안쪽 모서리에 반지름 5mm인 라운딩을 생성한다.

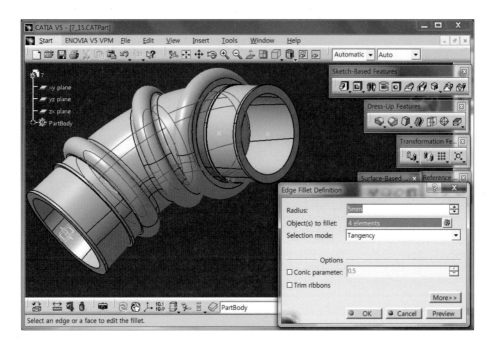

56 다음은 완성된 모델링 형상이다.

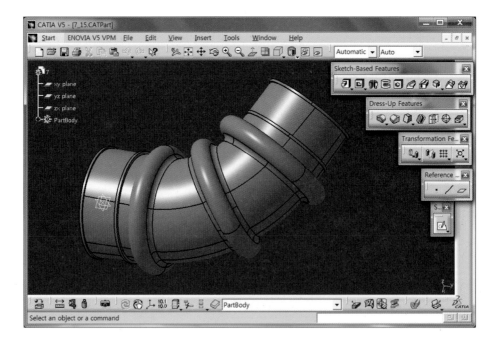

MEMO

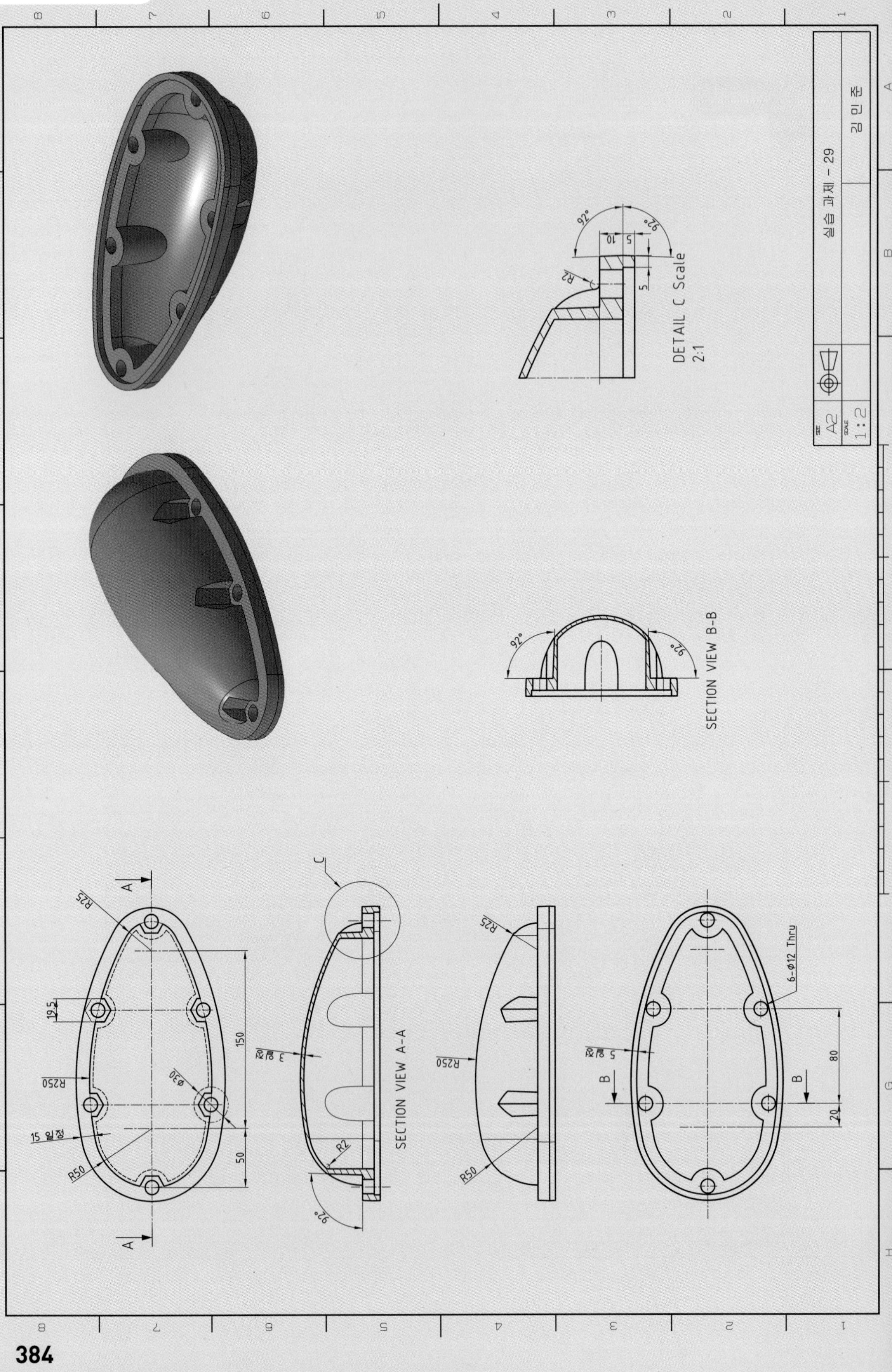

DETAIL C Scale
2:1

SECTION VIEW B-B

SECTION VIEW A-A

실습 과제 - 29

김 인 준

SIZE A2
SCALE 1:2

6-Φ12 Thru

29 실습과제 - 29

01 xy plane을 스케치 면으로 하여 다음의 두 원을 스케치한다.

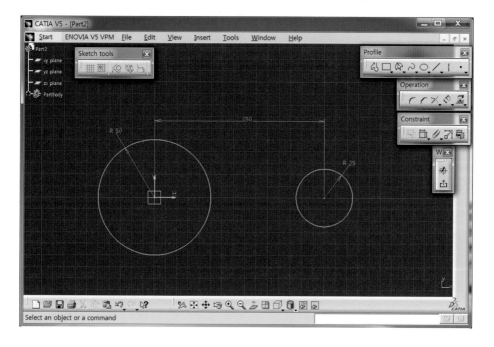

02 〈Three Point Arc Starting With Limits〉 기능을 이용하여 호를 스케치하고, 원과의 연결 부분에 〈Tangent〉 구속조건을 주고 반대편에 〈Mirror〉 시킨다.

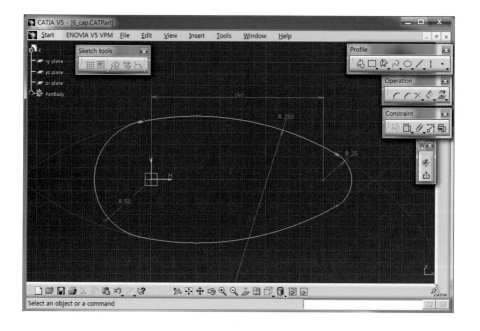

03 xy plane을 스케치 면으로 들어가 〈Project 3D Element〉 기능을 선택하여 좌측 **트리**에서 Sketch.1을 클릭하고, H축에 일치하는 〈Axis〉 선을 그은 다음 〈Quick trim〉으로 다음과 같이 반만 완성한다.

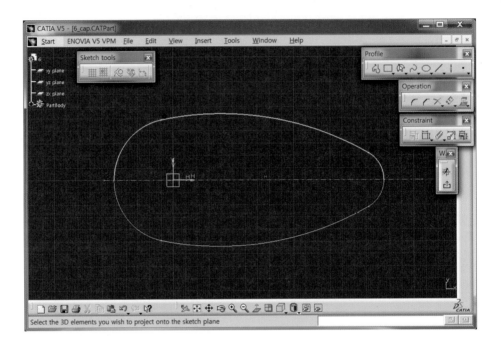

04 〈Shaft〉 기능으로 들어가 윗면이 곡면이 되도록 각도 180°를 준다.

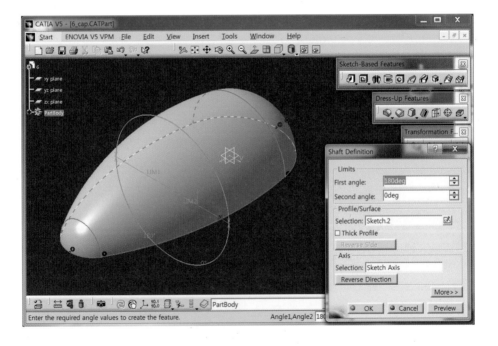

05 〈Shell〉 기능으로 들어가 안쪽 두께 3mm를 주고 제거할 면으로 바닥면을 클릭한다.

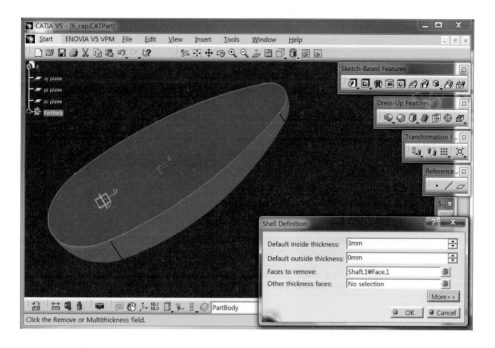

06 xy plane을 스케치 면으로 들어가 〈View〉 도구막대의 〈Normal View〉 기능을 클릭하여 바닥면이 보이게 하고, 〈Project 3D Element〉 기능을 선택하여 Shell의 안쪽 형상을 모두 클릭하여 다음과 같이 생성한다.

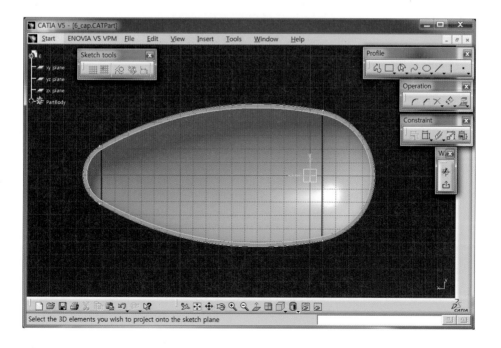

07 〈Pad〉 기능으로 들어가 두께 10mm를 주고, **Thick** 옵션을 선택하여 바깥쪽 두께인 **Thickness2**
에서 15mm를 준다.

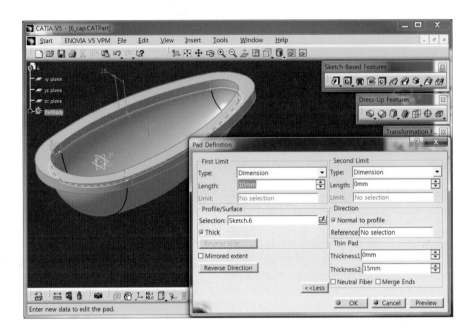

08 맨 아래 바닥면을 스케치 면으로 하여 〈Project 3D Element〉 기능을 이용해 다음과 같이 생성한다.

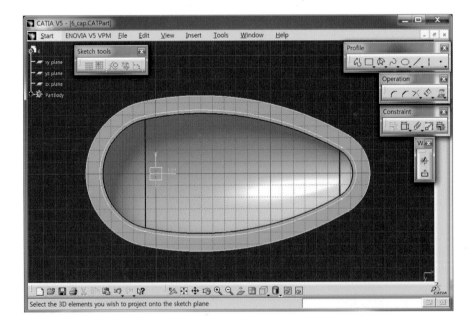

09 〈Pad〉 기능으로 들어가 두께 5mm를 주고 **Thick** 옵션을 선택하여 안쪽 두께인 **Thickness1**에서
5mm를 준다.

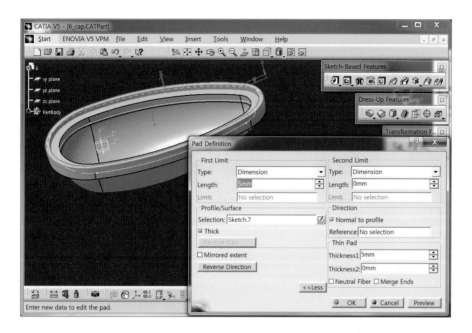

10 xy plane을 스케치 면으로 들어가 Sketch.1을 Show로 보이게 하고 6개의 원을 그려 중심 **일치**
와 **대칭조건**으로 다음을 완성한다.

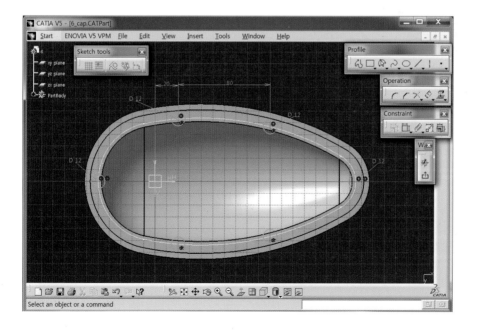

11 xy plane을 스케치 면으로 들어가 6개의 원을 그려 흰색 원과 동심원이 되게 하고, 〈Project 3D Element〉 기능을 이용하여 Sketch.1을 복사한 다음, 〈Quick Trim〉으로 다음과 같이 정리한다. 조각이 남지 않도록 주의한다.

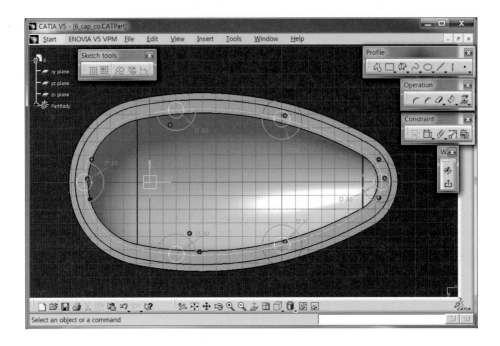

12 〈Pad〉 기능으로 들어가 바닥 쪽 두께 10mm를 주고, 위의 곡면 방향으로 **Up to next Type**을 설정한다.

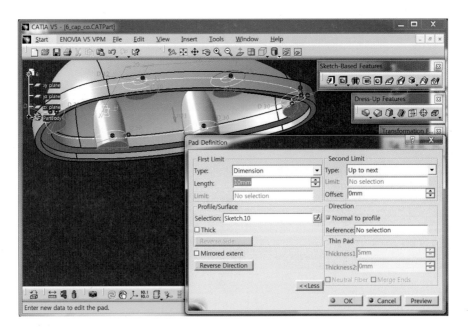

13 xy plane을 스케치 면으로 들어가 6개의 육각형을 그리고 육각형의 점선으로 된 원과 흰색 원을
선택하여 〈Concentricity〉 조건을 주고 다음을 완성한다.

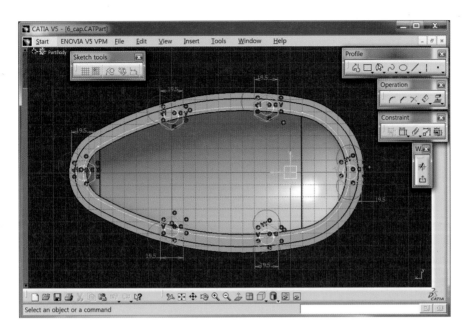

14 〈Pocket〉 기능으로 들어가 Up to last Type으로 위쪽을 제거한다.

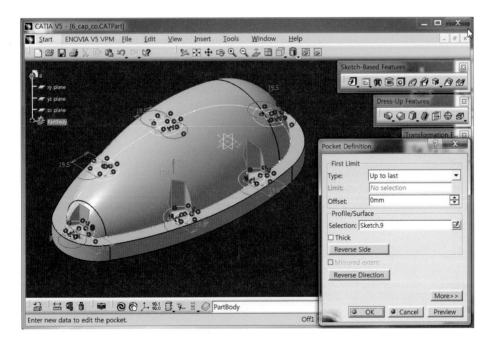

15 〈Pocket〉 기능으로 들어가 원 6개인 프로파일을 스케치 프로파일로 선택한 다음 Up to last Type 으로 아래쪽을 제거한다.

16 〈Draft Angle〉 기능을 선택하여 **구배각도** 2°를 입력하고 파란색을 **중립면**으로 지정한 다음, 육각 형으로 파낸 면을 **구배면**으로 클릭한다.

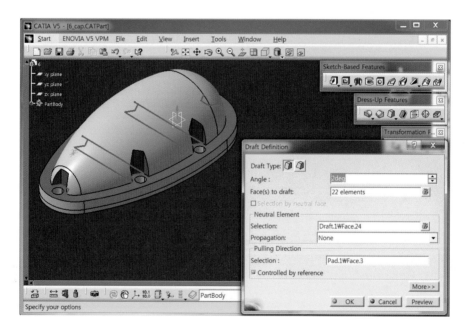

17 〈Draft Angle〉 기능을 선택하여 **구배각도** 2°를 입력하고 파란색을 **중립면**으로 지정한 다음, 안쪽과 바깥쪽 곡면을 **구배면**으로 클릭한다. 중립면을 기준으로 각도가 대칭이 되도록 Parting = Neutral과 Draft both sides 옵션을 체크한다.

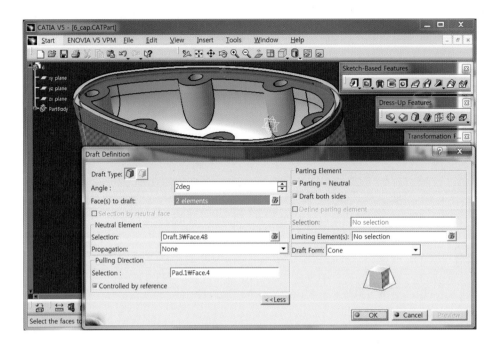

18 다음은 완성된 모델링 형상이다.

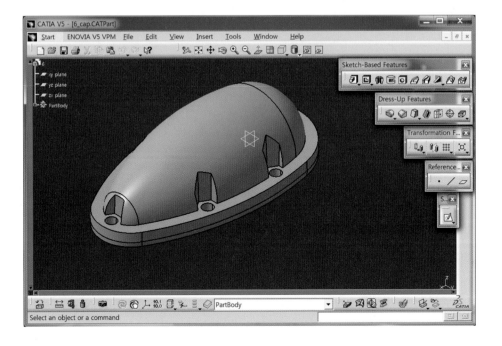

SECTION VIEW
B-B

SECTION VIEW
A-A

도시되고 지시없는 Round R3

김 민 준

실 습 과 제 - 30

SIZE A3
SCALE 1:1

THIS DRAWING IS OUR EXCLUSIVE PROPERTY. IT CAN'T BE REPRODUCED OR COMMUNICATED WITHOUT OUR WRITTEN AGREEMENT.

30 실습과제 - 30

01 xy plane에 다음과 같이 스케치하고 H축에 대칭이 되도록 2° 기울어진 선을 양쪽에 스케치한다.

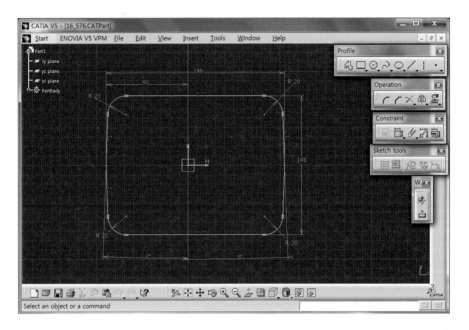

02 〈Pad〉 기능으로 들어가 두께 12mm를 생성한다.

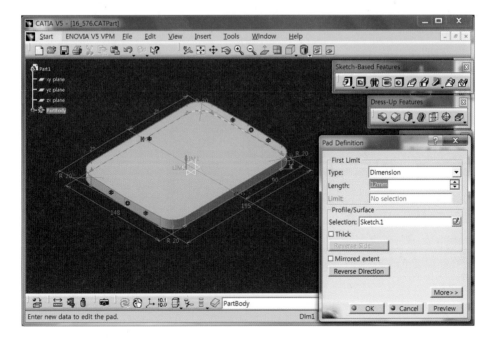

03 Pad의 윗면에 다음과 같이 대칭인 사각형을 스케치한다.

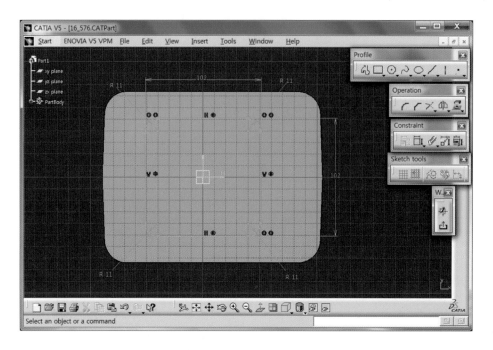

04 〈Pad〉 기능으로 높이 113mm를 생성한다.

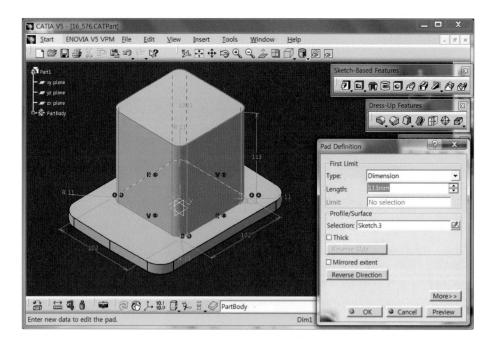

05 바닥면인 xy plane을 스케치 면으로 들어가, ⟨View⟩ 도구막대에서 Shading 상태를 ⟨Wireframe⟩
으로 하고 다음과 같이 사각형을 스케치한다.

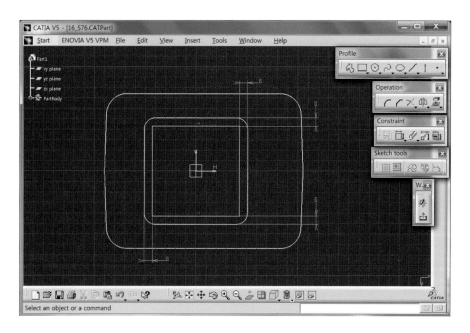

06 Shading 상태를 ⟨Shading with edge⟩로 변경하고, ⟨Pocket⟩ 기능으로 높이 117mm까지 제거한다
(이해를 돕기 위해 바닥을 뚫어 안쪽이 보이도록 하였으며 도면상에는 바닥이 막혀 있다).

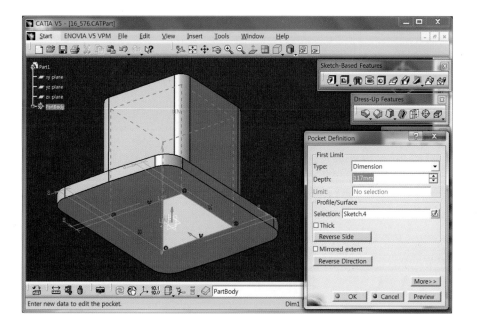

07 그림의 우측 면을 스케치 면으로 하여 Profile 기능으로 좌우대칭이 되도록 다음을 완성한다.

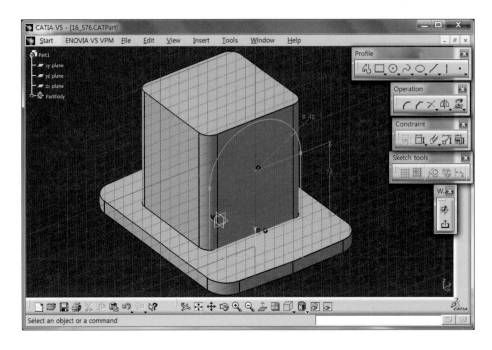

08 〈Pad〉 기능으로 들어가 좌측은 **Up to next Type**으로 하고 우측은 두께 21mm를 생성한다.

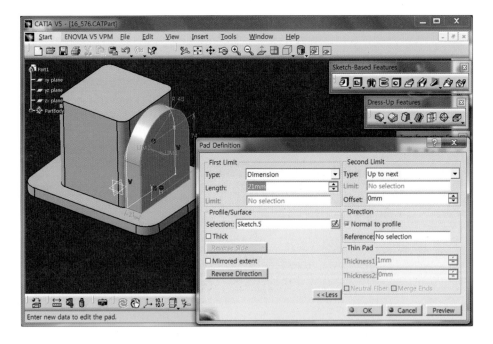

09 회전시켜 사각기둥의 안쪽 면을 스케치 면으로 클릭한다.

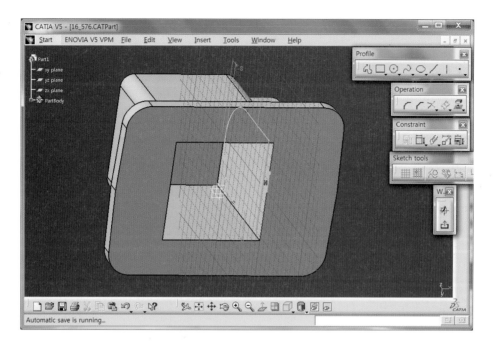

10 〈View〉의 〈Normal view〉를 눌러 다음과 같은 면이 되도록 한 다음, 〈Offset〉 기능으로 간격 8mm
로 다음과 같이 완성한다.

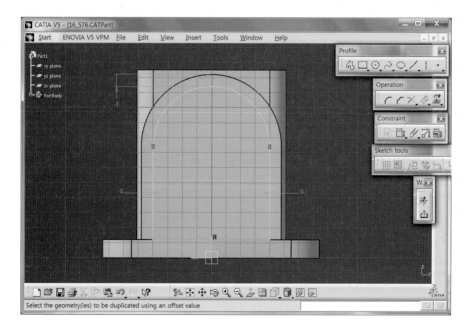

11 〈Pocket〉 기능으로 바깥쪽 방향으로 21mm만큼 제거한다.

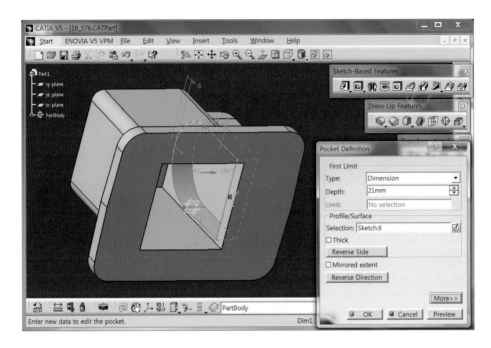

12 갈색 면에 원을 스케치하고 〈Concentricity〉 조건을 준다.

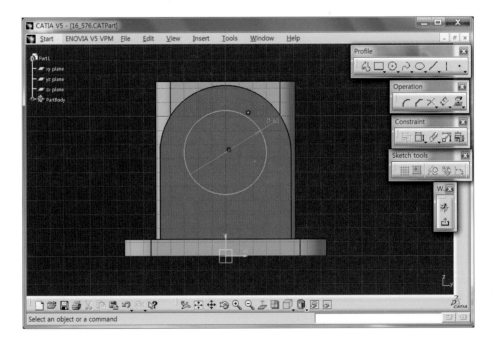

13 〈Pad〉 기능으로 두께 35mm를 생성한다.

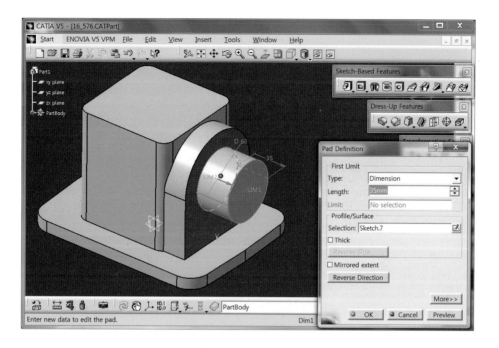

14 파란색의 안쪽 면을 스케치 면으로 선택한다.

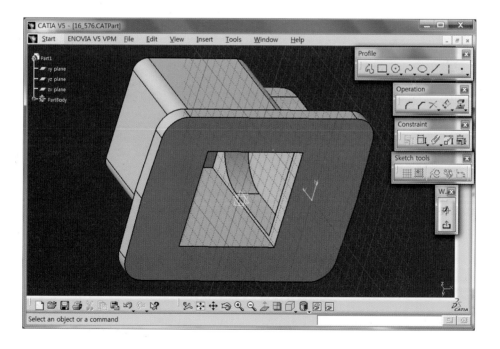

15 파란색 면에 바깥 원과 중심이 일치하는 원을 스케치한다.

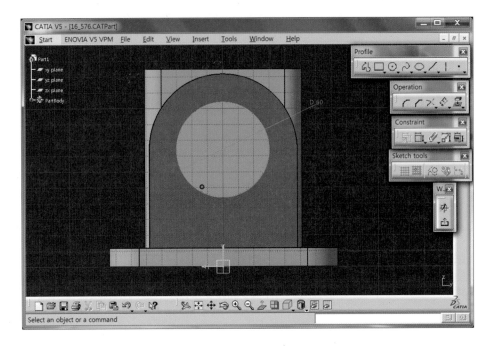

16 〈Pad〉 기능으로 두께 45mm를 생성한다.

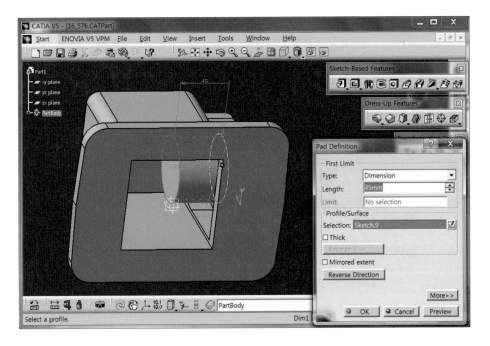

17 zx plane을 스케치 면으로 하여 다음의 회전축과 회전단면을 스케치한다.

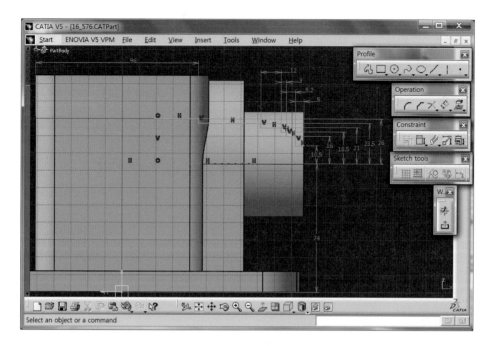

18 〈Groove〉 기능을 이용하여 회전단면의 내부를 모두 제거한다.

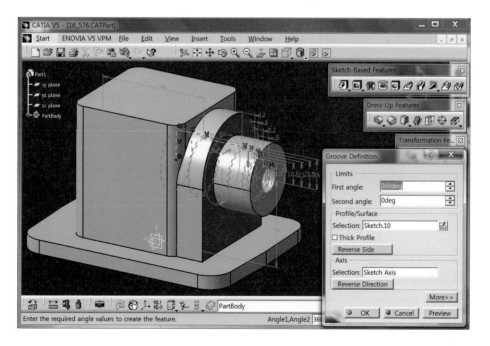

19 그림의 분홍색 면을 스케치 면으로 선택한다.

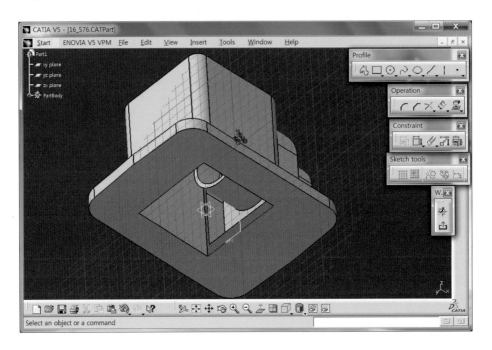

20 다음과 같이 두 원에 걸치도록 사각형을 스케치한다. 사각형의 수평선은 치수 기입을 하지 않아도 된다.

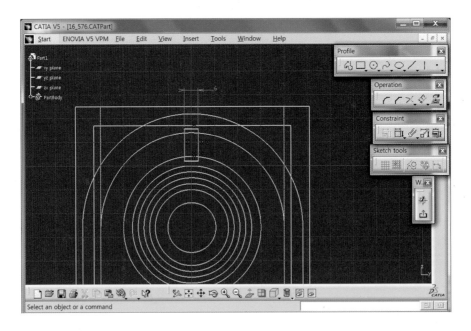

21 〈Pad〉 기능으로 들어가 **Up to next Type**으로 하고 그림의 우측 방향을 Solid로 채운다.

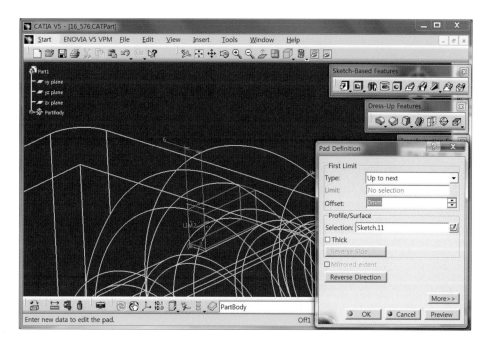

22 그림의 연두색 면을 스케치 면으로 하여 들어간다.

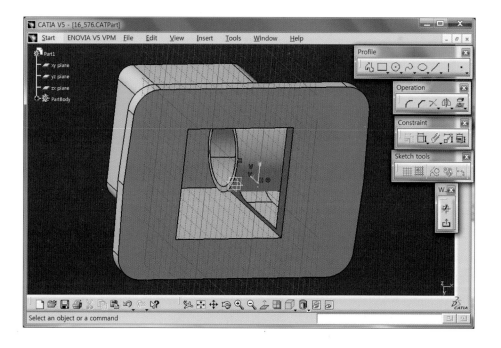

23 사각형의 윗부분이 원과 약간 겹치도록 좌우대칭인 다음의 사각형을 스케치한다.

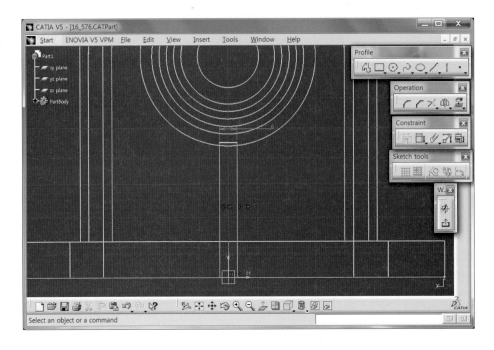

24 〈Pad〉 기능의 **Up to next Type**으로 하고 그림의 우측 방향을 Solid로 채운다. 이때 풀다운 메뉴의 〈View / Depth Effet〉를 선택하여 수직선을 원의 안쪽으로 적당히 이동시키면 Solid의 내부가 보인다.

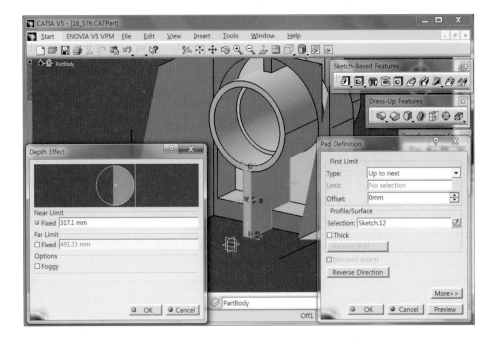

25 패널의 윗면에 다음의 원을 스케치한다.

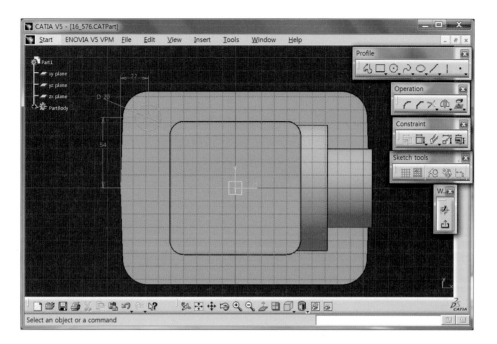

26 〈Pocket〉 기능으로 3mm만큼 제거한다.

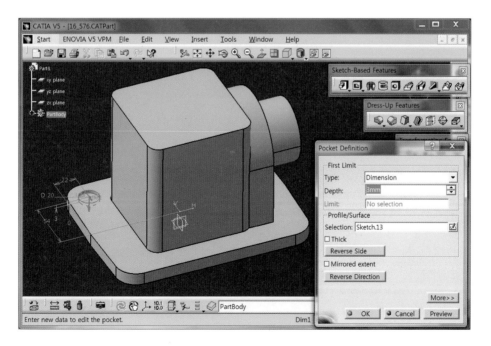

27 패널의 윗면에 다음의 원을 스케치하고, 바깥쪽의 원과 〈Concentricity〉 조건을 준다.

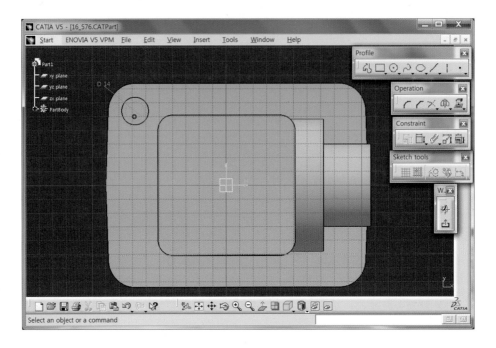

28 〈Pocket〉 기능의 **Up to last Type**으로 관통시킨다.

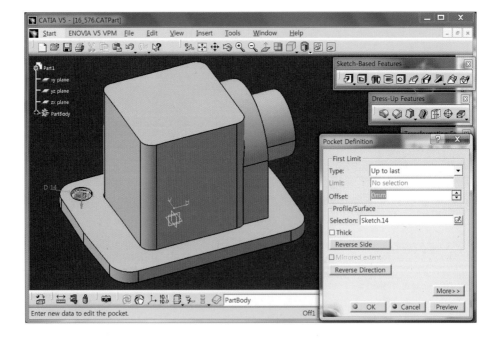

29 Ctrl 버튼을 누르고 생성된 pad와 pocket을 선택한 다음, 〈Rectangular Pattern〉 기능의 **No selection**을 클릭하고 패널의 윗면을 클릭한다. **First Direction**과 **Second Direction**의 **Reverse** 버튼을 눌러 다음과 같이 방향을 맞추고, 151mm 간격 2줄, 108mm 간격 2줄을 생성한다.

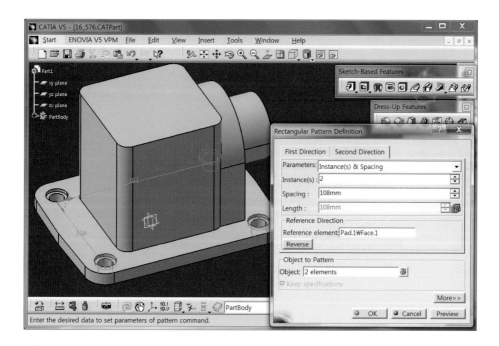

30 사각기둥의 윗면에 다음과 같이 원을 스케치한다.

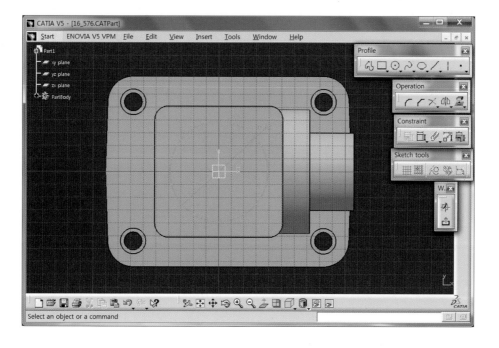

31 〈Pocket〉 기능의 **Up to next Type**으로 윗부분을 제거한다.

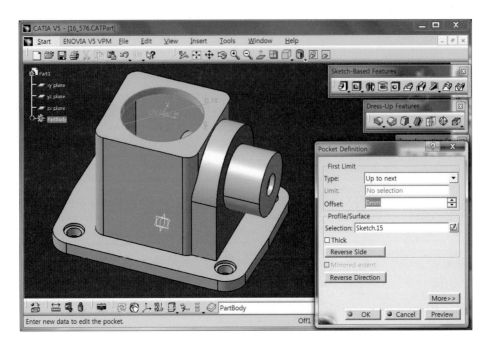

32 사각기둥의 윗면에 다음을 스케치하고, 두 호의 중심이 일치하도록 〈Concentricity〉 조건을 준다.

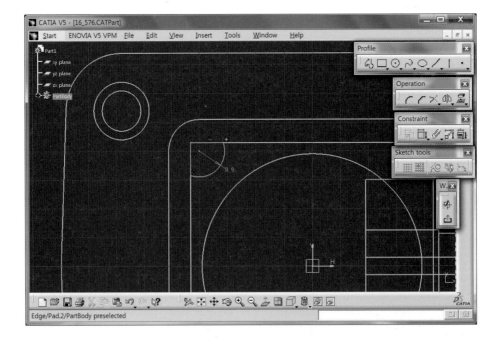

33 〈Pad〉 기능으로 두께 19mm를 생성한다.

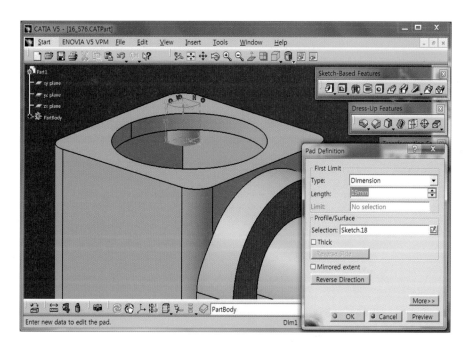

34 윗면에 다음의 원을 스케치하여 〈Pocket〉 기능으로 19mm를 제거한다.

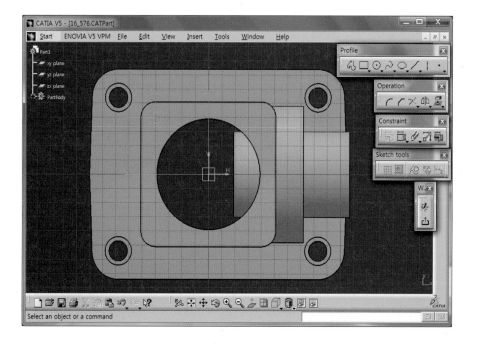

35 Ctrl 버튼을 이용하여 생성된 pad와 pocket을 선택하고 〈Circular Pattern〉 기능으로 들어가 No selection을 클릭하고 파란색 곡면을 클릭한다. Instance & angular spacing을 설정하고 90° 간격으로 4개의 원형 패턴을 생성한다.

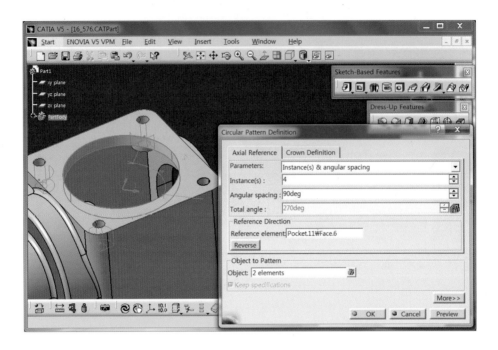

36 사각기둥의 반대편에 다음의 원을 스케치한다.

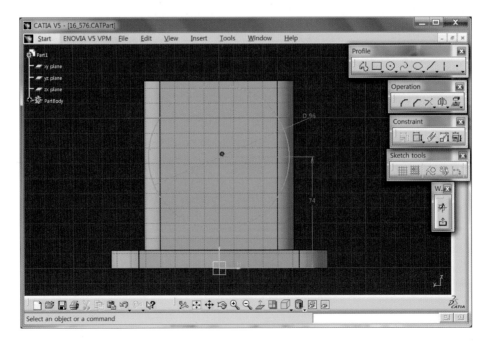

37 〈Pad〉 기능으로 들어가 사각기둥 방향은 **Up to next Type**을 주고, 반대 방향은 두께 5mm를 입력한다.

38 생성된 원기둥의 평면 부분에 동심원을 스케치한다.

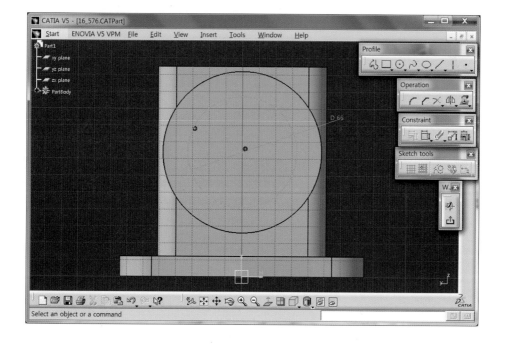

39 〈Pocket〉기능의 **Up to next Type**으로 제거한다.

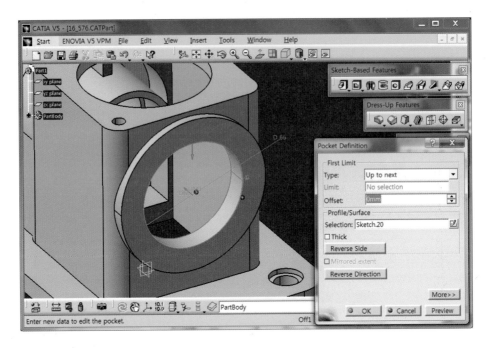

40 원기둥의 평면 부분에 점선으로 동심원을 스케치하고, 그 위에 작은 원을 생성한다.

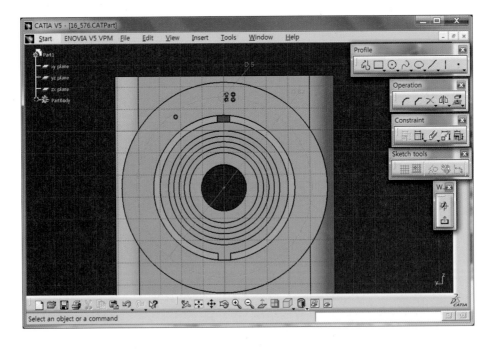

41 〈Pocket〉 기능으로 8mm를 제거한다.

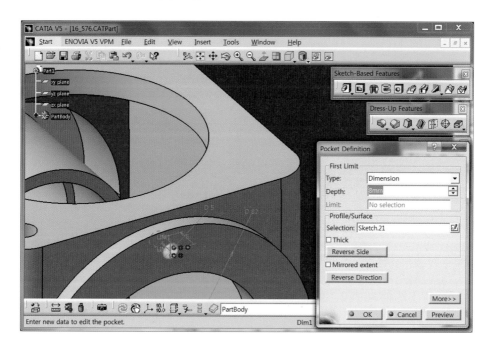

42 생성된 pocket을 선택하고 〈Circular Pattern〉 기능으로 들어가 **No selection**을 클릭하고 노란색 곡면을 선택한다. **Instance & angular spacing**을 설정하고 90° 간격으로 4개의 원형 패턴을 생성한다.

43 연두색 면에 다음의 단면을 스케치한다.

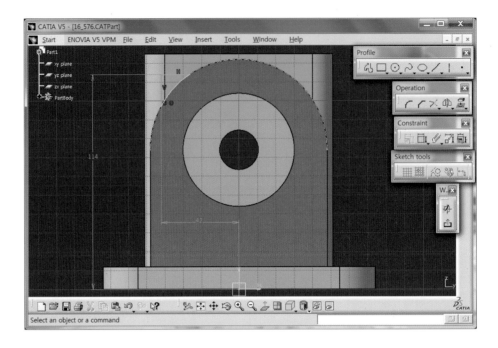

44 〈Pad〉 기능으로 들어가 사각기둥 방향은 **Up to next Type**을 주고 반대 방향은 두께 20mm를 입력한다.

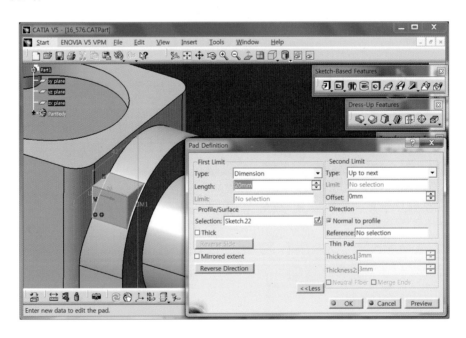

45 생성된 pad의 윗면에 다음의 원을 스케치한다.

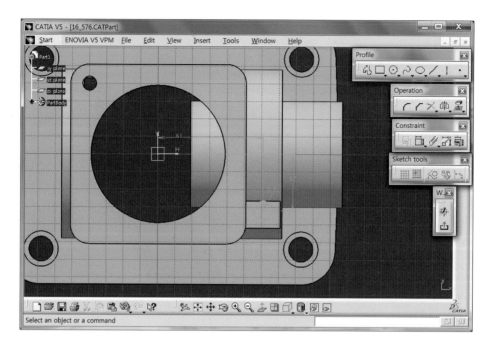

46 〈Pocket〉 기능으로 4mm를 제거한다.

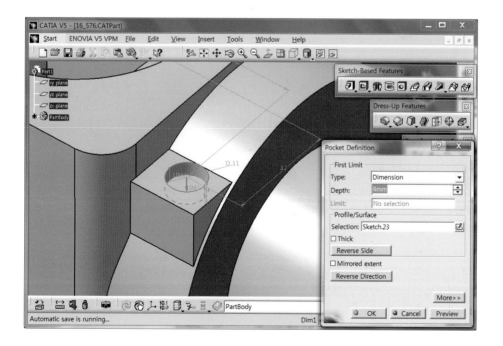

47 같은 면에 원을 스케치하고 〈Pocket〉 기능으로 11mm를 제거한다.

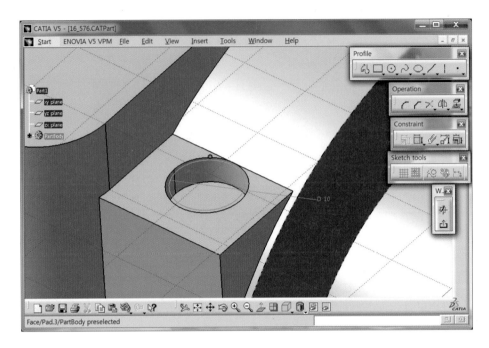

48 〈Edge Fillet〉 기능으로 10mm의 라운딩을 생성한다.

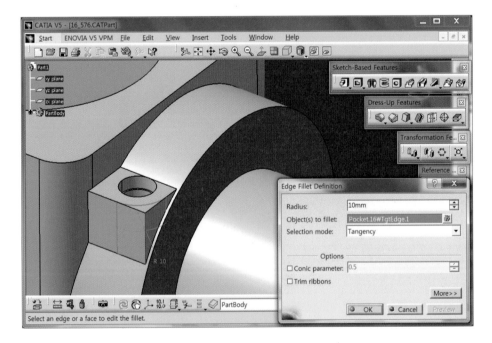

49 분홍색 면에 다음의 원을 스케치하고 〈Pad〉의 **Up to next Type**으로 원통을 생성한다.

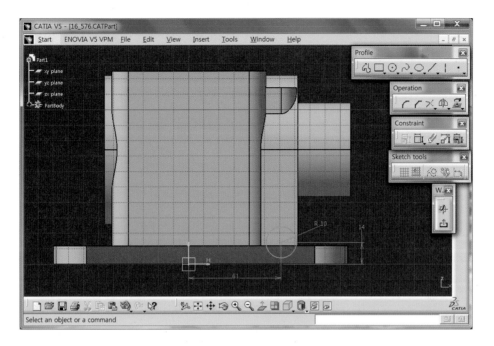

50 xy plane에 다음과 같이 사각형을 스케치하고 〈Pad〉 기능으로 두께 12mm를 주어 바닥면의 두께만큼 다시 채운다.

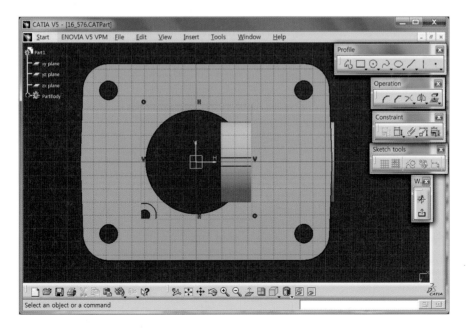

51 xy plane에 다음과 같이 사각형을 스케치하고 〈Pocket〉 기능으로 두께 3mm를 제거한다.

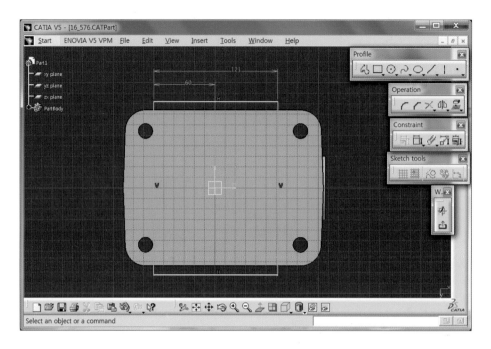

52 분홍색 면에 다음의 원을 스케치하고, 〈Pad〉 기능으로바깥쪽에 두께 3mm를 생성한다.

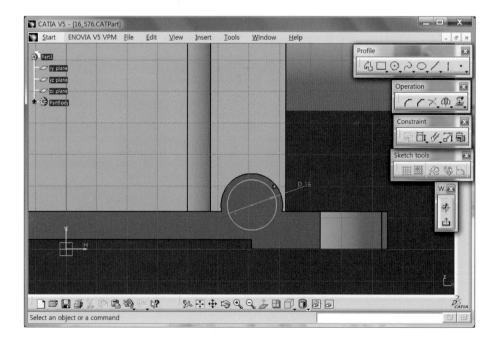

53 〈Edge Fillet〉 기능으로 다음의 모서리에 3mm로 라운딩한다.

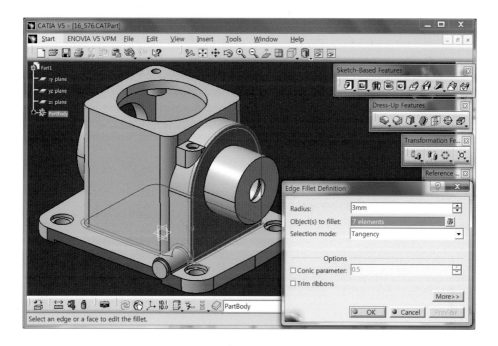

54 〈Edge Fillet〉 기능으로 다음의 모서리에 3mm로 라운딩한다.

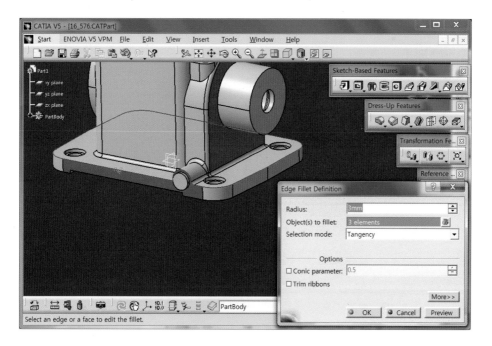

55 〈Chamfer〉 기능으로 그림의 양쪽 모서리에 1mm를 생성한다.

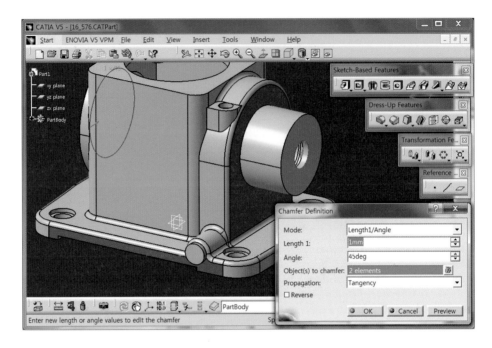

56 〈Edge Fillet〉 기능으로 다음의 모서리에 3mm로 라운딩한다.

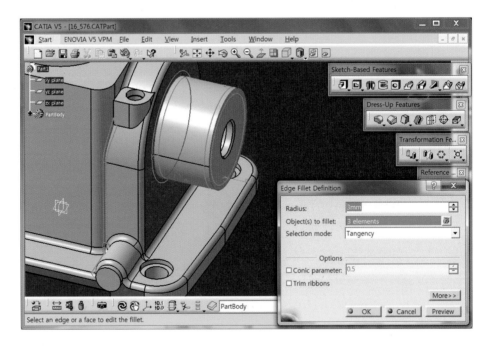

57 노란색 면에 다음의 원을 스케치하고, 〈Pocket〉 기능으로 4mm 제거한다.

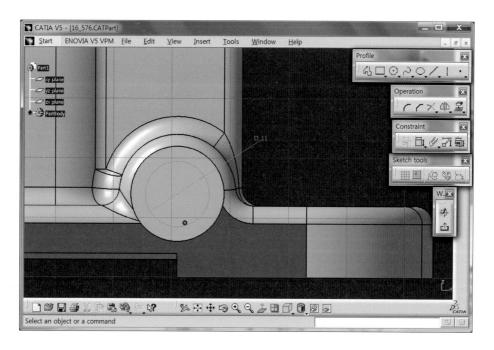

58 노란색 면에 다음의 원을 스케치하고, 〈Pocket〉 기능으로 35mm를 제거한다.

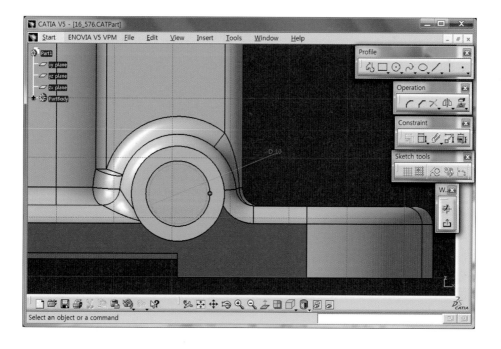

59 다음은 완성된 모델링 형상이다.

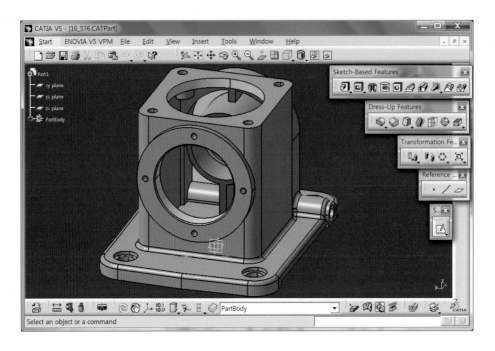

CATIA V5 - 3D 실 기 · 실 무

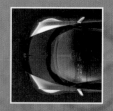

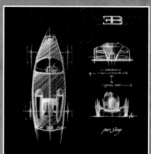

실습도면

💬 BRIEF SUMMARY

이 장에서는 1장에서 완성한 실습도면을 모두 수록하여 한눈에 살펴볼 수 있도록 하였다.

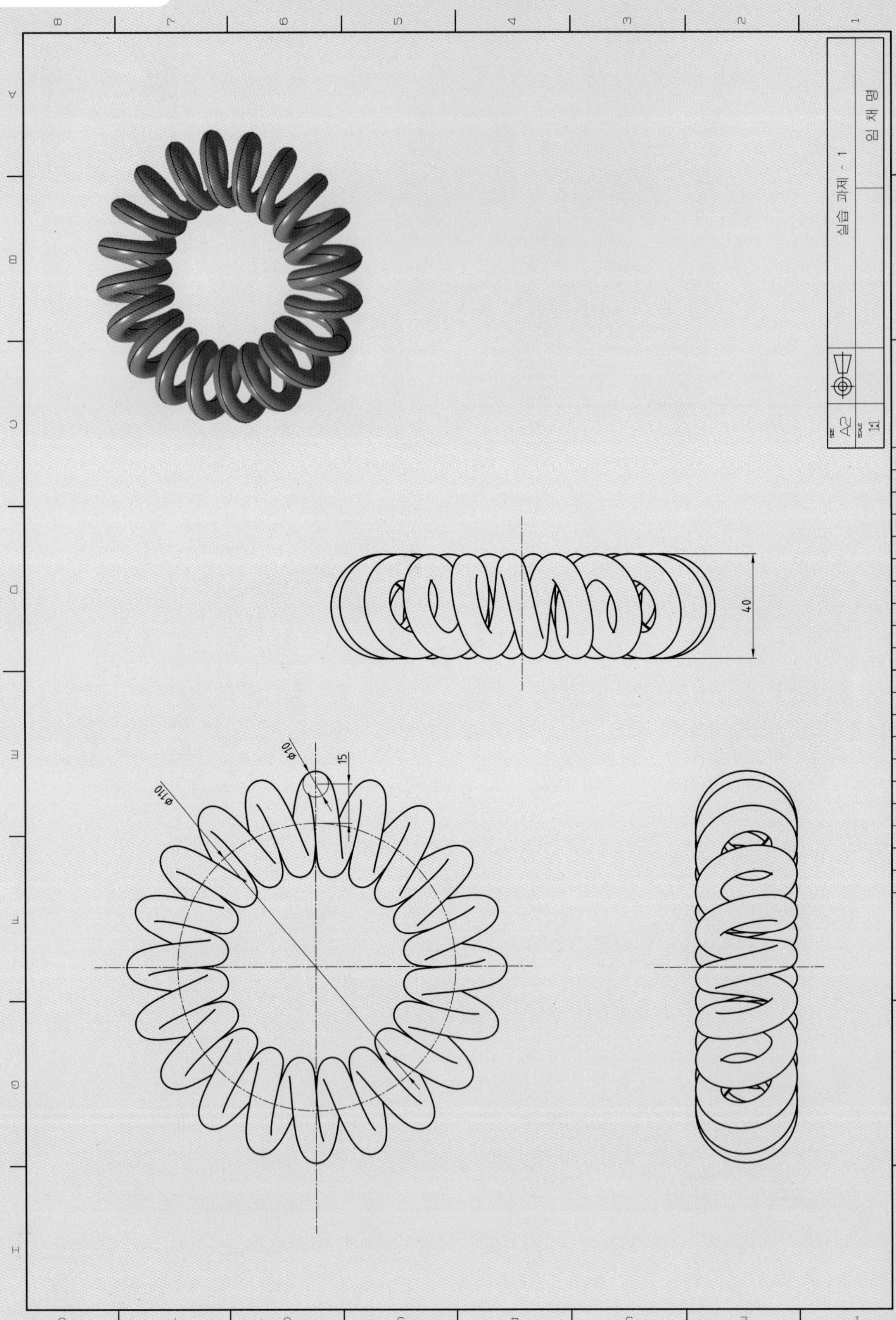

실습 과제 - 1
임 채 명
SIZE A2
SCALE 1:1
40
ø110
ø10
15

실습 과제 - 2

김 민 준

SIZE A3
SCALE 3 : 1

THIS DRAWING IS OUR DESIGN. IT CAN'T BE REPRODUCED OR COMMUNICATED WITHOUT OUR WRITTEN AUTHORITY.

Ø2

7.5

11

32

14

14

8

16

16

R3

R2

R3

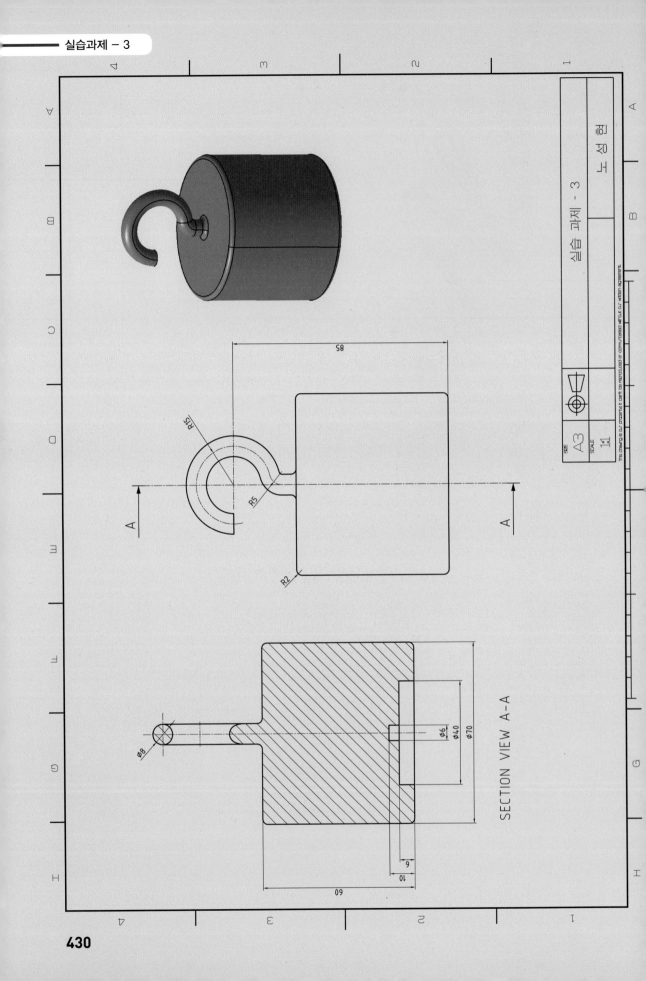

SECTION VIEW A-A

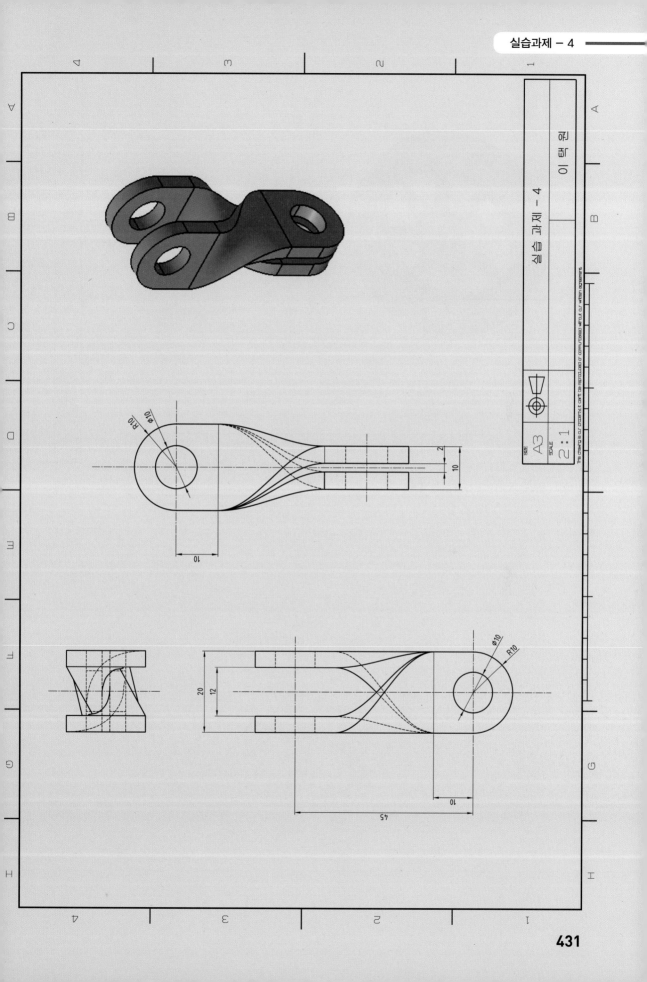

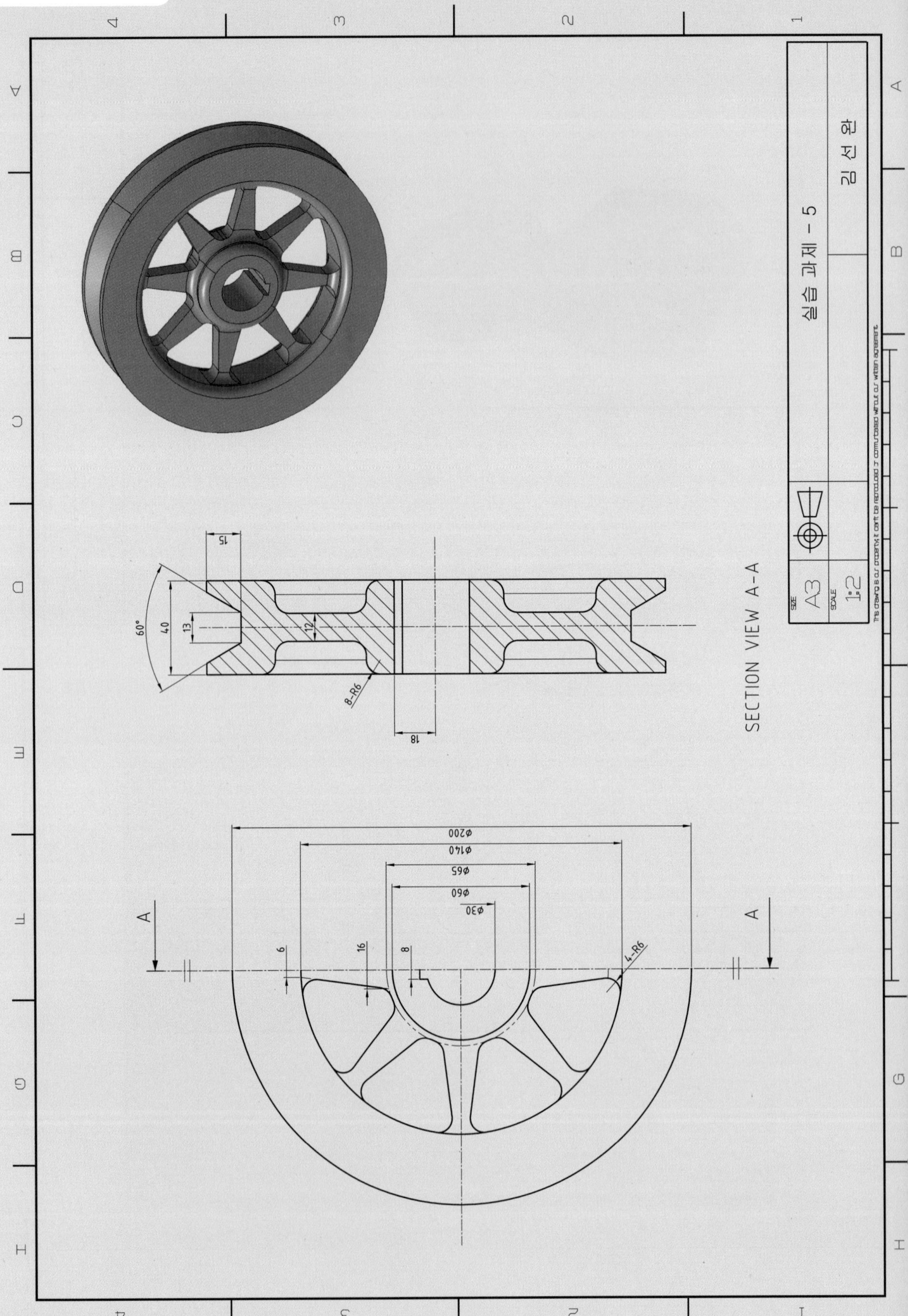

SECTION VIEW A-A

60°
40
13
15
12
8-R6
18

Ø200
Ø140
Ø65
Ø60
Ø30

6
16
8
4-R6

A

A

실습 과제 – 5

김 선 현

SIDE A3
SCALE 1:2

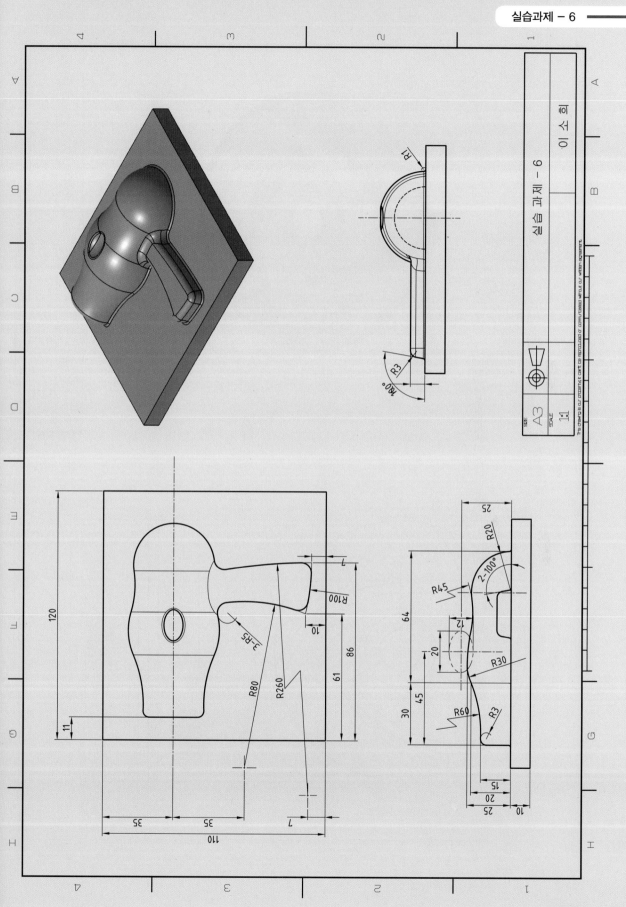

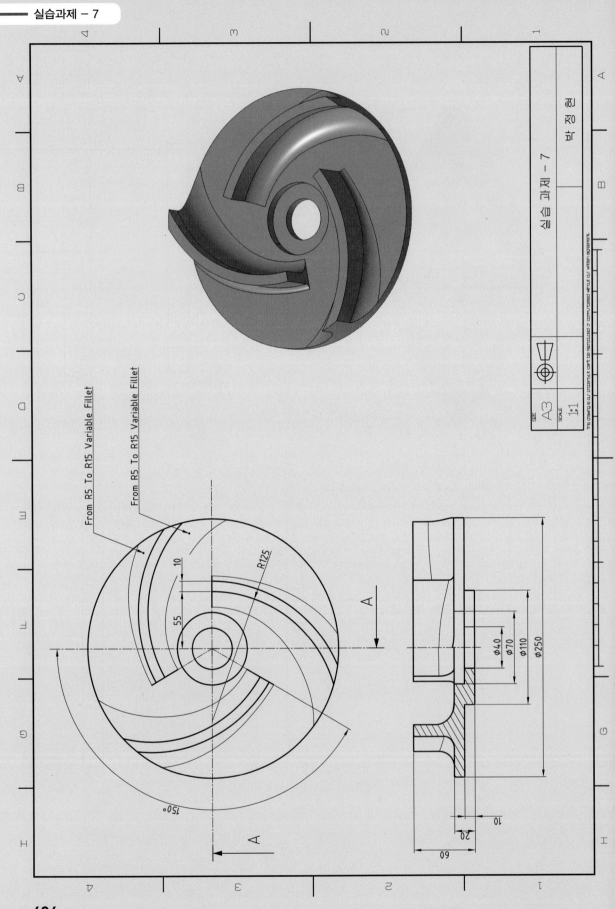

From R5 To R15 Variable Fillet

From R5 To R15 Variable Fillet

10

55

R125

150°

A

A

φ40
φ70
φ110
φ250

10
20
60

실습 과제 – 7

박 정현

SIZE
A3

SCALE
1:1

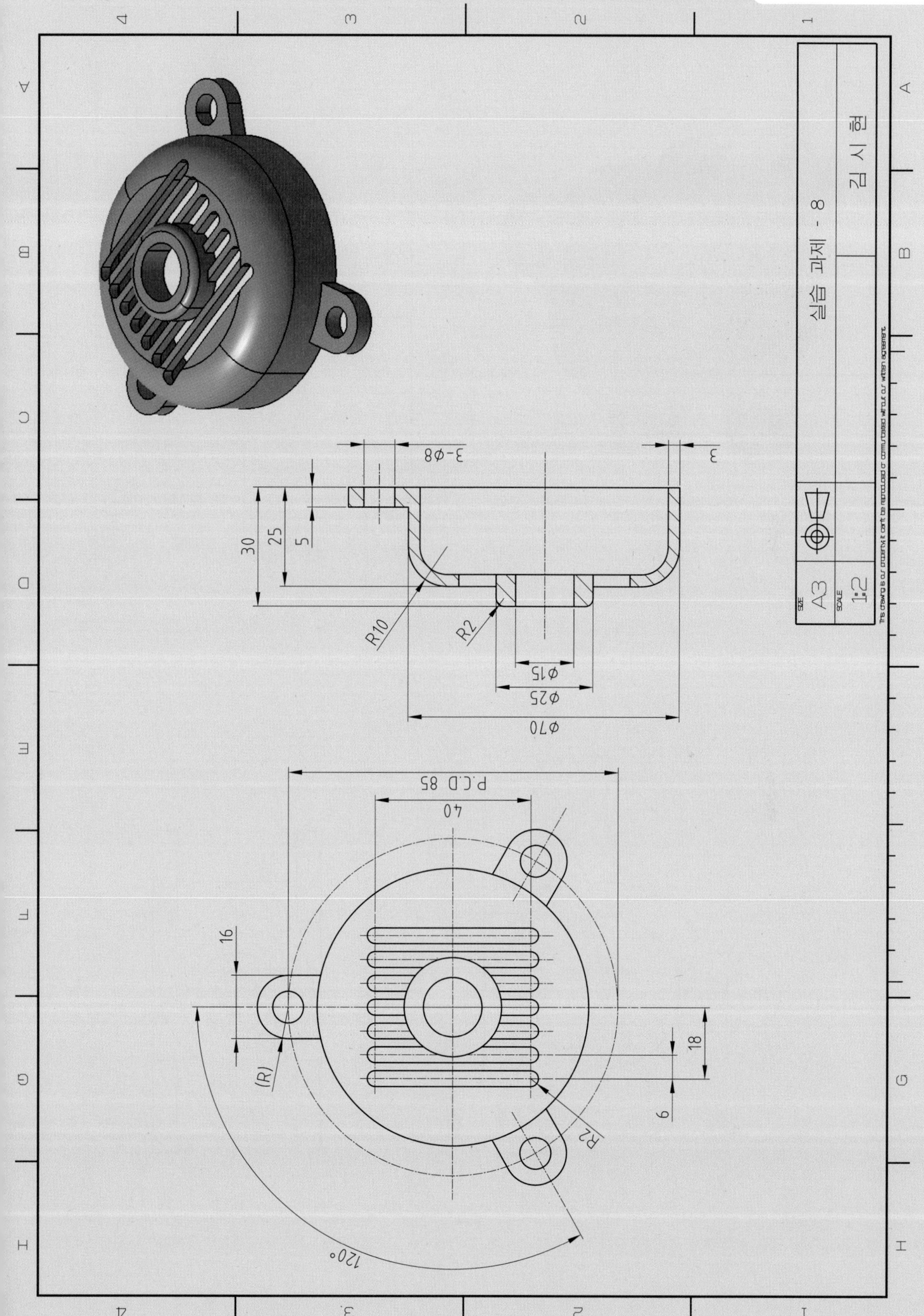

실습 과제 - 8
김 시 현
SIZE A3
SCALE 1:2
3-Ø8
3
30
25
5
R10
R2
Ø15
Ø25
Ø70
P.C.D 85
40
16
18
6
(R)
R2
120°

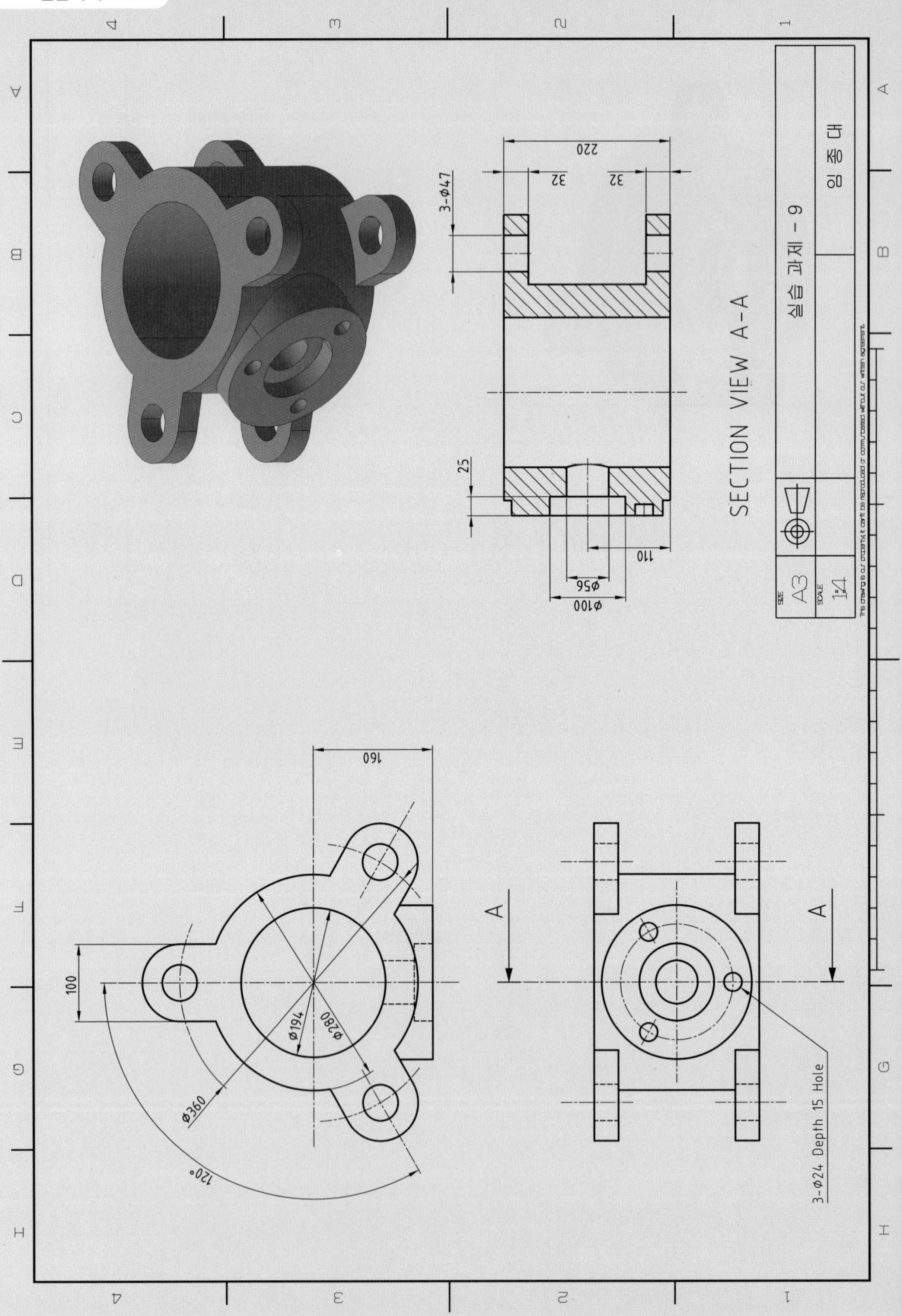

SECTION VIEW A-A

3-Φ47

220

32 32

25

Φ56
Φ100

110

160

100

Φ194
Φ280

Φ360

120°

A

A

3-Φ24 Depth 15 Hole

실습 과제 – 9

임 종 대

SIZE A3

SCALE 1:4

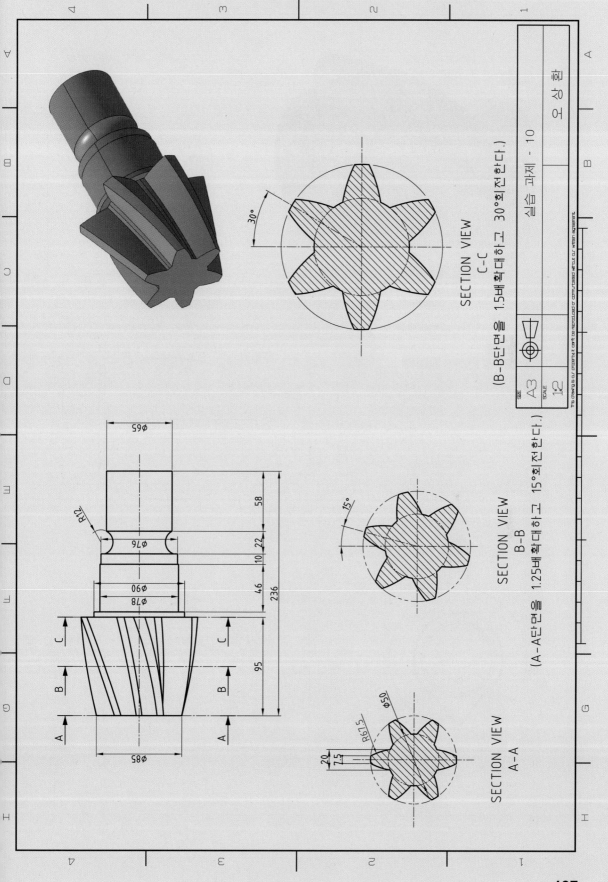

SECTION VIEW
C-C
(B-B단면을 1.5배 확대하고 30°회전한다.)

SECTION VIEW
B-B
(A-A단면을 1.25배 확대하고 15°회전한다.)

SECTION VIEW
A-A

30°

15°

Φ65

58

R12

Φ76

22

10

Φ90

Φ78

46

236

C   C

B   B

95

A   A

Φ85

Φ50

R615

20

7.5

어 상 현

실습 과제 - 10

SIZE A3

SCALE 1:2

437

NOTE
1. Thickness 15mm

실습 과제 - 11

허 재 영

SIZE A2
SCALE 1:2

(277.5)
20
50
200
75

R50
R195
R75

Ø120
Ø90
Ø143

Ellipse Ex12.5 Ry5
Nomal to axis

75
R10
75°
10

77.5
2-R25
91
119
20°
108
R175

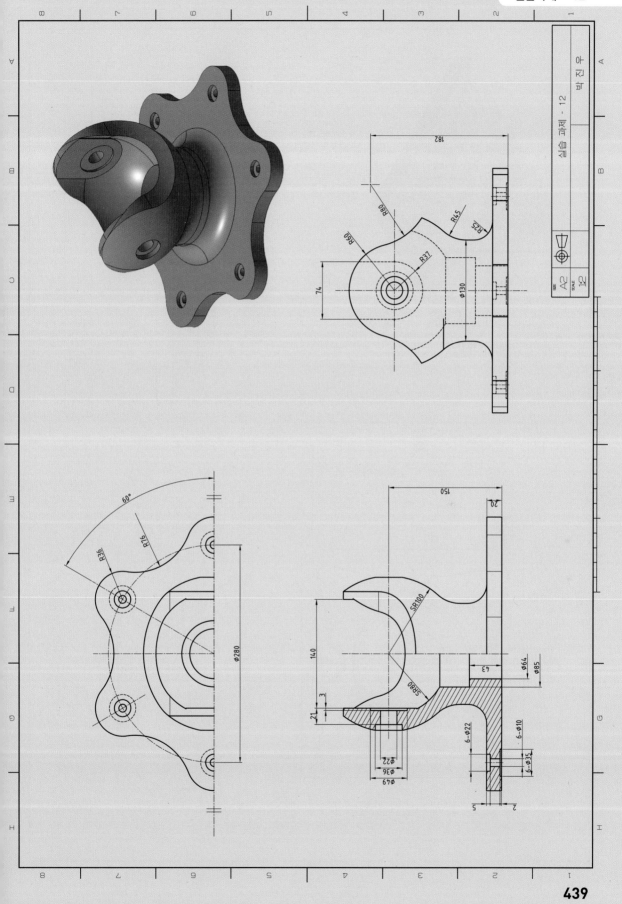

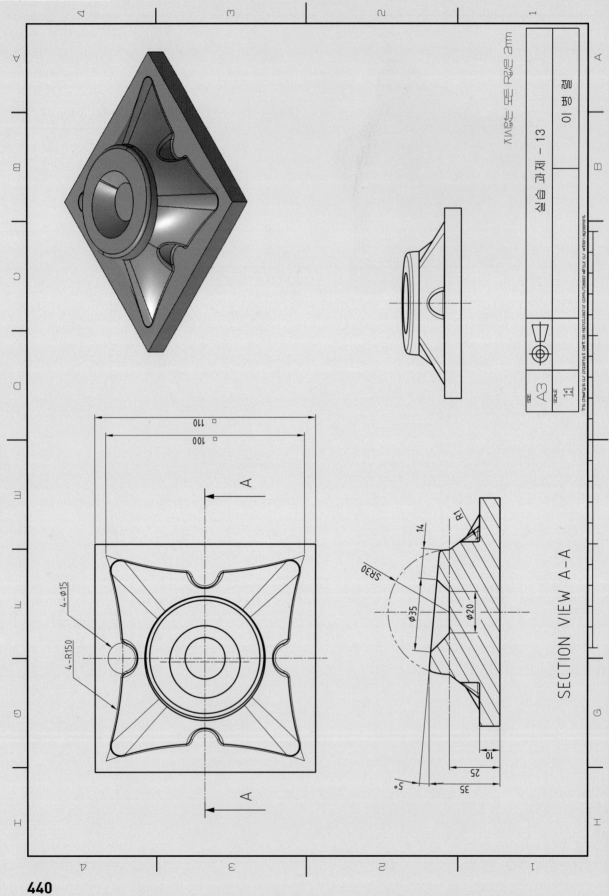

SECTION VIEW A-A

실습 과제 – 13

이 병 렬

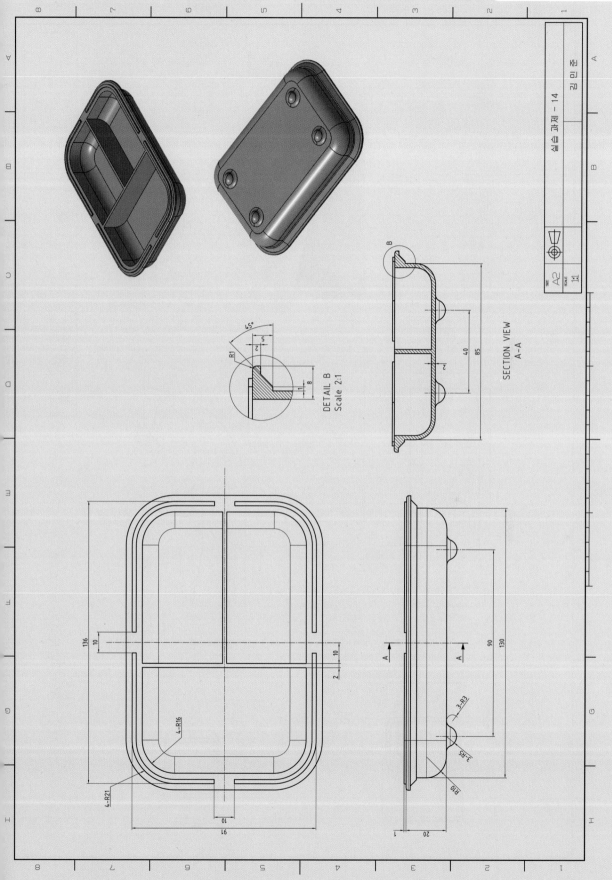

DETAIL B
Scale 2:1

R1

45°

5

2

1

8

SECTION VIEW
A–A

B

40

85

2

2

136

10

10

2

4–R16

4–R21

91

10

90

130

A

A

3–R3

2–R5

R10

20

1

A2
SIZE
SCALE
1:1
실습과제 – 14
김 민 준

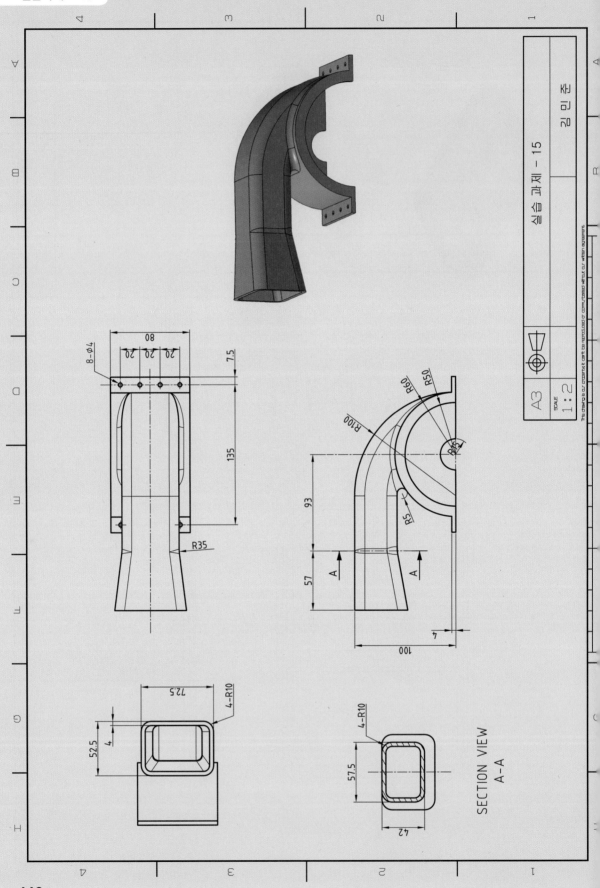

SECTION VIEW
A-A

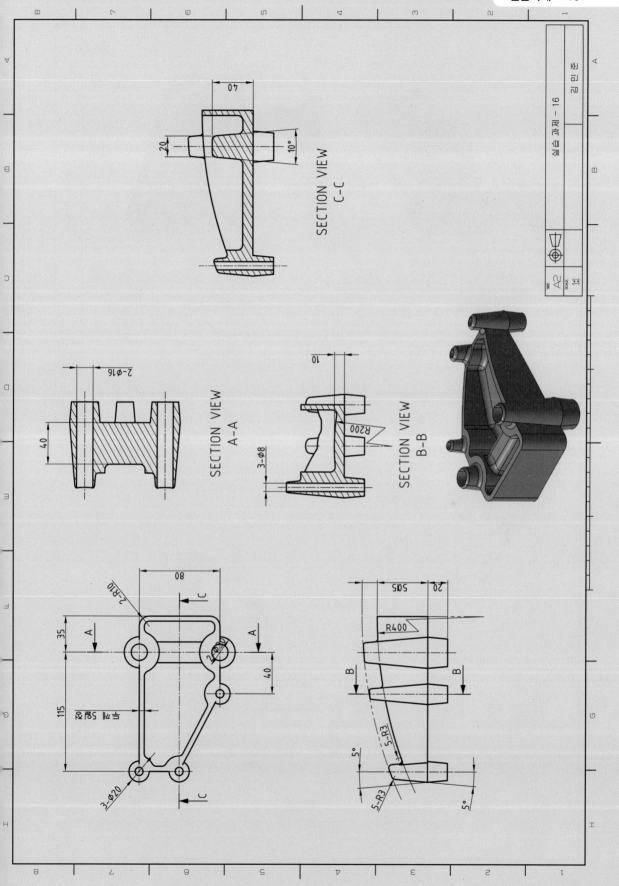

SECTION VIEW
C-C

SECTION VIEW
A-A

SECTION VIEW
B-B

SECTION VIEW
A-A

실습 과제 – 17

김 인 준

SIZE A3

SCALE 1:1

This drawing is our property. It can't be reproduced or communicated without our written agreement.

1

5

7.5

φ3.75

4-φ7.25

4-φ2.5

20

25

R2.5

R10

10

20

4.25

2.5

φ15

A

A

40

80

(R)

4-R5

2.5

10

45

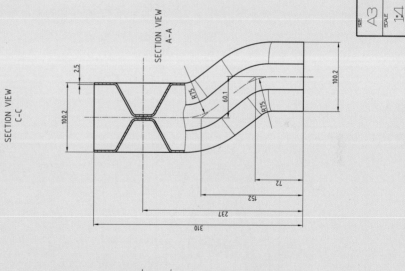

SECTION VIEW
D-D

R5.5

SECTION VIEW
A-A

SECTION VIEW
C-C

2-R5.5

28°
18

2.5

100.2

R15

60.1

R15

100.2

152

72

237

310

SECTION VIEW
B-B

4-R315

58°
28
8

4-R5.5

R488

80.1

9°

14°

A

A

D

D

B

B

C

C

15.1

100.2

50.1

151

실습 과제 – 18

김 인 준

SIZE
A3

SCALE
1:4

This drawing is our property. It can't be reproduced or communicated without our written agreement.

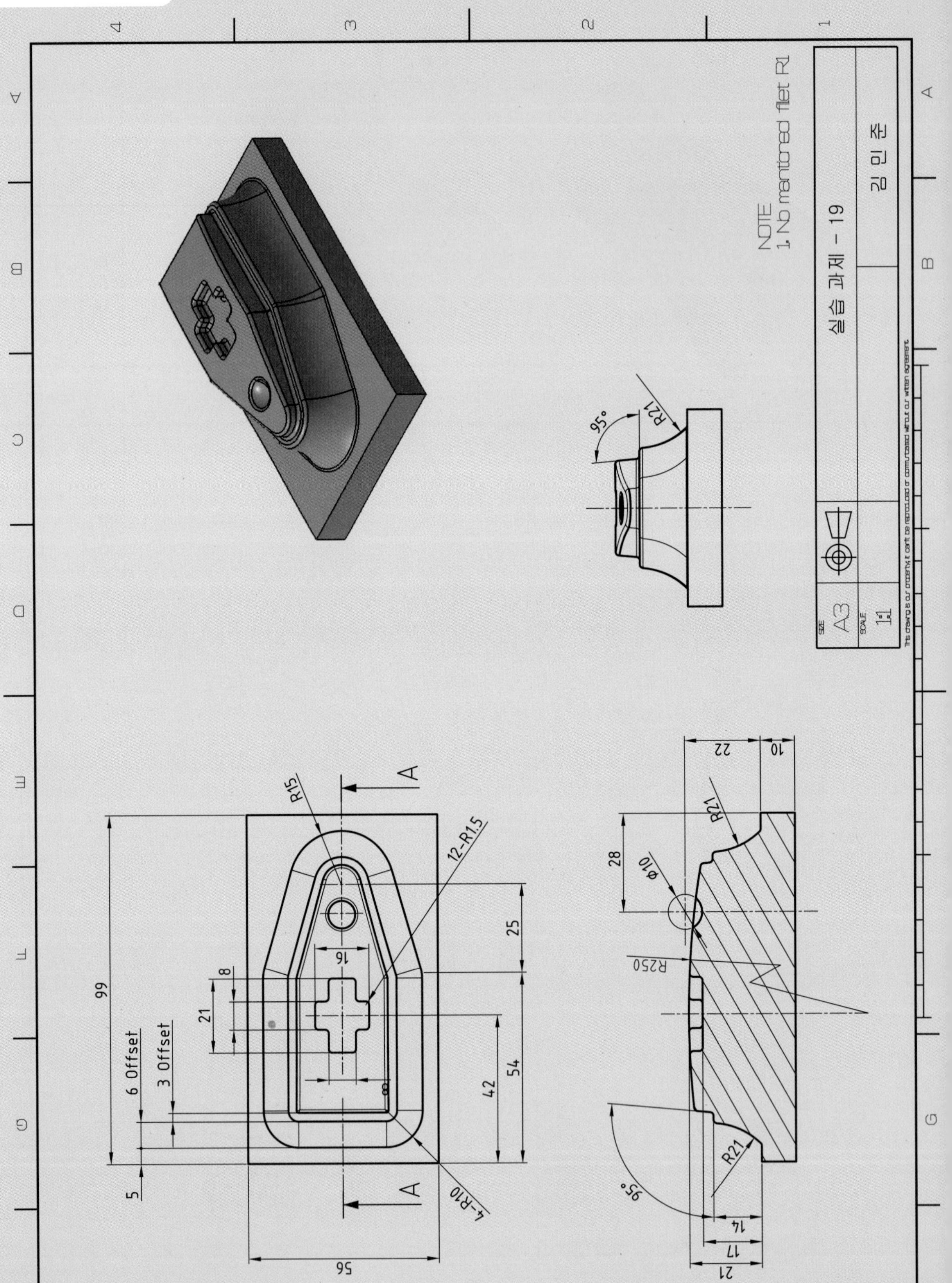
NOTE
1. No mentioned fillet R1
실습 과제 - 19
김 민 준
SIZE A3
SCALE 1:1
A
A
R15
12-R1.5
4-R10
99
56
6 Offset
3 Offset
5
8
21
16
25
42
54
28
22
10
ϕ10
R21
R250
95°
14
17
21

SECTION VIEW
A-A

R8
R5
R40 (Profile curve)
2°
3°

실습 과제 – 20

김 민 준

SIZE A3
SCALE 1:2

THIS DRAWING IS OUR PROPERTY IT CAN'T BE REPRODUCED OR COMMUNICATED WITHOUT OUR WRITTEN AGREEMENT.

80
12
12
72

R500
R420
R250
R450

Center curve 1
2-R8
2-R5

177
5
R15
42
3°
62°
R150
200
R80
R30
63
27
A
A
R80

Center curve 2

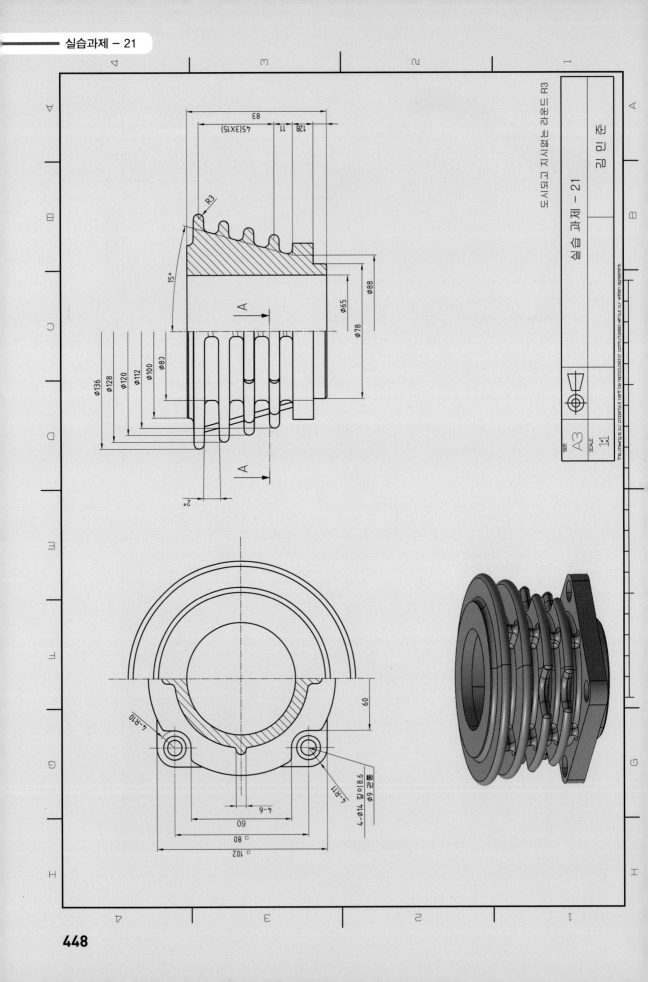

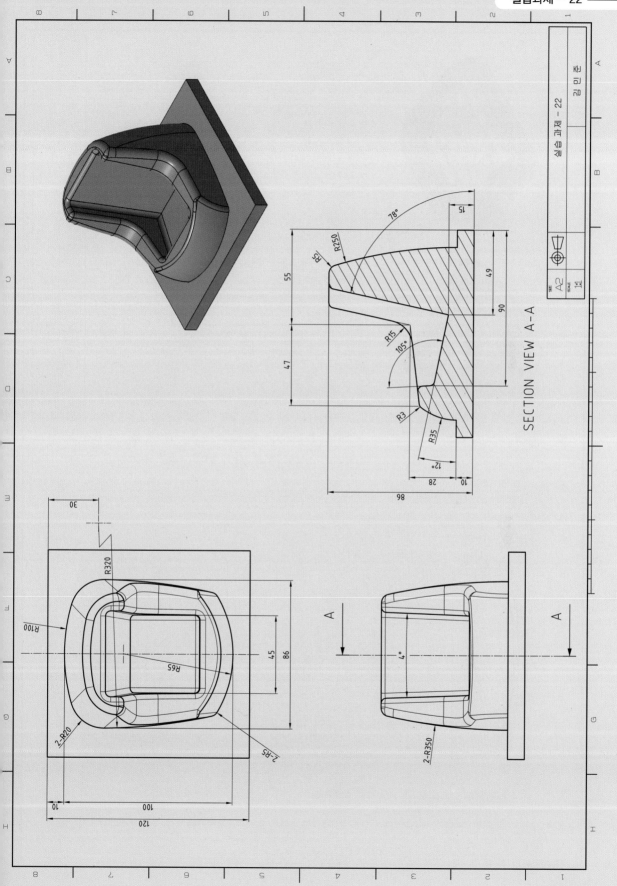

SECTION VIEW A-A

78°
R250
R5
15
49
90
55
47
R15
105°
R3
R35
12°
28
10
86

30
R320
R100
R65
45
86
2-R20
2-R5
10
100
120

A
A
4°
2-R350

실습과제 – 22
김 인 준
SIZE A2
SCALE 1:1

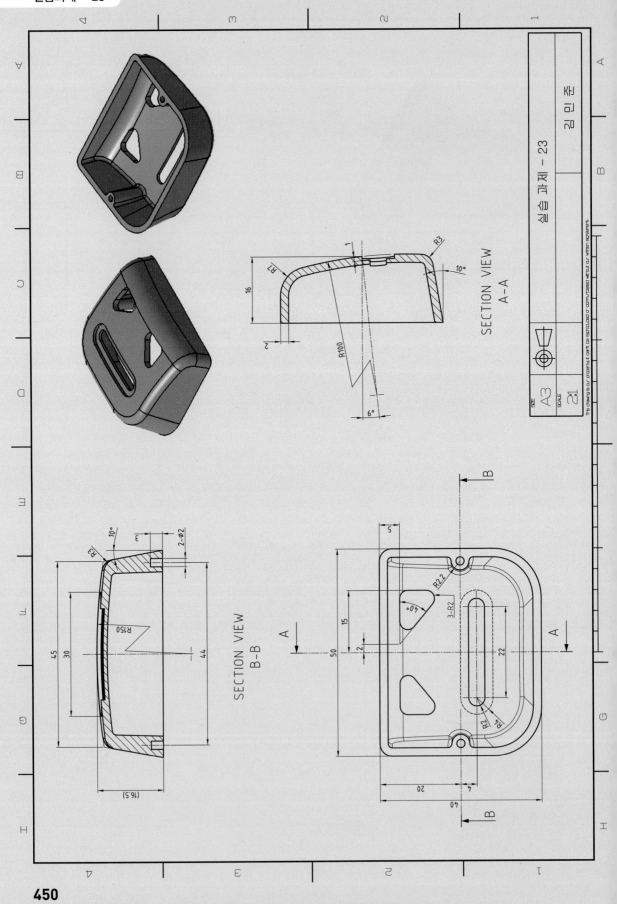

SECTION VIEW
A-A

SECTION VIEW
B-B

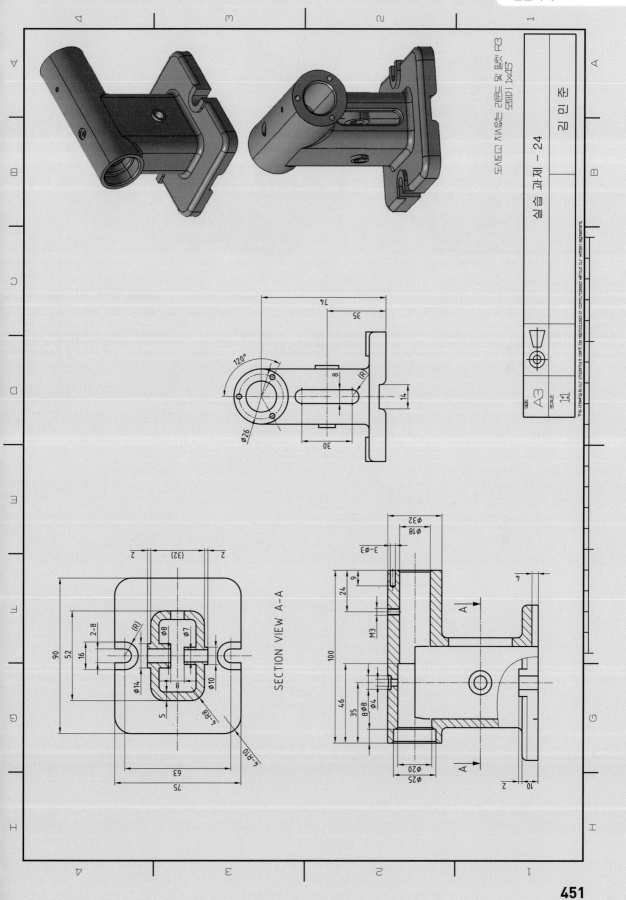

SECTION VIEW A-A

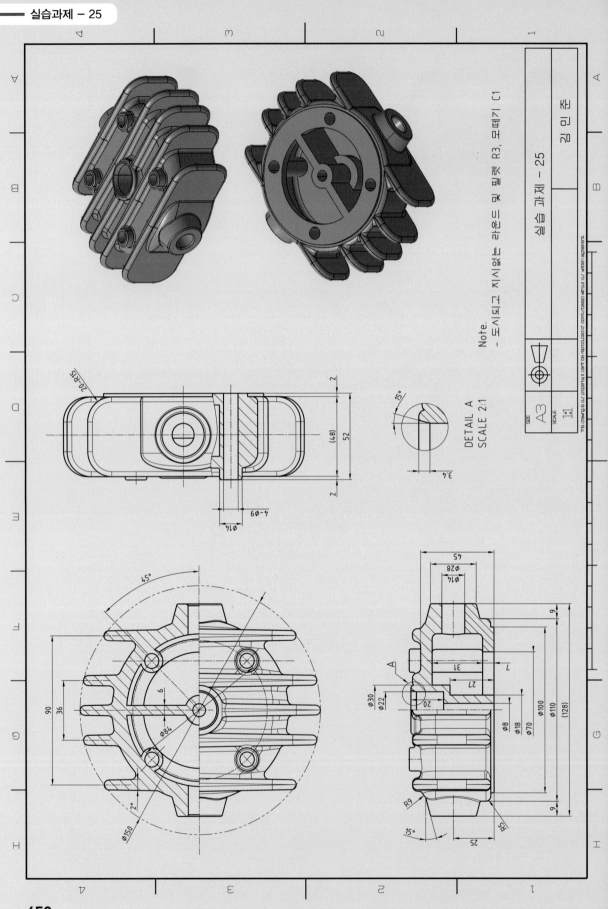

Note.
- 도시되고 지시없는 라운드 및 필렛 R3, 모떼기 C1

DETAIL A
SCALE 2:1

실습 과제 – 25

김 민 준

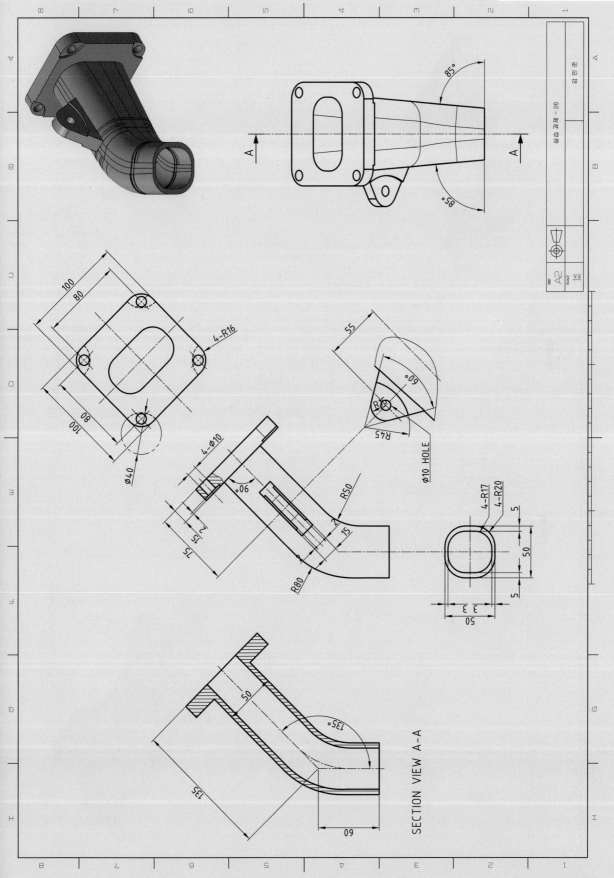

SECTION VIEW A-A

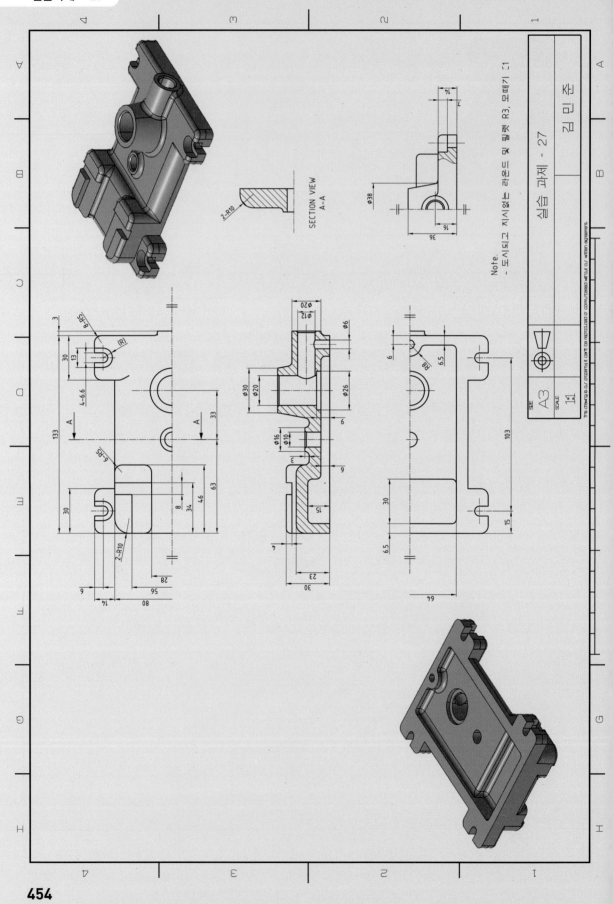

SECTION VIEW
A-A

2-R10

Note.
- 도시되고 지시없는 라운드 및 필렛 R3, 모떼기 C1

실습 과제 - 27

김 민 준

SIZE
A3

SCALE
1:1

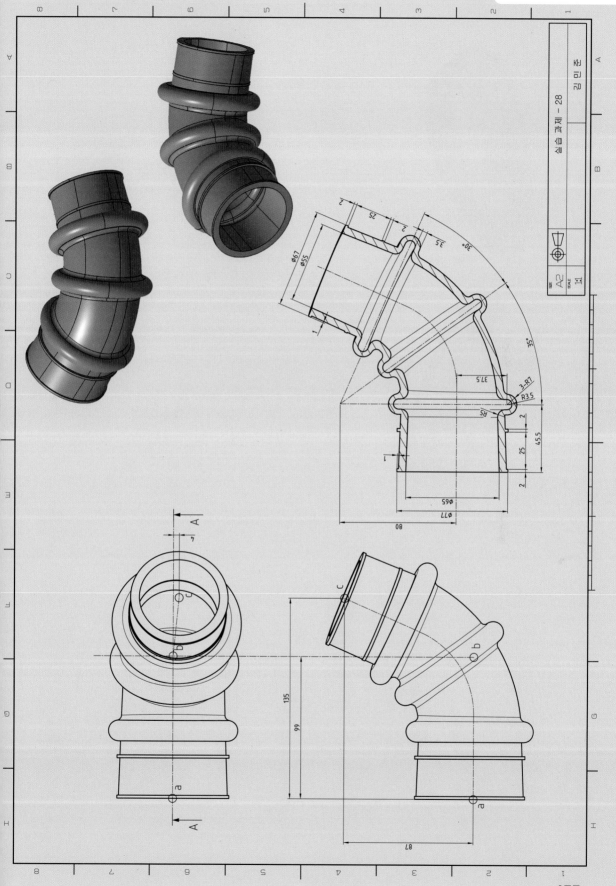

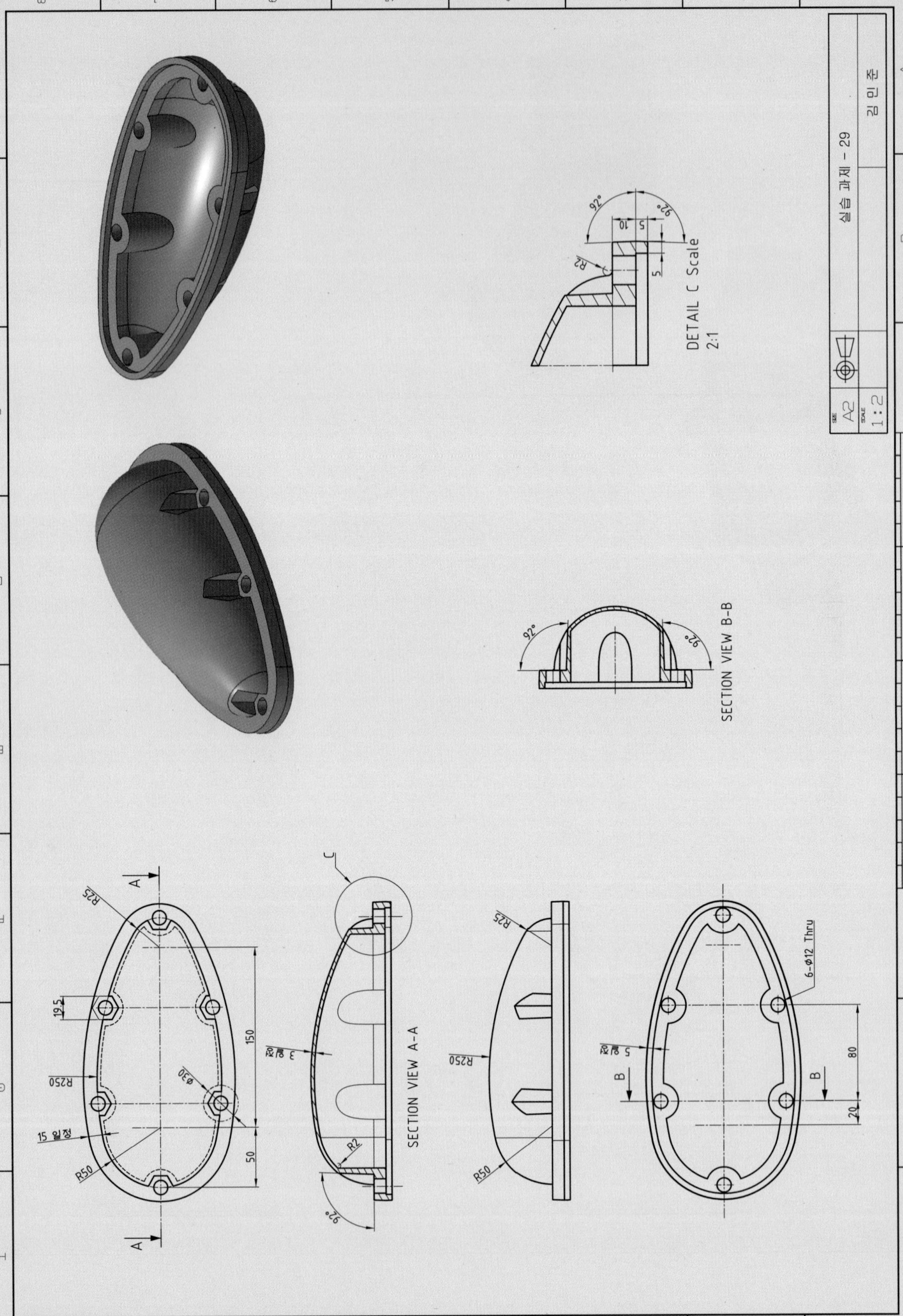

DETAIL C Scale
2:1

SECTION VIEW B-B

SECTION VIEW A-A

6-φ12 Thru

실습과제 - 29
김인준
A2
1:2

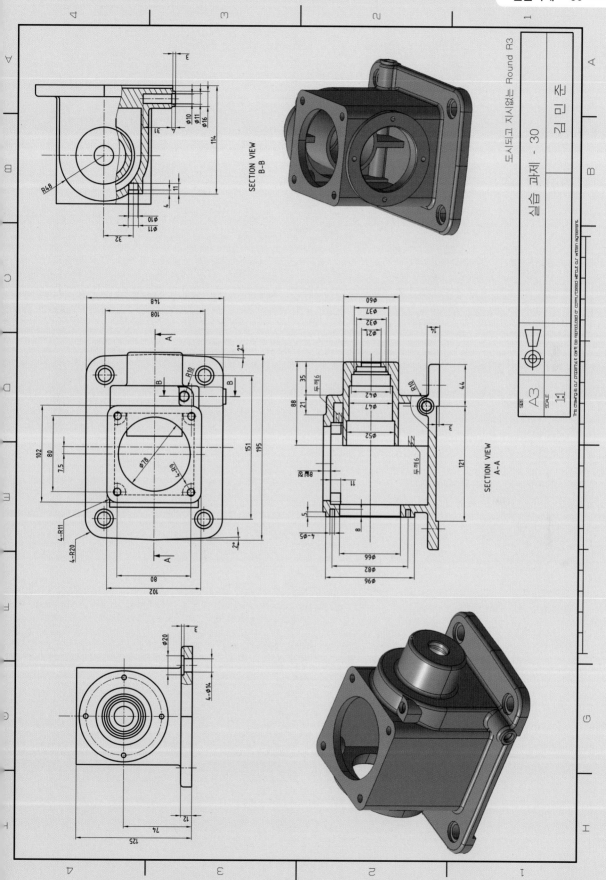

SECTION VIEW
B-B

SECTION VIEW
A-A

도시되고 지시없는 Round R3

실습 과제 - 30

김민준

SIZE A3

SCALE 1:1

CATIA V5-3D
실기 · 실무 Ⅱ

발행일 | 2020년 3월 30일 초판 발행

저 자 | 이 영 숙

발행인 | 정 용 수

발행처 | 예문사

주 소 | 경기도 파주시 직지길 460(출판도시) 도서출판 예문사

T E L | 031) 955-0550

F A X | 031) 955-0660

등록번호 | 11-76호

정가 : 27,000원

http : //www.yeamoonsa.com

ISBN 978-89-274-3553-2 13550

이 도서의 국립중앙도서관 출판예정도서목록(CIP)은 서지정보유통지원시스템 홈페이지(http://seoji.nl.go.kr)와 국가자료종합목록시스템(http://www.nl.go.kr/kolisnet)에서 이용하실 수 있습니다. (CIP제어번호 : CIP2020010273)